传承与涵化

近代以来闽浙粤赣畲族服饰研究

方泽明◎著

科学出版社

北京

内 容 简 介

本书基于对畲族起源和畲族文化的分析，采取存世实物、文字资料、图像资料相互验证的方法，以闽、浙、粤、赣四省的畲族服饰为研究对象，横向探寻了四地畲族服饰传承的共性，纵向梳理了近代以来畲族传统服饰涵化的规律，并针对畲族服饰传承的现实困境提出了发展与应对策略。

本书可作为服饰研究者、学习者和爱好者的参考资料。

图书在版编目（CIP）数据

传承与涵化：近代以来闽浙粤赣畲族服饰研究 / 方泽明著．—北京：科学出版社，2019.9

ISBN 978-7-03-058201-0

Ⅰ.①传… Ⅱ.①方… Ⅲ.①畲族-民族服饰-研究-中国 Ⅳ.①TS941.742.883

中国版本图书馆CIP数据核字（2018）第141336号

责任编辑：杜长清 / 责任校对：何艳萍

责任印制：李 彤 / 封面设计：铭轩堂

编辑部电话：010-64033934

科学出版社 出版

北京东黄城根北街16号

邮政编码：100717

http://www.sciencep.com

北京中石油彩色印刷有限责任公司印刷

科学出版社发行 各地新华书店经销

*

2019年9月第 一 版 开本：720×1000 B5

2019年9月第一次印刷 印张：13

字数：254 000

定价：98.00元

（如有印装质量问题，我社负责调换）

前 言

民族服饰在我国的文化体系中拥有着独特的地位。单就现有畲族服饰的研究情况而言，其学科研究方向多集中于畲族服饰的人类学、民族学等范畴，对服饰近代以来的嬗变过程及背后成因却知之甚少。畲族凤凰装本身具有多样又统一的外在服饰特征，但其传承与涵化的辩证关系是目前畲族服饰研究所缺乏的。

畲族在与其他民族的接触、互通过程中，在主动选择的内在驱动下，不断与当地文化交汇融合，共生共长，在兼容并蓄的人文情境下，形成了多元并存的文化背景，因此在文化心理上既具有内向性，又有接纳异质文化的开放性特征。这种内向与开放的双重文化属性造就了畲族服饰传承与涵化的两面性，为我们深入探索近代畲族服饰的嬗变及其成因提供了良好的先决条件。

畲族传统女子服饰凤凰装是畲族文化的独特表征。本书依据服装形制将近代以来闽、浙、粤、赣四省畲族凤凰装分为交襟衣与大襟衣两种样式。交襟衣在样式上作为凤凰意象的外在表征，其发式为凤凰髻，上衣为凤凰装，腰间的拦腰象征着凤凰华丽的腹部，背后下垂的彩带寓意为凤凰尾，脚上的绣花鞋则为凤凰足。五件一套的服饰从形制、材质到制作，反映了畲族人民在审美取向、宗教信仰、生态观念、艺术创造、婚姻情感等方面的精神文化内涵。其服饰的传承性体现在畲民对于凤凰意象的整体性历史沉淀，这种凤凰意象传承的交襟样式以闽地罗源地区、粤地潮安地区、赣地铅山地区的最为典型。

大襟衣是清代以来满族特有的服装样式。畲族大襟衣款式从外在形制来看是满族大襟衣的涵化结果，虽其依然名为凤凰装，但在外观呈现中与凤凰意象并不具强烈而直接的视觉关联，特别是“发冠”“花边衫”的涵化特征尤为明显：①发冠。在近代以来历史迁徙之涵化文化情境下，受凤凰崇拜影响的传承性凤凰髻，衍变出雄冠式、雌冠式、凤身髻、凤尾髻等涵化发冠样式，这在景宁、丽水、福安、福鼎等畲民聚居地体现得尤为鲜明。②花边衫。右衽大襟式，这种大襟式在近代以来的闽、浙、粤、赣具有广阔的分布，比交襟式的分布地区更广，尤在浙江及福建东部最为典型。

本书以福建省博物院收藏的近代以来的畲族服饰文物为主要实物研究对象，并将这批实物以实物照片、绘图等形式加以呈现，对原有史料进行对照性研究，在一定程度上填补了该研究领域的空白。

本书的编写与出版得到了许多同行师友的支持和帮助，在此表示诚挚的谢意。因年代久远，少数早期文献资料无明确页码标注，在此谨向原作者表示感谢。由于作者水平有限，谬误疏漏之处在所难免，恳请批评指正。

方泽明

目 录

第一章 绪 论

一、本书的缘起

畲族作为中国东南地区古老的少数民族，自唐宋以来文献上便有诸多记载。随着对畲族研究的扩大与深化，国内关于畲族的族源、形成原因、社会经济、文化变迁及畲汉关系的研究已成果卓著，早期的文献记载虽有对畲民着装的描述，然而在畲族服饰的研究中仍存在诸多空白之处。畲族作为古老的东南民族，其服饰图案具有象形文字的特性，具有承载畲族传统文化的功用。服饰是一个民族文化与共性的主要外在表现形式，是各民族相互区别的外在形式表现。特别是畲族服饰中女子凤凰装有着特殊的地位，在畲族的服饰发展史中有着“无字史书”的作用，是该民族图腾崇拜文化的载体，是其精神寄托的物化，具有承载和叙述历史、表达信仰等文化内涵和社会功能。[1]

近年来，民族服饰研究作为民族学、民俗学、人类学研究的一部分，随着学术研究范畴的扩大，在研究专业性上亦有所深化与提高，福建省作为畲族族群最大的聚居区，对畲族民族服饰的研究具有良好的地缘优势。基于此，相关学术著作如《中国少数民族设计全集·畲族卷》即由福建地区的学者负责撰写。作为福建省属高校的服装与服饰设计专业学科带头人，笔者有幸参与《中国少数民族设计全集·畲族卷》中服饰部分的编纂工作，参与大量的田野调查，收集了数量可观的相关资料，这些翔实的一手资料为本书的撰写夯实了基础。此外，福建省博物院收藏的一批精美的清末至现代畲族服饰实物具有较高的社会价值和历史价值，其资料本身有准确的收集时间、地点及经办人等信息，这些有准确记录的畲族服饰文物是某些其他博物馆所缺乏的。这些信息为畲族服饰研究提供了珍贵的资料，它补充完善了福建畲族服饰研究的空白，为近代以来畲族服饰研究提供了相对明晰的传承与涵化脉络，也为笔者对实物近距离的观察与对工艺、形制、结构等服装性意义的研究提供了参考条件。

[1] 罗胜京．岭南畲族传统服饰图案之形意特色探微 [J]. 艺术百家，2009，25（4）：180-182.

此外，笔者在田野调查的过程中发现大众对畲族服饰的认识存在着许多偏差，很多当地的畲民在描述本民族服饰时也表述不清，在问及“何为凤凰装”“凤凰装有什么服饰特征”等问题时，许多畲民仅简单回答“一辈辈传下来的叫法”，这种带有明显“集体无意识”[1]的文化记忆只保留了有关服饰的表象性，有关畲族服饰背后的文化因子却是触及不到的。甚至诸多专业地方博物馆的馆藏畲族服饰仅简单注明“畲族服装”，缺乏有效的、系统的地区标识，令研究者难以辨识，无从深入研究；有些不符合畲族传统服饰形制与工艺的“新派畲服”在专业性展览上大范围展出，误导观者对畲族传统服饰的理解，诸如此类的乱象层出不穷。此外，在浙江省景宁畲族自治县举办的第二届畲族服饰设计大赛中，笔者也指导参加该比赛的服装与服饰设计专业畲族学生。笔者在指导的过程中发现，即使是畲族的学生对于凤凰装的认识和理解也很匮乏，也不容易获得相关的准确资料。并且各地的凤凰装样式不尽相同，令学生非常困惑，难以找到合适的切入点表现畲族服饰文化凤凰装。服装与服饰设计专业的畲族本科生对于本民族极富代表性的凤凰装都尚且难有准确的认识和深入的理解，更遑论他人。因此，对畲族服饰的定义及常识的辨明亟待厘清，在此基础上方可开展畲族服饰专业方面相关的深化研究，这是笔者编写本书的直接因由。

笔者认为，对畲族服饰从传承和涵化两个方面进行历史性梳理，并由此审视畲族服饰变迁的成因及对畲族文化传承与发展的关系，有助于拓展畲族服饰的研究内容，深化对畲族服饰的专业认识，同时也能在对畲族的民族学、民俗学、人类学等研究角度之外增加一些新的考察视角。所以对这一方向进行系统、深入的研究，是一项颇具学术价值的工作。

此外，本书还包括以下几个方面的重要研究意义。

第一，填补畲族服饰全面性研究的空白。目前，国内学术界专门性的畲族服饰研究较为匮乏，更多地集中在对于畲族族群社会学、人类学、民族学等学科的研究。与畲族研究有关的博士论文有《赣南畲族研究》（1996）、《博罗畲语里汉语借词研究》（2006）、《走向市场：一个畲族村落的农作物种植与经济变迁》（2007）、《凤凰山畲族——族群认同与族群文化变迁研究》（2008）、《畲族聚居区居民生命质量与传统体育健身行为的特征及关系》（2012）、《畲族古歌音乐研究》（2017）等，这 6 篇论文都不是畲族服饰研究的专业性学术文章。相关畲族服饰的硕士论文有闫晶《近现代景宁畲族宗教服饰文化研究》（2004）、陈良

[1] 瑞士心理学家，分析心理学创始人荣格（1875—1961）的分析心理学用语。指由遗传保留的无数同类型经验在心理最深层积淀的人类普遍性精神，在 1922 年《论分析心理学与诗的关系》一文中提出。

雨《浙江畲族近代女子盛装——浙江畲族染织服饰文化研究》（2005）、龚任界《霞浦畲族服饰研究》（2006）、潘宏立《福建畲族服饰研究》（2007）、上官紫淇《论福建畲族传统服饰艺术及文化内涵》（2008）、俞敏《近现代福建地区汉、畲族传统妇女服饰比较研究》（2011）、张洁《浙西南畲族传统帽饰研究》（2011）、邱慧灵《畲族服饰文化符号的应用设计》（2014）、李思洁《畲族服饰图案元素在现代服装设计中的应用研究》（2015）、毛媛媛《利益主体视角下濒危畲族服饰“非遗”保护性旅游利用研究——以闽东畲族服饰为例》（2015）、于爱玲《基于畲族传统服饰元素在现代服装设计中的创新应用》（2015）、张嘉楠《基于眼动实验的畲族服饰特征提取与识别研究》（2015）、舒梦月《灵物幻化的族衣——贵州麻江畲族服饰艺术研究》（2017）等，这 13 篇论文中并无一篇是从宏观角度对畲族服饰进行全局性、顺序性的梳理。可以说，学界对于畲族服饰传承与涵化的二元属性的研究尚未展开。陈敬玉在 2011 年的文章《景宁畲族服饰的现状与保护》一文中就这一研究现状提出了中肯的建议，她说：“现在对于畲族服饰文化的研究多拘泥于地理界限，缺乏贯穿性的整体研究，尤其是综合闽、浙、赣、粤地区畲族不同支系的研究较少。应当对畲族服饰进行系统的整理和发展脉络的梳理，建立典型服饰元素的资料库。”[1] 2011 年学术界已然存在并质疑的问题，直至现在仍未得以全面解决，已有的畲族服饰研究成果都局限于单个区域的研究，尚无将具有代表性的闽、浙、粤、赣四省的畲族服饰加以综合研究的成果。笔者在实际的田野调查和研究过程中发现，畲族的男装已被涵化，女装在很大程度上仍保有民族特色，闽、浙、粤、赣四省的畲族女装在形制、款式上不尽相同但有共同之处。现有的资料多局限于地域性的畲族服饰研究，缺乏系统性、贯穿性的整体比较研究，故有关畲族服饰高屋建瓴式的整体性的研究是目前学术界急需的，也是本书研究的重要意义之一。

第二，畲族服饰定义的再阐释。笔者在田野调查过程中屡屡遇到畲族服饰定义模糊不清的问题，因而在何为畲族服饰、畲民穿过的服饰是否即为畲族服饰这一问题上思考良久。在一次重要的畲族服饰展示中，笔者发现一件鱼尾裙样式的畲族女装，这是典型的西方礼服的样式，并非畲族服饰的典型特征，明显是后人改良的，但在展示中未做出说明，这容易使大众对畲族传统服饰的认识产生错误的引导（图 1-1 即为该服饰展所展示的经过现代改良后设计出的现代畲族服装）。该畲族服饰展中类似的问题比比皆是，真正意义的传统畲族服饰

[1] 陈敬玉．景宁畲族服饰的现状与保护 [J]. 浙江理工大学学报（社会科学版），2011（1）：55.

的数量仅为少部分。那么，应该如何定义畲族的民族服饰？在将民族服饰作为“物”的人类学研究中，学者们试图通过“物”的象征性、符号与“物”的文化分类，揭示“物”的“能指”意义、文化秩序与认知分类，对民族服饰作分类与象征研究，因而，笔者认为在满足了“能指”遮衣蔽体的原始作用后，畲族服饰之所以作为畲族的民族服饰存在，更重要的是符合畲族这一族群的文化秩序与认知存在，对于象征畲族服饰主要形制的凤凰装，笔者在文中亦给出相应定义与阐释，这对于准确理解畲族服饰具有极其重要的意义。

第三，畲族服饰纪录与传承的需要。畲族服饰在清代后期因为历史、政治与现实等影响因素，呈现逐渐与其他民族同化的涵化趋势。笔者在田野调查中已基本看不到日常生活中穿着畲族传统服饰的畲民，即使是在一些重要的场合，如祭祖、节庆等重大场景中，有些畲民的穿着也非本民族传统服饰。现在有些畲民对传统畲族服饰的式样与形制缺乏认知，造成服饰穿着的多样性。传统服饰传承性的式微与旁落不仅是畲族服饰所面临的现实问题，也是国内许多少数民族服饰的现状。1925年沈作乾在对畲族进行田野调查后，根据畲族服饰的演变进程写就《括苍畲民调查记》一文，其中就已做如下预测，“畲民之衣，近数十年来，颇有变更，已由繁而简，渐趋同化，以此测之，则数十百年后，或竟与汉人同化，未可知也。兹并述之，以考其变迁之迹焉”[1]。从今天的事实来看，沈作乾近百年前的预测已然成为现实，相比较之1925年的恶劣科研条件，在现代物质与交通良好的学术条件下，研究、保护与传承畲族服饰，是我们责无旁贷的学术担当。

图 1-1　现代畲族女子服饰

资料来源：绚彩中华——中国畲族服饰文化展 笔者摄

第四，畲族服饰传承与涵化双

[1] 沈作乾．括苍畲民调查记 [J]. 北京大学研究所国学门月刊，1925，(4-5)：84.

重属性挖掘的需要。畲族服饰因为地域及文化交融的差异，因而具有多种外在表现形式，这种多样性的外在表现无疑是一种文化涵化的结果，其现象描述及背后学理脉络值得深究，凤凰意象历史性继承的传承性与涵化的外在多样性关系如何？这个问题的厘清对于畲族服饰的研究具有重大的战略意义，亦可避免诸多专业认知上的错误。譬如，2014 年 4 月 2 日，笔者于浙江省景宁畲族自治县畲族博物馆做调研时，巧遇上海纺织博物馆蒋馆长也来做调研，为在上海举办的畲族服饰特展做资料收集工作。笔者在与蒋馆长及景宁畲族博物馆梅馆长交流时，适逢相关工作人员在拍摄馆内收藏的畲族服饰文物，发现该馆工作人员无法说明所藏畲族服饰文物存在的区域与历史时期。这种现象不只是文物收集工作中存在的问题，也说明相关研究没及时跟上，令相关工作人员无法做准确辨析。这种对于畲族服饰涵化后多样性的不了解，无疑导致对畲族传统服饰认知上的巨大偏差，进而导致畲族服饰研究的滞后及困境。

二、研究范围与学术史回顾

（一）研究范围

本书以畲族民族服饰凤凰装的传承与涵化为切入点，以有实物存世以来的近代为时间坐标，以闽、浙、粤、赣四省及其畲族服饰为地域坐标和研究对象。笔者以为，这是一个复杂而又极具科研价值的研究课题。在进行研究前，首先要对“涵化”“近代以来”“闽、浙、粤、赣”“畲族服饰”“交襟与大襟”等几个关键词作考究和界定。

第一个关键词“涵化”。涵化是文化变迁理论中的一个重要概念。文化涵化作为文化变迁的一种主要形式，指的是异质文化接触引起原有文化模式的变化。当处于支配从属地位关系的不同群体，由于长期直接接触而使各自文化发生规模变迁，便是涵化。文化涵化是指异质的文化接触引起原有文化模式的变化。畲族在与其他民族（主要是汉族）长期融合与密切接触过程中，引起原有畲族文化模式的变化，便是发生了文化涵化，体现在服饰上亦呈现多样性的外在表现。在历史迁徙和文化变迁视野下探讨畲族服饰传承与涵化便是本书的主体部分。

第二个关键词是“近代以来”。选择此时间段是因为本书研究的重要基点是图像资料及服饰实物，最早可见的畲族服饰图像资料是《皇清职贡图》，其中有对福建省罗源、古田地区畲民所绘的图像。《皇清职贡图》成于乾隆年间，并无存世实物与之对证佐之，因此笔者仅取其作为参照，并未纳入研究的时间范畴。笔者发现的最早的畲族服饰照片是 1911 年《中国十八省府》中福建省福州地区的两张畲族妇女照片，这两张存世照片此前并未被畲族服饰的研究者纳入研究范围，类似此等具有史料价值的图像资料多在笔者选取的研究时间范围内。此外，国内目前所保有的畲族历史研究实物大多数集中在近代，特别是各博物馆所馆藏的服饰实物也多是此时期内的，其中作为本次研究实物史料基地的福建省博物院有一批未对外公开展示过的近代以来的畲族服饰实物，这也是笔者选择这个历史阶段的主要原因。

第三个关键词是“闽、浙、粤、赣”。这是本书开展研究的地域范围。闽、浙、赣三地的畲族乡较多，畲民的人口数量按此三地的顺序排列，为全国畲民数量的前三名，占全国畲民的 88.6%，再纳入作为畲民起源地的广东省，人数约占全国畲民的 92.6%，就人数而言已极具代表性，且这四地的服饰形式能基本代表大多数畲族的服饰特点。[1]广东省的畲民数量虽仅排国内畲民总人数的第五，但因为该省是畲民的祖居地，各地的畲民多是从该地迁出，不能忽略其作为发源地的意义，故将其纳入本书的研究范围。闽、浙、粤、赣四省相连，将此四省从地缘角度进行共时性研究更具学术宏观性。此四省的畲族服饰既有传承的相似性，又有涵化的多样性，本书据服装形制将近代以来四省畲族女子凤凰装分交襟衣与大襟衣两种，对于畲族服饰的研究极具代表性。贵州的畲民数量虽为全国第四，从人数上看本应纳入研究范围，但因为学术界对于其族源有一定争议，且其服饰样式与其他地区的畲族服饰有一定程度的差异，故未纳入本书的研究范围。

第四个关键词是“畲族服饰”。这是本书的研究主题对象，服饰的含义有狭义与广义之分。“从狭义上讲，服饰主要是指衣服上的装饰及饰物，前者如服饰图案、纽扣，后者如腰带、胸针等，或者是除包裹躯体的上衣下裳之外的冠帽、鞋履、首饰等。从广义上讲，服饰是指人类穿戴、装扮自身的一种生活行为，如服饰文化、服饰史等。”[2]在实际的行文中，笔者常会交替使用“服饰”和“服装”这两个概念，其中“服饰”的概念外延要大一些，包括“服装”和其他“装饰”在内，即人体穿着的衣服及用于人体装饰的物件。本书以近代以来畲族服

[1] 据 2000 年人口普查数据显示，畲族人口在福建省约占 53.3%，浙江省约占 24.3%，江西省约占 11.0%，贵州省约占 6.4%，广东省约占 4.0%。其他省份包括安徽（约 1500 多人）、湖南（2800 多人）、湖北（2500 多人）等。

[2] 李当岐 . 服装学概论 [M]. 北京：高等教育出版社，1998：1.

饰为主要研究对象，它既包括畲族服饰本体，也包含制作和穿着服饰的文化主体。本书所涉及的服饰不仅包括服装、配饰、发式、冠式、足饰等，还包括服饰背后的人类生活变迁及文化习俗等。由于畲族男子的服装已基本被涵化，因此本书研究的主体是畲族女装，大量的篇幅着重于女子服装，男装涉及较少，但仍有少量相关内容做简单描述与参考，儿童服饰则不在本书研究范畴之内。

第五个关键词是“交襟与大襟”。交襟，也称交领，是古老的服装样式，无立领，无扣，前襟分左右两片，自然交掩于胸前。[1]衣服前襟左右相交，衣襟一般是向右掩，左前襟掩向右腋系带，将右襟掩覆于内。汉代的服装就有交领右衽的记载。大襟，又称“斜襟衣”，是指衣襟右掩，纽扣偏在一侧，从左到右，盖住底襟。汉族服装为右襟，少数民族多为左襟。[2]近代以来的畲族服饰受涵化影响，多为右襟。大襟衫是因为左右两襟大小不一，大襟将小襟掩盖而得名。一般多为左襟大、右襟小，穿着时左襟将右襟掩盖后用纽扣系结于右胸上侧及腋下。

（二）学术史回顾

服饰研究的参考资料，一般分为文献记载、图像描绘和出土实物三大类。文献记载是见诸各种媒介载体的文字记录，最早关于畲族先民服饰文字记载的是《后汉书·南蛮传》，其中有“织绩木皮，染以草实”，“好五色衣服，制裁皆有尾形”，“衣裳斑斓”的记述。图像描绘最早见于清代《皇清职贡图》中对福建古田、罗源男女畲民着装的绘图。出土实物则比较少，其原因在于纺织品是有机质文物，有机质文物是最难保存和清理的。纺织品出土很少，一般一千个墓中都未必有一件出土纺织品，这类文物在环境剧变时非常容易损坏，不易保存。因此，目前博物馆保存的畲族服饰文物多为清代以后的。

畲族研究是民族学研究中的热点，有关畲族族源、畲族语言、畲族音乐等方面的学术建树层出不穷，民族学与历史学范畴内的民族关系、宗教图腾及民间信仰等方面的研究在近些年亦是蔚为大观。随着国内民族服饰研究专题兴起及畲族研究的不断深入，畲族服饰近年来得到了越来越多学者的关注，取得了一定的成果，但相较畲族人类学、民俗学等方面的学术积累，畲族服饰的研究仍不够深厚与系统化。

---

[1] 刘军 . 中国少数民族服饰 [M]. 北京：中央民族大学出版社，2006：32.
[2] 周汛，高春明 . 中国衣冠服饰大辞典 [M]. 上海：上海辞书出版社，1996：242.

1. 国际研究

国际学术界对畲族服饰最早的研究是对福建地区畲族服饰的介绍。14 世纪，著名旅行家、意大利籍方济各会会士鄂多立克通过对泉州、福州等地的实地游历，在所著《鄂多立克东游录》一书中，首次向西方世界介绍了闽东畲族已婚妇女头梳螺式或筒式发髻的习惯，“已婚妇女都在头上戴一个大角筒，表示已婚”[1]。1886 年，美国传教士武林吉(F. Ohlinger）对福州城区北面黄土岗和莲白洋两个畲族村落进行了调查，并将此次调查记录撰文《访福州附近的畲民》，对畲族服饰作了相对具有学术价值的介绍。19 世纪后期英国著名汉学家庄延龄（E. H. Parker)，曾在福建与浙江两地进行沿途旅行和考察，撰写了《从福州到温州的旅程》和《福建的旅程》两篇文章，文中提到浙、闽地区畲族男女服饰的基本情况，概括性地对畲族服饰进行了现象描述。20 世纪初，美国著名的旅行家和地理学家威廉•埃德加•盖洛（William Edgar Geil）对中国当时的 18 个省会城市进行了广泛而细致的考察，撰写了《中国十八省府》（1911）一书，书中第二章中细致描写了福建畲族的祖先传说和福建畲民的服饰。1939 年，美部会女传教士洪女士（Floy Hurlbut）出版了其博士论文《福建人文地理研究》，其中对畲族妇女装饰有相对成体系的介绍。近现代西方传教士及旅行家对中国畲族服饰的描述都是介绍性的，并无专题性研究。

2. 国内研究

在 1980 年以前，畲族服饰研究基本属于空白，其兴起在一定程度上得益于畲族学术研究的深入，带动畲族民族服饰的研究。目前针对畲族服饰进行的全面性研究论著甚少，至今未见一本真正意义上全面研究畲族服饰的著作。据有关资料检索已知的最早以“畲族服饰”称谓为主题的研究文章，是学者潘宏立 1985 年撰写的硕士论文《福建畲族服饰研究》，这是第一篇针对畲族服饰的专业性研究论文，是畲族服饰研究的起点。作者运用人类学研究方法，在大量的田野调查第一手资料基础之上，对福建地区的畲族服饰进行了全面综合研究及分析，文中特别指出福建畲族服饰涵化的形成原因以及次文化等学术概念，并对畲族族群迁徙做了一定程度的考据，探究了由此形成的地理文化隔离状态对服饰形制变化的影响，为福建地区畲族服饰研究提供了很好的参考价值。2009 年，学者雷志华、钟伏龙的《闽东畲族文化全书》是对闽东畲族文化全面研究的一

[1] ［意］鄂多立克．鄂多立克东游录 [M]. 何高济，译．北京：中华书局，1981：66.

套丛书，其中由吴景华、钟伏龙编写的《闽东畲族文化全书·服饰卷·工艺美术卷》是第一本专叙畲族服饰的专著。该书对闽东各地区畲族服饰的种类、款式、结构、发式、配饰、材质及制作工艺等方面均有涉及，加之作者有过早期作为畲族裁缝的职业经历，其对畲族服饰制作的过程有着深入的描述，为畲族服饰的研究提供了基础性资料。此外，近年来与畲族服饰相关的期刊文章、硕士论文有几十篇，主要涉及品类、纹样、工艺、历史和文化等方面，多采用说明、概述、介绍、归纳的方法，也有少量运用比较分析的方法，进行区域性多样化比较研究。

自畲族研究纳入民族学、人类学范畴以来，有关畲族服饰的记载文献从未中断过，可以分为三个阶段。第一个阶段是1980年以前，对于畲族的研究领域主要集中于畲族族源、历史地理、民族识别等人类学、社会学等方面，针对畲族服饰的描述甚少。第二个阶段是1981—2000年，属于研究的起步阶段，表现为开始出现相关的研究性论文，此阶段对畲族的研究范围也扩大到畲族的政治、经济、教育、体育、音乐、畲语、服饰、医学、婚姻家庭等方面，这种多维度的研究对于畲族服饰的研究大有裨益。第三个阶段是2001年至今，是畲族服饰研究的繁荣发展阶段，是建立在前期对于畲族民族学组成部分的服饰描述性研究的基础之上。

纵观学者们对畲族服饰研究所做的工作，从历史性的维度来分析，其成就大致可从以下三个时间阶段进行总结。

（1）1949年以前。研究者对畲族具有代表性地区的服饰进行了调查和记录，积累了相当数量的具有科研价值的基础资料，为畲族服饰后续研究的展开奠定了重要基础。此阶段还可以细分为两个历史时期。

其一，中华人民共和国成立前对畲族服饰的描述。《后汉书·南蛮传》是国内对于畲族服饰的最早文字记载。清末魏兰所著的《畲客风俗》（1876）是对浙江地区畲族服饰较早的研究，该书描述了浙江地区处州畲民的着装情况，魏兰所绘制的畲民画像，是对清末处州地区畲民服饰的详细描绘。沈作乾所著的《畲民调查记》（1924）与《括苍畲民调查记》（1925）中穿插有少量的浙江丽水的畲族服饰描述及实物照片，具有重要的图像价值。史图博、李化民在《浙江景宁县敕木山畲民调查记》（1928）中对浙江省景宁县敕木山村畲族妇女的服装与头饰做了详细描述，是浙江畲族服饰研究的重要文献资料。此外，许蟠云等的《平阳畲民调查》（1934）对浙江省平阳县畲族的穿着进行了文字表述；凌纯生《畲民图腾文化的研究》（1947）对浙江省丽水地区畲族有少许文字描述，其中拍摄的一些图像资料有重要的历史价值。中华人民共和国成立前对畲族服饰的研究，由于考察者的文化背景和地域限制，这些著作和文章多局限于畲族服饰的一般性及现象性描述，缺乏系统化的学术梳理。

其二，1949—1980 年。中华人民共和国成立后，国家有关部门在全国进行了大规模的少数民族社会历史调查研究工作，其中就包括了对闽、浙、粤、赣等省的畲族进行识别工作，有一部分涉及畲族服饰的研究，并刊载了一部分服装款式的绘图手稿。其中，1958 年由中国科学院民族研究所成立了“福建少数民族历史调查组”，对闽、浙、赣三省的畲族群体进行了大规模的调查，总结整理出 20 多份调查报告，编写了内部发行的《畲族简史简志合编》，其中有对相关地区畲族服饰的记录。[1] 相关的文献还有《福建省福安县畲族调查报告》（1963）、《畲族文艺调查报告》（1963）等。此类书籍和调查报告多是一种描述性的记录，地方志与民族志也多包含服饰的描述，它们积累了一定数量的服饰图文资料，为此后畲族服饰的研究奠定了基础。

（2）1981—2000 年。研究者在这一阶段对畲族服饰的某些专题进行了深入探讨，才真正开始了畲族服饰的研究阶段。

1980 年以后，国内学术界对少数民族方面的研究兴起了一个高潮，也包括许多关于畲族的相关研究，此阶段虽多集中于对畲族服饰描述和介绍的文献，但已经开始有少量的研究性文献出现，如《畲族社会历史调查》（1986）、《畲族研究论文集》（1987）、《畲族史稿》（1988）、《霞浦县畲族志》（1993）、《崇儒乡畲族》（1993）、《宁德市畲族志》（1994）、《福安畲族志》（1995）、《畲族历史与文化》（1995）、《铅山畲族志》（1999）、《闽东畲族志》（2000）、《福鼎县畲族志》（2000）等。还有一些研究性的论文，如《福建畲族服饰研究》（1985）、《畲族服饰的特点及其内涵》（1996）、《客家文化与畲族文化的关系》（1996）。此阶段，潘宏立撰写的《福建畲族服饰研究》（1985）、雷志良的《畲族服饰的特点及其内涵》（1996）与谢重光的《客家文化与畲族文化的关系》（1996）是其中的重要文献。《畲族服饰的特点及其内涵》是这一阶段很重要的一篇代表性研究文章，该文从服饰的角度对畲族服饰的特点进行归纳与总结，最终归结为 6 种服饰特性，对畲族服饰学理背后的内涵做了文化角度的阐释。广东地区亦有少量的文献资料，如《广东畲族研究》（1991）、《广东省畲族社会历史调查资料汇编》（1983）等文献中有少部分对广东畲族服饰的描述。

---

[1] 李心妍 . 赣东地区畲族民俗信息传播方式解读——江西乐安金竹畲乡个案研究 [D]. 江西师范大学，2012：11.

（3）2001 年至今。畲族服饰研究呈现繁荣发展之势，以不同的学术视野和学科角度对畲族服饰进行研究是这一时期的重要特点。

随着国内学术界对畲族服饰重视程度的增强，这一时期出现了数量不少的畲族服饰专项研究，介绍性的文献相较数量有所减少。如《畲族风情》（2002）、《畲族：福建罗源县八井村调查》（2005）、《畲族民间文化》（2006）、《畲族文化研究》（2007）、《畲族简史》（2009）等在很大程度上还属于陈述性和非专门性著作。吴景华、钟伏龙的《闽东畲族文化全书服饰卷》（2009）为资料性汇编，理论性不强，较为详细地描述了闽东地区主要是福安、霞浦、福鼎、蕉城飞鸾四地的畲族服饰，对发式、头饰、服装种类、服装款式、服饰工艺、服饰材质等方面描述详细，是一本对闽东地区畲族服饰的详细介绍性资料。其不足之处在于仅做了现象描述，缺乏涵化背后的成因分析，对畲族服饰多样性的探究亦有所不足。

这一时期畲族服饰专项研究主要包括地域研究、比较研究、文化研究、发展策略研究、个案研究等。

1）从地域角度进行研究。

畲族服饰的研究多是从地域的角度来展开，研究成果数量的多少与当地畲民的人口基数有直接关联。

福建省畲族服饰的研究。福建畲族占全国畲族总人数的 53.3%，这一地区的畲族服饰研究成果也较多。如龚任界《霞浦畲族服饰研究》（2006）、上官紫淇《论福建畲族传统服饰艺术及文化内涵》（2008）、张可永《福建闽东地区畲族服饰之美》（2008）、陈栩和陈东生《福建宁德霞浦地区畲族女性服饰图案探议》（2009）、俞敏《近现代福建地区汉、畲族传统妇女服饰比较研究》（2011）、陈敬玉《艺术人类学视角下的畲族服饰调查研究》（2013）、许陈颖《闽东畲族银饰制造技艺传承与创新策略——以闽东银饰企业“盈盛号”为例》（2014）、张娟《霞浦畲族东西路式服饰比较》（2014）、《霞浦畲族东路式凤凰装服斗纹饰的空间布局》（2015）、毛媛媛《利益主体视角下濒危畲族服饰“非遗”保护性旅游利用研究——以闽东畲族服饰为例》（2015）等。

浙江省畲族服饰的研究。浙江省畲族占全国畲族总人数的 24.3%，浙江省畲族人口排全国第二，有全国唯一的畲族自治县，加之其对畲族研究的重视程度较高，因此浙江省畲族服饰的研究成果亦较丰硕，如闫晶《景宁畲族宗教服装的形制及特征》（2005）、陈良雨和闫晶《浙江畲族近代装饰社会文化研究》（2010）、张洁《浙西南畲族传统帽饰研究》（2011）等。吴微微和骆晟华《浙江畲族凤冠凤纹及其凤凰文化探讨》（2008）将闽东和浙南的畲族凤冠概括总结为5种样式，具有一定的学术认知价值。陈敬玉《景宁畲族服饰的现状与保护》（2011）阐述了景宁畲族服饰的基本形制，分析了畲族服饰的现状，对于畲族服饰保护和传承问题提出了中肯建议。此外，还有陶雨恬《景宁畲族传统服饰艺术在现代的发展研究》（2014）和季陈翔《景宁畲族民族服饰文化演变》（2015）等。

江西省畲族服饰的研究。江西省的研究成果多集中在2010年以后，其中洪梦晗和何佑《波普艺术与江西上饶畲族服饰文化》（2011）、唐磊《江西畲族服饰文化及其对地区经济发展影响的研究》（2013）、段婷《江西畲族服饰文化的传承与发展》（2013）、章建春和刘娜《江西畲族服饰纹样特色及其艺术魅力探析》（2013）、何治国《浅谈铅山太源畲族乡的畲族服饰保护研究》（2014）、边晓芳《江西畲族服饰文化产业发展之我见》（2015）等具有代表性。

广东省畲族服饰的研究。广东省的凤凰山虽作为畲族传说中的祖先发源地，但由于畲民迁徙等原因，广东省现在的畲民人数并不多，畲族文化的保存并不完整，畲族服饰的研究成果较少。相关的研究成果有罗胜京《岭南畲族传统服饰图案之形意特色探微》（2009）、俞敏和李秀琴《岭南畲族服饰纹样的艺术特征及文化意蕴探究》（2014），这两篇文章都是对广东地区畲族服饰纹样的总结分析。

贵州省畲族服饰的研究。贵州省的畲族服饰的相关研究也微乎其微。曾祥慧《贵州畲族"凤凰衣"的文化考察》（2012）对贵州畲族凤凰衣的来源、传承与制作、服饰外形特征、文化特征、美学特征、识别功能、保护问题进行了说明。王娴《贵州畲族服饰文化内涵探析》（2014）主要从贵州畲族服饰的图案、色彩、工艺等方面诠释了畲族服饰的文化内涵。舒梦月《灵物幻化的族衣——贵州麻江畲族服饰艺术研究》（2017）对麻江县的畲族服饰进行了相应研究。

2）采用比较研究法进行对比研究。

民族服饰的研究除了要描绘其本身的表征及文化内涵，更需要探索、归纳民族服饰整体文化所蕴含的一般规律，比较研究法为我们提供了这样的途径。拉德克利夫·布朗说，"历史方法只能给我们具体的看法，只有比较方法才能给我们一般的看法"[1]。采用比较研究法对畲族服饰研究进行规律性总结研究，是

---

[1] [英]拉德克利夫·布朗．社会人类学方法[M]．夏建中，译．济南：山东人民出版社，1988：2.

此领域研究成果的重要组成部分，其中较有代表性的有：吴永章《畲族与瑶苗比较研究》（2002）将有同源说的畲、瑶、苗三个民族的服饰进行了对比，归纳其共性，其中对畲族服饰、妇女头饰分章节展开具体的对比描述；陈栩、陈东生《福建宁德霞浦地区畲族女性服饰图案探议》（2009）对宁德与霞浦畲族女性服饰的图案题材和表现手法等方面做了对比，以6种典型纹样为例分析图案与图腾之间的关联，大处着眼，小处着手，是比较研究方法的良好示范。俞敏《近现代福建地区汉、畲族传统妇女服饰比较研究》（2011）较系统地对福建的汉、畲妇女服饰进行了深入探讨，将汉、畲两族服饰的整体形制、结构、工艺作了比对，对两族服饰的共性与差异性进行了系统化分析，并就二者涵化与交融性成因进行论述，更在结论处将闽地汉、畲服饰的多样性归因于两族共生共演的亲密关系。

此外，还有从不同视角进行比较研究的典型文章。吴微微、陈良雨《浙江畲族与贵州苗族近代女子盛装比较探析》（2007）以畲、苗两族的比较为前提，以两族的女子盛装作为比较研究的对象，通过田野调查和文献对比，对其盛装形态表征和社会文化形态影响因素进行比较研究，指出两者相似的生态文化系统是两民族女子盛装都具有粗犷、率真等特色的主要原因，两民族技术系统和民族系统的各自发展与相互影响是两民族女子盛装分别向不同风格发展的重要因素。这一结论虽说有一定的道理，但是将浙江畲族与贵州苗族进行比较似乎不如将贵州畲族与贵州苗族的服饰进行比较更能说明问题。该文最大的特点是将极具难度的同源说中的畲族、苗族、瑶族的服饰进行了比较分析。刘运娟、陈东生、甘应进《福建传统女性服饰文化对比研究》（2008）中通过对客家服饰与畲族服饰的形制的对比，得出结论为其发髻、衣着非常相似，服饰色彩尚蓝，都是天足。吴聪《闽地沿海畲族与惠安妇女纹饰比较》（2014）对福建具有代表性的三种文化——客家文化、闽南文化、畲族文化从服饰的角度进行比较研究，也是很好的尝试。陈栩《台湾排湾族与福建畲族盛装服饰比较探析》（2014）将排湾人的山居特征与畲族的“山哈”特点为基调进行比较，通过物质形态、盛装文化的比较，寻找畲族与排湾人受汉族、满族影响的不同，通过借鉴排湾人对民族服饰保护过程的先进经验为畲族服饰的保护和传承提供新的思路。丁笑君《畲族服装特征提取及其分布》（2015）采用新颖的物理实验方法对福鼎、霞浦、罗源、福安的12款样衣的特征提取关键点，并做不同部位的关键点分布序列，有助于识别不同类别的畲族服装，为畲族服饰设计提供参考。

3）从文化角度对畲族服饰进行研究。

吴剑梅《论畲族女性崇拜与女性服饰》（2007）从女性崇拜和女性服饰关系入手，宏观探究女性崇拜的习俗和意识对于畲族女性服饰特征形成的发展意义。仇华美《畲族凤凰装及其文化探析》（2007）综合介绍了畲族女性服饰的形制特征，对这种形制的来源与图腾崇拜的关系有较为系统的学理研究。上官紫淇《论福建畲族传统服饰艺术及文化内涵》（2008）介绍了畲族传统服饰的形制、纹样、色彩、配饰等，探讨了畲族传统服饰的历史成因以及与民族渊源、历史变迁、生存环境等的密切关系。肖芒、郑小军《畲族“凤凰装”的非物质文化遗产保护价值》（2010）从非物质文化遗产保护的角度来对畲族服饰进行保护性研究，文中特别指出凤凰装的冠顶最早仅作为斩妖服饰的独特观点，与以往常见之狗头冠、凤头冠的看法不同。黄靖然的《再探畲族古代服饰的演变历程与发展》（2011）通过分析各时期的畲族服饰特点，将畲族服饰的历史演变历程划分为初始期、融会期、简约期、定型期四个阶段，这种以畲族服饰的外观作为研究依据是从文化视角进行研究的有益尝试。雷敏霞、雷冰帆《畲族民族服饰的传承与发展探析》（2012）对畲族传承服饰的式微做了翔实的原因分析，具有重大借鉴意义。吴巍巍、谢必震《近代来华西人对东南畲族文化的田野调查与研究初探》（2014）从西方人角度对福建、浙江畲族的田野调查做了系统性梳理，包括文化、服饰、信仰、族源、经济生活等方面，是目前从西方视角对研究畲族最全面的文章。闫晶、范雪荣、吴微微《畲族古代服饰文化变迁》（2011）和闫晶、范雪荣、陈良雨《文化变迁视野下的畲族古代服饰演变动因》（2012）从文化变迁的角度来诠释古代畲族服饰的变迁过程和动因。陈敬玉《艺术人类学视角下的畲族服饰调查研究》（2013）将畲族服饰分为景宁式、福安式、罗源式、霞浦式、福鼎式五种，通过对畲族发式的分类做形式上的总结。李凌霄、曹大明《畲族的凤凰崇拜及其演化轨迹》（2013）意在分析畲族凤凰崇拜的渊源及其演化过程，强调畲民凤凰崇拜的演变与汉族审美趋于一致的变化性。张君《濒临消失的奢华——谈畲族的服饰艺术》（2013）从物质与非物质文化遗产保护的角度谈到畲族服饰所面临的现实困境并对其进行了分析和归纳。

上述文献成果是从文化角度对畲族服饰进行的研究，此外，还有一些有关畲族研究的专著中亦有部分章节涉及服饰。郭志超《畲族文化述论》（2009）第七章中，对畲族凤凰装喻名的服饰演化进程进行了梳理，提出了畲族文化变迁中值得注意的文化建构现象。他提出凤凰装的客观内容较早就有，而集体无意识发展到自觉层面的民族文化意识的飞越却是萌生于晚清、基本完善于20世纪 50 年代，是对畲族服饰凤凰文化意涵形成时间的探索。吴素萍在《生态美学视野下的畲族审美文化研究》（2014）第五章中，以服饰为例阐述畲族传统服饰的生态美学意蕴，从畲族的凤凰装、材质及选色的生态性、图案花纹三个角度来论证畲族审美文化的生态美学视野，是对畲族审美文化研究的大胆尝试与创新。

4）从发展策略角度进行研究。

孙美绿《畲族服饰特点及产业发展的思考》（2009）提出了景宁畲族自治县畲族服饰产品产业发展中存在的问题，并提出了中肯的解决方法。缪驾鸯《可持续化发展的少数民族服装开发与实践——以湖州安吉郎村畲族为例》（2010）提出了开发“艺术型”与“生活化”畲族服装的建议，对于畲族服饰有重要的现实意义。崔伟伟、边晓芳《从设计角度谈畲族服饰的创新性》（2013）以专业的服装设计理论为切入点创新畲族服饰款式、色彩、图案等方面的特性，对于畲族服饰传承困境的解决具有重要启发作用。邱慧灵《畲族服饰文化符号的应用设计》（2014）对畲族服饰元素在银饰上的开发利用做了创新性尝试，是少有的畲族银饰方面的研究。陈敬玉《畲族服饰地区分异及其在当代社会的嬗变研究》（2015）建议畲族服饰的保护结合地区分异特性，开展全面系统的研究，合理进行现代化设计。以上研究成果对于畲族服饰传承的现代化转型做了很好的学术探索，这种研究的视角具有相当重要的现实价值，也是未来畲族服饰研究的重要走向。

5）畲族服饰的个案研究。

张洁《浙西南畲族妇女“雌冠式”头冠探析》（2013）介绍了浙江省丽水市莲都区及云和县一带畲族妇女所佩戴的头冠，描述了头冠的制作过程及佩戴方法，是为数不多的畲族头饰的专项研究。陈栩《福建畲族传统帽饰研究——以霞浦地区为例》（2012）介绍了福建省霞浦地区畲族传统帽饰的种类、图案、形式、结构与民俗，是有学术价值的畲族服饰配饰研究。张洁《畲族“石莲花”纹装饰特征研究》（2014）是对浙江畲族“石莲花”纹饰的比较性研究，作者特别将畲族“石莲花”纹与汉族牡丹花纹作比对，有新颖和可参考之处。王雪姣《闽东畲族围裙花纹饰及其艺术特色》（2015）主要是论述畲族围裙纹饰的图案绣片及剪纸绣样。

3. 畲族服饰研究的不足与未来研究方向

自 1980 年以来，畲族服饰的研究取得了不小的成绩，主要体现在以下两方面：第一，畲族女子服饰的研究成果较多，其研究范围在不断拓宽。涉及诸如服饰史、服饰文化、服饰美学、服饰礼仪等相关领域，对畲族女子服饰做综合性与文化性学术探讨。第二，研究方法的多样化。从原有相对单一的人类学、民族学、历史学研究方法，扩大至艺术学、服装学、心理学等多学科研究方法。不同学科的学者在审视民族服饰时的视角亦有所不同，艺术学研究者们视民族服饰为特定时代文化价值的表征，他们将服饰作为一个对象，解释服饰的发展历程及服饰穿着的结构与细节；心理学研究者们则视其为人格的表达形式，在社会的相互作用中考察服饰的意义与意图；人类学研究者们更倾向民族服饰的动态和历史生成性，当下的人类学研究涉及民族服饰的创作、流通、消费以及所植根依赖的制度，所产生的对个体及群体多重身份的塑造或消解等问题。[1] 研究方法的多样化以及研究方法的更新有助于畲族服饰的研究取得进展。

如前所述，畲族服饰的研究已有一定成果，但尚有许多领域有待深入挖掘。笔者认为目前畲族服饰研究还存在以下不足。

（1）介绍性及现象描述性文章占较大比重，系统研究畲族服饰的文章较少。中国传统文化重视“衣、食、住、行”，“衣”被排在首位，可见古人对服饰的重视程度。因此，在地方志和民族志文献中不乏对于各个民族服饰的简介性文字和篇幅，但深入表象之下的研究性与学理性文章较少，对于畲族服装款式的演变、背后成因及影响因素等均缺乏相应的学术分析与探寻。

（2）缺乏对畲族服饰的整体性研究。传统畲族服饰的研究更多俞于地域性藩篱，比如浙江的畲族人口全国排名第二，拥有全国唯一一个畲族自治县，其畲族服饰的研究成果较丰硕；福建作为畲族最大聚居区，在这一研究领域亦成就非凡。然而不同地域之间的服饰研究未做到互通有无，笔者见到畲族服饰研究的论文的地域一般都局限在省内畲族聚居区。

（3）对服饰分类性研究、儿童服饰及传统服饰的材质、制作工艺技术等方面的研究不够。前文所列举的文献中鲜见关于儿童服饰、配饰方面的研究文章。从研究成果来看，对畲族宗教服饰、礼服等功能服饰的研究涉及较少，关于畲族服饰分类性研究尚有很大的空白。

（4）对传统技艺研究不够。2015 年 5 月 21 日，全国 30 余位民族服饰研究的知名专家、学者在北京召开了“中国少数民族服饰文化与传统技艺”丛书出

---

［1］ 周莹. 民族服饰的人类学研究文献综述 [J]. 南京艺术学院学报（美术与设计版），2012，（2）：125-131.

版研讨会，与会的学者们探讨了目前民族服饰研究的发展成果与存在的不足之处，特别提出了中国民族服饰文化研究从改革开放以后开始引起大家的关注，但研究深度尤显不足，对传统技艺研究的重视不足，这既是国内少数民族服饰研究普遍存在的问题，也是畲族服饰研究的一个弱点。

笔者认为，畲族服饰研究还需要从以下几个方面进行加深与探究。

（1）拓展研究内容、深化研究领域。畲族宗教服饰、儿童服饰等方面的研究始终是畲族民族服饰研究的空白，畲族服饰整体性研究也相对匮乏，因此需要加强对畲族服饰的分类性研究，加大畲族服饰的跨学科研究的力度。鼓励民族学、人类学、艺术学、服饰学等学科研究方法的交叉运用，以及民族服饰史、服饰社会学、服饰生理学、服饰心理学、服饰民俗学和服饰艺术学等多角度、多学科的综合研究。

（2）基础性传统工艺研究的记录与保存。畲族服饰技艺与制作传承人存在日趋消弭的可能，而传统制作技艺的研究对畲族服饰研究的深入和专业化有着重要的意义。随着传统服饰的式微，大量收集和整理畲族服饰的实物、纪实照片等史料，对畲族传统服饰文化和工艺技术进行系统性梳理就显得迫在眉睫。因此，利用现代化技术手段对传统技艺进行记录和研究是当务之急。为此，有远见的学者们在研究其他少数民族服饰的制作上已经走出了第一步，而畲族服饰的相关研究基本还处于起步阶段，这应该是下一步畲族服饰研究的重点方向之一，也是当年中国纺织出版社组织发起“少数民族服饰文化与传统技艺研讨会”的初衷。

（3）现代化的应用设计在畲族服饰传承中的研究。传统的畲族服饰在现代化转型中势必会遇到各种困境，现代应用设计作为传统服饰转型策略中重要因素之一，对畲族服饰传承的研究大有裨益。采用数字三维技术再现传统畲族服饰，对传统图案进行分类，并建立相应的素材数据库，以传统文化为基础，用辅助设计软件进行重组、开发，创造新的、适应当今社会需求、符合现代审美情趣的图形，对传统畲族服饰文化的保护性传承与开发具有现实意义。已有少数畲民对于传统服饰做了创新性改良，畲族银饰的现代化就是一个案例。福安畲族银饰品牌“珍华堂”不断推陈出新，在现代化的道路上另辟蹊径，其经营上采用连锁加盟的现代模式，获得了相当可观的经济效益。畲族服饰的现代化方向研究应该是后期研究需重点关注的，只有走现代化创新之路才能改变畲族服饰所面临的困境。

三、研究内容、研究思路与研究步骤

（一）研究内容

1. 畲族服饰传承与涵化的形态分析与背后成因

目前，国内学术界尚未出现对畲族服饰全面系统性总结的专著和文章，各地畲族服饰虽各具地域特色，但在实际的研究中仍然没有完全做到资源共享，加之畲民对其传统服饰定义也模糊不清，这种现象对于畲族服饰研究所产生的不利之处前文已做了阐述。畲族服饰因传承呈现表现形式的共性，因涵化呈现表现形式的多样化，畲族与其他民族在密切接触和频繁互动中形成服饰的共生关系，因此，传承与涵化、多样与统一是畲族服饰所承载的二元文化属性。除此以外，环境、经济、政治、科技、心理等方面也是传统畲族服饰传承与涵化态势的成因，对畲族服饰发展与涵化态势的学术研究及成因分析是本书的主体，亦是本书的科研价值所在。

2. 近现代闽、浙、粤、赣畲族服饰的分类研究

本书的研究对象以福建省博物院馆藏服饰文物为主。资料收集期间适逢“绚彩中华——中国畲族服饰文化展”举办，此展由浙江省景宁畲族自治县人民政府主办，上海纺织博物馆和景宁畲族自治县畲族博物馆承办，晓琴畲族民间陈列馆协办，是国内首次畲族服装展览（为其民族服饰系列展之第四季，展期2014年3月26—5月12日），展出了近300套（件）畲族服装和饰品。此外，2014年5月15日福建省博物院举办“山哈风韵——浙江畲族文物展”，展出了浙江省博物馆、丽水市博物馆和景宁畲族自治县畲族博物馆共233件馆藏精品。两次展览所展示的畲族服饰实物资料是本书研究得以开展的基础。本书依照实物资料，重点以交襟式和大襟式两种基本服装形式，对近代以来闽、浙、粤、赣畲族服饰进行分类研究。广东与江西的畲族传统服饰遗留较少，因而作为基础性研究实物的服饰主要集中于福建与浙江。笔者对畲族服饰分类也做了相应研究，对有条件地区的畲族服饰形态与变革历程的相关文献做了进一步梳理、考证、统计，以期对近代以来畲族服饰的史料整理工作带来有益的推进。

3. 畲族服饰形制、结构与工艺分析

就目前的畲族服饰研究成果而言，更多的是局限于单个地区的地域研究和分类，缺乏专业方面如服装形制、结构与工艺的分析，如何从专业的服装学学

科角度进行研究切入，是一个重大并亟待解决的问题。事实上，畲族服饰的研究从服装结构与工艺的角度入手并不复杂，但由于畲族服饰实物在博物馆中均以玻璃橱窗的形式展出，因此研究者仅能通过服装正面视角进行款式尺寸推测，背面视角难以观察，服装尺寸的细节测量及服装内部的构造形式更是遥不可及，这对畲族服饰的结构与工艺分析造成了研究障碍。幸运的是，在实际的资料搜集过程中，笔者曾有机会近距离接触到部分清代与民国时期的畲族服饰文物，这种实际观测与记录的珍贵机会，为本书畲族服饰形制、结构与工艺分析相关主要内容的写作提供了良好材料。

4. 畲族服饰传承的现代化发展策略

传统民族服饰的现代化转型是目前各少数民族服饰传承与发展所急需解决的重要难题，关于如何使传统畲族服饰适应现代社会畲民的需求，实现传统畲族服饰的现代化，对于畲族服饰的传承和发展具有现实性意义。畲族服饰根植于民族文化的沃土，带有本民族的历史文化积淀，在全球化的大潮下，文化碰撞与融合势不可挡，传统畲族服饰文化想要在经济全球化的形势下得以传承与保存，其现代化转型是亟待解决的重要难题。可以说，畲族服饰传承和保护的现实性途径，也是其未来发展的方向。

（二）研究思路

本书的研究思路主要建立在来源可靠的服饰实物及具有原始学术价值的影像资料基础上。现代田野调查所采用的大量的照片皆为笔者拍摄于当下，图片中很多服装是后期改良过的样式，无法准确反映和还原传统的畲族服饰样貌。因此，本书在资料的运用上力求准确，对传统原生畲族服装与后期改良的畲族服装进行区分说明，并尽可能注明出处与年代。再者，以往的畲族服饰研究多为文字记载和少量绘图，不够直观准确，而随着摄影技术的发明与普及，服饰的记录开始呈现图像保存趋势。依据图像的记录及对相关畲族服饰实物的分析，并结合相关文献的记载，本书的研究可以说建立在翔实的一手材料和物质佐证基础上。

在实物、图像、文献资料的基础上，本书采用文献研究法、田野调查法、跨学科综合研究法、比较法等研究方法，对畲族服饰的近现代演变做详细论述与梳理，以使读者对畲族服饰的认知更加完整而明晰。

总体研究思路及流转如图 1-2 所示。

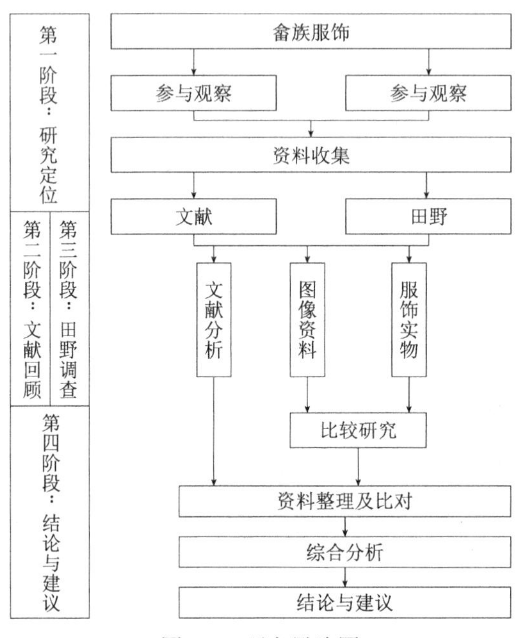

图 1-2　研究思路图

（三）研究步骤

首先，本书采用田野调查的方法对畲族聚居区进行实地考察，将收集到的畲族服饰实物、历史文献资料及资料中的老照片进行分类整理，希望能在文献与实物的资料对比中有所发现，将三种材料作为印证查找的参考。其次，本书通过跨学科综合研究的方法呈现历史迁徙与文化变迁视野下的畲族服饰的传承与涵化，并据“服饰的形制分类”“结构与工艺分析”探寻畲族服饰与凤凰意象的内在联系。再次，本书以交襟衣和大襟衣为分类，通过对福建罗源与浙江丽水具有代表性的交襟式与大襟式上衣的嬗变历程进行解读，阐释畲族服饰涵化的背后成因。最后，本书通过对现代社会文化情景下畲族服饰所面临的现实困境及形成原因的分析，寻找畲族服饰在现代社会得以保存与发展的现实策略，以期通过对先进经验的探寻以及创新手段的实施，使传统的畲族服饰艺术得以重新焕发生命力。

四、前期调查、研究方法与论文框架

（一）前期调查

自 2012 年确认研究方向及研究对象以来，笔者对畲族服饰进行了多次的现场调研与文献收集（表 1-1），这其中包括 3 部分内容。

（1）对国内各个畲族博物馆、民族博物馆、服装博物馆和高校博物馆的走访调研。这个调研阶段共分五次进行：第一次考察范围最广、时间最长，2013 年 10 月至 11 月，实地考察北京、江苏、上海、福建等地的国内服装类博物馆、高校的服装博物馆，对国内博物馆馆藏畲族服饰有了初步的认知。第二次是 2014 年 1 月专程赶往位于武汉的中南民族大学民族学博物馆考察该馆馆藏的畲族服饰，发现该馆展示的一件畲族服饰缺少收藏时间与地点记录，从侧面印证畲族服饰研究的紧迫性。第三次是 2014 年 4 月专赴上海纺织博物馆参观国内第一次畲族服饰展“绚彩中华——中国畲族服饰文化展”，其中“新派畲服”识别混乱、“凤凰装”定义模糊等不良现象丛生，具有真正研究价值的服饰少之又少。第四次是 2015 年 3 月 28 日专程前往厦门大学人类学博物馆收集该馆收藏的畲族服饰资料，对有代表性的福鼎和霞浦畲族服饰进行影像搜集，这批图文资料对于本书的研究具有极大的推动作用。第五次是 2015 年前往江西服装学院开展科研调查，对该院服饰文化陈列馆进行参观。另外，还有数次前往福建省博物院对其馆藏畲族服饰文物进行拍摄，适逢此期间福建省博物院举办“山哈风韵——浙江畲族文物展”，笔者对展出的浙江地区的畲族服饰文物进行了资料的收集工作，这批资料奠定了本书“畲族服饰传承与涵化”的选题主旨。

（2）对畲族聚居区进行田野调查，包括走访求教畲民、民俗学家学者。这个阶段的田野调查分为四次：第一次（2013 年 11 月）主要走访地为闽东畲族聚居区，大量收集畲族当地服饰的图文资料，以此作为重要实物史料加以板型、工艺等方面的研究分析。第二次（2013 年 12 月）受邀参加畲族的祭祖仪式，得以近距离观察畲族服饰凤凰装，并对于凤凰意象在畲族服饰中的呈现有了直观的认识和考量。第三次（2014 年 1 月）对闽东畲族聚居区的一些村落进行走访调研，此行的目的在于对前一次调研中的资料进行查漏及细化。第四次（2014 年 4 月）前往浙江景宁畲族自治县，参加当地畲族“三月三”的活动，并对浙江畲族村落进行走访，将闽、浙二地畲族服饰进行实物的对比研究，并在共性层面上进行总结归纳。

（3）史籍、地方志的查阅及参加相关少数民族服饰研讨会。笔者多次前往中国国家图书馆、福建省图书馆、浙江省图书馆、福建省档案馆、福建师范大学图书馆等大型图书馆查阅相关文献及地方志。其中，在福建省档案馆发现 1958 年施连朱、陈佳荣在进行《福建省福安县甘棠乡山岭联社畲族情况调研报告》研究时所绘当地村民的畲族服饰手稿（图 1-3），这是《畲族社会历史调查》

中未公开过的畲族调研手绘稿，因而具有重要的学术意义。笔者于 2015 年 5 月参加“中国少数民族服饰文化与传统技艺研讨会”，并与与会专家进行交流和研讨，对全国性的民族服饰研究现状有了更为宏观与清晰的认识。

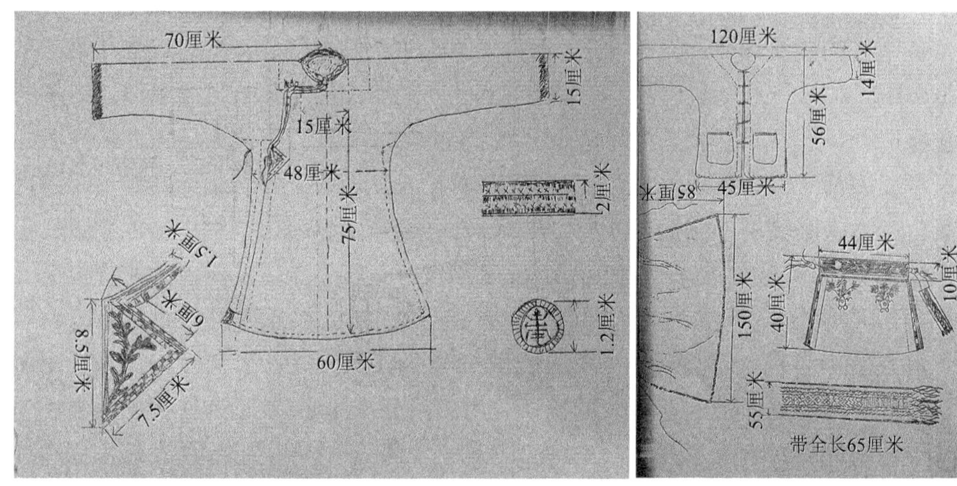

图 1-3　福安畲族女上衣、福安畲族男子上衣、福安畲族拦腰

资料来源：福建省档案馆

此书的撰写，经过了 5 年多艰辛的田野调查与文献收集，其间笔者走访了国内的多个博物馆及畲族聚居区，进行了深入的考察、拍摄与调研，收集了丰富的第一手资料，尤其是福建省博物院的 57 件馆藏畲族服饰文物，为本书的撰写奠定了厚实的资料支撑。

表 1-1　本书田野调查的工作内容

时间	地点	项目	参加人	内容
2013年				
2013年10月27日	北京市	中华少数民族公园、中央民族大学民族博物馆	方泽明	中央民族大学民族博物馆收藏的罗源地区男、女畲族服饰各一套
2013年10月28日	北京市	北京服装学院博物馆	方泽明	该馆收藏的畲族服饰
2013年10月31日	无锡市	江南大学服饰传习馆	方泽明	无收获
2013年11月1日	上海市	上海博物馆少数民族工艺厅	方泽明	该馆展出的畲族服饰
2013年11月1日	上海市	东华大学纺织服饰博物馆	方泽明	无收获

续表

时间	地点	项目	参加人	内容
2013年11月18日	福安市	福安市穆云乡溪塔村	方泽明 王晓戈 蓝泰华 郭希彦	在村里的畲族藏品收藏馆拍摄了5件畲族女子上衣及部分畲族银饰品、畲族器物
2013年11月19日	福安市	福安市康厝畲族乡凤洋村	方泽明 翁东瀚 王晓戈 蓝泰华 郭希彦	民间畲族服饰藏品，走访了《闽东畲族文化全书•服饰卷•工艺美术卷》的作者钟伏龙，在该村畲族藏品收藏馆拍摄了10余件畲族服饰及部分畲族银饰
2013年11月20日	宁德市	宁德市蕉城区金涵畲族乡上金贝村	方泽明 翁东瀚 王晓戈 蓝泰华 郭希彦	畲族文物收藏家阮晓东收藏有8000件畲族文物，号称“民间畲族文物收藏之最”，拍摄了一些不同时期的畲族服饰
2013年11月21日	宁德市	闽东畲族博物馆	方泽明 翁东瀚 蓝泰华 郭希彦	拍摄了一些闽东畲族文物、不同地区不同样式的传统服饰
2013年12月3日	宁德市	宁德市蕉城区金涵畲族宫	徐希锦 方泽明	金涵畲族宫祭祖仪式活动，拍摄了畲族老、中、青年妇女传统着装和男子传统着装、法师服等
2014年				
2014年1月3日	福鼎市	福鼎市城关龙山中路182号	方泽明 王琳 詹黎明 王雪姣 郑婷婷	走访了福鼎文化馆前馆长马树霞的家，拍摄了传统服饰及传统生活用具，记录了畲族的相关故事和传说
2014年1月3日	福安市	福安市坂中乡下林岭村9号	方泽明 王琳詹黎明 王雪姣 郑婷婷	走访村民钟明旺的家，调研畲族传统民居建筑及传统生活用具，了解畲族村民的生活状态
2014年1月3日	宁德市霞浦县	宁德市霞浦县溪南镇半月里村	方泽明 王琳 詹黎明 王雪姣 郑婷婷	走访了畲族婚俗国家级非物质文化遗产传承人雷其松，拍摄多件藏品，包括传统服饰及传统生活用具等；邀请畲族老年妇女现场示范畲族女子发式梳扎步骤，深入畲族族群生活了解当地民俗风情
2014年1月8日	武汉市	中南民族大学民族学博物馆	方泽明 王晓戈	参观该馆收藏的畲族服饰，与该馆研究员林毅红交流
2014年4月2日	浙江省	景宁畲族自治县畲族博物馆	方泽明 朱琳 蓝泰华 王晓戈 刘颖 韩学红 王雪姣	巧遇上海纺织博物馆蒋昌宁馆长来景宁畲族自治县做调研，与蒋昌宁馆长及景宁畲族博物馆梅丽红馆长交流
2014年4月2日	浙江省	景宁畲族自治县敕木山畲族村	方泽明 朱琳 蓝泰华	在敕木山畲族村畲民家中拍摄畲民的老照片
2014年4月2日	浙江省	景宁畲族自治县晓琴畲族民间陈列馆	方泽明 朱琳 蓝泰华 王晓戈 刘颖 韩学红 王雪姣	与馆长陈晓琴做交流。馆内收藏有畲族传统服饰相关的刺绣和工艺品、老式家具等多件历史文化展品
2014年4月2日	浙江省	景宁畲族自治县周湖村	方泽明 朱琳 蓝泰华 刘颖 王雪姣	走访当地畲民，了解当地风土人情

续表

时间	地点	项目	参加人	内容
2014年4月2日	浙江省	景宁畲族自治县包凤村	方泽明 朱 琳 蓝泰华 王晓戈 刘 颖 韩学红 王雪姣	了解景宁畲族自治县畲族凤冠传承的传统梳扎步骤和凤冠佩戴，以及部分民间文物收藏
2014年4月2日	浙江省	景宁畲族自治县大均乡李宝村	方泽明 朱 琳 蓝泰华 王晓戈	走访当地畲民，了解当地风土人情
2014年4月2日	罗源县	罗源县松山镇竹里村	方泽明 朱 琳 蓝泰华 王晓戈 刘 颖 韩学红 王雪姣	畲族服饰制作技艺传承人蓝曲钗在总结传统技艺的基础上，把修边、纳沿、手工刺绣的技艺加以提升
2014年4月3日	浙江省	泰顺县竹里畲族乡竹里村	方泽明 朱 琳 蓝泰华 王晓戈	走访当地畲民，了解畲族风土人情
2014年4月27日	北京市	中国国家图书馆古籍馆	方泽明 朱 琳	查阅各地畲族聚居区的方志、史志
2014年4月29日	上海市	美特斯邦威服饰博物馆	方泽明 朱 琳	无收获
2014年4月30日	上海市	绚彩中华——中国畲族服饰文化展	方泽明 朱 琳	国内第一次畲族服饰展，汇集各博物馆的馆藏畲族文物，包括传统和近现代畲族服饰等相关藏品。与该馆蒋昌宁馆长交流
2014年5月21日	福州市	山哈风韵——浙江畲族文物展	方泽明 朱 琳 许东仪 王 琳	参观了浙江省博物馆、丽水市博物馆、景宁畲族自治县畲族博物馆的233件馆藏精品，拍摄部分畲族服饰
2014年6月17—20日	福州市	福建省博物院	方泽明 许东仪 王 琳 朱 琳	馆藏畲族服饰文物，笔者在该馆工作人员帮助下拍摄了罗源、霞浦、福安、福鼎等不同地区不同年代的传统畲族服饰和畲族银器等藏品
2015年				
2015年3月28日	厦门市	厦门大学人类学博物馆	方泽明 朱 琳	馆藏畲族文物，包括畲族服装和饰品等相关藏品
2015年5月12日	福州市	福建省档案馆	方泽明	查阅馆藏畲族文献，收集到1958年施连朱、陈佳荣在做对于《福建省福安县甘棠乡山岭联社畲族情况调研报告》时所手绘的当地村民的畲族服饰手稿
2015年5月21日	北京市	在中国纺织出版社参加“中国少数民族服饰文化与传统技艺研讨会”	方泽明	与中央工艺美术学院原院长常沙娜、故宫博物院研究员王素、中央民族大学教授索文清、中国社科院民族学与人类学研究所文化人类学研究室主任色音等国内各民族服饰专家交流，深受启发
2015年11月14日	南昌市	江西省博物馆、江西服装学院服饰文化陈列馆	方泽明	与江西服装学院的服饰研究专家段婷老师交流

（二）研究方法

本书主要采用文献研究法与田野调查法等，结合对福建省博物院、景宁畲族自治县畲族博物馆、江西省博物馆等所收集的畲族服饰实物进行分析比较，尤其以福建省博物院所藏清末至现代的一批精品畲族服饰为基石，做系统性的资料架构，并借助考古学的发现进行史料的验证，获得对历史的理解和重建。收集服装藏品及影像资料是本书进行资料分析的重要环节，仅仅依据文献记载难以准确还原服装原貌，真实的服装藏品则更为可靠。笔者有幸对福建省博物院所收藏的畲族服饰实物进行勘察，从外在形制上明确款式、线条、构成、细节，并经由亲身接触体验布料的不同手感。对服装实体藏品的观摩帮助笔者直接了解服装结构、缝制工艺，并通过研究观察转化为服装板型图，再由服装板型图拆解成裁片，有助于服装整体构成工序的清晰明了。除去实物的直接研究外，笔者还将清代、民国时期、中华人民共和国成立之后等各个时期的文献史料、图像和文物进行比对，再以当时贸易、政治、文化、地理环境等相关史料加以辅助，文字、图像、文物三者相互验证，以期归纳畲族服饰嬗变的历程及因素，生动、准确地呈现畲族服饰文化在历史上的面貌。

具体研究方法如下。

1. 文献研究法

文献研究法是收集资料时最基础、最常用的方法。畲族在不同历史阶段的着装呈现需依靠文献来获取，文献资料掌握的程度是研究价值的重要评价依据。故本书重视收集与畲族服饰相关的国内外书籍、历代文献、博硕士论文、学术刊物、研究报告、民间私人收藏的文献资料，并将之进行整理、分析、比较、归纳、综合。笔者在文献收集中特别重视查阅地方志、史志，多次到中国国家图书馆、福建省图书馆、浙江省图书馆、福建省档案馆、福建师范大学图书馆、宁德市档案馆等部门进行查阅和收集。

2. 田野调查法

田野调查是一种在文化研究中进行实地观察并获取资料的有效方法，这种方法对于一手准确资料的收集尤为重要。为了完成本书，笔者做了大量的调研与田野调查（表 1-1），收集了大量的实物、文献及图片资料，并对极具代表性的福建闽东与浙江景宁畲族自治县进行了深入调查，获得大量可靠实用的数据支持，以佐证本书的观点。

3. 图像法

图像对服饰的研究具有至关重要的作用。影像资料可以将服饰的形状、图案等外形特征准确地传递给研究者，其直观性胜于文字描述。笔者在前人研究的基础上，补充了大量的实地考察的图像资料，同时通过大量手绘的图像来直观展示畲族服饰的细节。

4. 比较研究法

比较研究方法是指对两个或两个以上的事物或对象加以对比，以找出它们之间的相似性与差异性的一种分析方法。[1] 比较法是服饰研究中常见的一种方法，由于现代社会传统服饰实物保有量的减少，一手资料越来越难以获得，私人收藏家收藏的实物资料由于记录的不完善也难以确保准确和权威，因此要对调查中获得的基础资料根据各地民俗方志的相关记载来验证，采用实物资料、图像与文献的比较研究便具有积极意义。区域比较、年代比较也是服饰文化研究中运用最为广泛的方法。畲民长期的迁徙使其呈现大分散、小聚居的居住特点，现代社会又使得地域间的文化交流频繁，这直接影响到不同地区畲族服饰的文化交流，加快了服饰融合的步伐，故而研究中需要进行多重对比。

---

［1］ 林聚任，刘玉安．社会科学研究方法 [M]. 济南：山东人民出版社，2008：2.

第二章 畲族的起源

要论述畲族的服饰，了解其文化内涵，诠释其外在，需要从畲族的历史文化出发去观察和探索。只有先了解了畲族的发展渊源、生活环境、文化特质等基本情况，才能理解其服饰产生的原因及存在的意义。因此，对畲族的族源进行梳理，明晰族群的起源、生存环境对于畲族文化的形成及影响，才能深入探讨畲族服饰的意识体现、文化内涵及传承融合等。

第一节　畲族名称的来源

畲族是中国东南沿海地区一个历史悠久的少数民族。史书记载，唐代时期畲族就已聚居在今天的闽、粤、赣三省交界地区，其后不断迁徙，从一个聚居的民族发展成现在这样的散居民族。目前主要散居于福建、浙江、江西、贵州、广东五省，此外，在安徽、云南、湖北、湖南也有少部分聚居，整体上呈现大分散、小聚居的情况。据2000年人口普查数据显示，畲族人口在福建省约53.3%，主要分布在闽东地区；浙江省约24.3%，主要分布在丽水、温州等地；江西省约11.0%，分布在铅山、贵溪等县；贵州省约6.4%，分布在麻江县；广东省约4.0%，分布在潮安、惠东、海丰、博罗等县；其他省份约8.2%，包括安徽（约1500多人）、湖南（2800多人）、湖北（2500多人）等地。除生活在广东省的约1200名自称“山人”的畲民所使用的苗瑶语族属于汉藏语系外，其他99%以上的畲民使用汉语客家方言，其中也融合少量古畲语，主要是壮侗语族、苗瑶语族以及畲民居住地汉语方言。[1]

现代畲民自称“山哈”或“山客”，“哈”在畲语为客人之意，“山哈”也就是山里的客人。另外，“山哈”也是畲客的客家方言记音。“山哈”与“山客”

[1] 谢重光. 畲族与客家福佬关系史略 [M]. 福州：福建人民出版社，2002：2.

的含义都是指居住在山里的客人，此种称呼来自于畲民在生活中所使用的方言。《（乾隆）龙溪县志》中记载他们“随山迁徙，而谷种三年，土瘠则弃去，去则种竹偿之，无征税、无服役”，[1] 故呼之为“客”。但在部分的畲民传世文书或谱牒中，“徭”是其最早的自称。畲民谱牒多抄录《抚徭券牒》，也称《开山公据》，牒文载“指望青山而去，遇山开产为业。父过子任，但有富豪军民，不得侵占山场。但远离庶民田圹一丈三尺之地，乃徭人火种之山”[2]。“抚徭”的“徭”即“畲”。“徭”字除作为自称外，亦可作为他称。“徭”字也有写成“猺”的，明显带有歧视之意。[3]《（道光）平和县志》记载：“和邑深山穷谷中，旧有猺獞，椎髻跣足，以盘、蓝、雷为姓……土人称之曰客。”[4]

费孝通在《中华民族的多元一体格局》中提出民族名称的一般规律是从“他称”转为“自称”，但畲族的名称不是该民族的自称。畲民自称“山哈”或“山客”，“畲”则是汉族对于“山哈”的他称。“畲”字来历甚古，早在春秋战国时就已出现，在《诗》《易》等经书中就已出现。《诗经·周颂·臣工》有“新畲”，《易·无妄》有“不耕获，不菑畲，则利有攸往”之句。畲字之意，《集韵》云：“畲，火种也，诗车切。”《尔雅·释地》曰：“田一岁曰菑，田二岁曰新，田三岁曰畲。”“畲”字读音有二，读 yú（余），指刚开垦的田；读 shē（奢），意为刀耕火种。“畲”字有两种不同写法，一种是“畬”，从余到田，另一种是“畲”，从佘到田。作为民族族称要有统一的写法和确切的含义。1956 年 12 月畲族经国务院正式认定为单一少数民族，公布确定该民族统一的族称为“畲族”。佘田之“畲”意为“人”“示”“田”。“人”字是搭草寮的人字架。“示”字表示这个古老民族的人民。“田”字有三层含义：①表示这个古老民族是靠游耕为生存手段的民族；②表示这个古老民族迁徙到高山之坳，用草木搭寮安下家，开始烧畲、垦畲、种畲；③表示这个古老民族成为祖国大家庭中的一员，在土地改革中分得一份土地。

在畲民名称出现以前，他们最迟在公元 6 世纪末至 7 世纪初就繁衍生息于闽、粤、赣三省交界处。在畲族名称出现之前，活跃在闽、粤、赣三省交界处的畲族先民被称之为“蛮僚”或“峒蛮”等名称。唐高宗总章二年（669 年），就有“泉、潮间，蛮僚啸聚”[5] 的记载，记载了陈政率领五十八姓军校镇压起义

[1]《中国民族文化大观·畲族编》编委会. 中国民族文化大观·畲族编 [M]. 北京：民族出版社，1999：34.
[2]《中国少数民族社会历史调查资料丛刊》福建省编辑组. 畲族社会历史调查 [M]. 福州：福建人民出版社，1986：254.
[3] 曹曦. 台湾蓝姓畲民研究初探 [D]. 淡江大学，2010：18.
[4]（清）王相修，昌天锦等纂. 平和县志·卷十二：杂览 [M]. 台北：台北成文出版社，1967：258.
[5]（清）薛凝度. 云霄厅志·卷十一：宦绩 [M]. 清嘉庆二十一年刻本.

军的故事。《福建通志》记载："六朝以来，戍闽者屯兵于龙溪，阻江为界，插柳为营，两岸尽属蛮僚。"[1]《资治通鉴》又云"黄连峒蛮二万围汀州"[2]。"蛮僚""峒蛮"都是畲民早期的被称。"蛮僚"并非民族专称，《尚书·大禹谟》记载大禹治水后，"无怠无荒，四夷来王"，四夷是"东曰夷，西曰戎，南曰蛮，北曰狄"[3]，南蛮是南方古代民族的泛称。隋唐之际，史籍曾以"峒蛮""蛮僚"泛称古代南方各民族。据《史记集解》载"僚，猎也"，"僚"并不是民族专称，可能是反映畲民早期"搜狩为生"的习俗。畲族先民被称为"蛮僚"，被计入南方民族的范围。

畲族的名称不是该民族的自称，而是被称，是依据历史上史家的记载确定的。其在历史上被称为"畲民"，最早为公元 13 世纪中期，南宋末年刘克庄的《漳州谕畲》，文曰："凡溪峒种类不一：曰蛮、曰猺、曰黎、曰蜑，在漳者曰畲。西畲隶龙溪，犹是龙溪人也。南畲隶漳浦，其地西通潮、梅，北通汀、赣，奸人亡命之所窟穴。畲长技止于机毒矣，汀、赣贼入畲者，教以短兵接战，故南畲之祸尤烈。二畲皆刀耕火耘，崖栖谷汲，如猱升鼠伏。有国者以不治治之，畲民不悦（役），畲田不税，其来久矣。"[4]《宋季三朝政要》也出现了"畲军""畲兵"的称呼。自南宋出现有文字记载的"畲民"称呼以来，这个名称为历代所沿用。《元经世大典序录》和《元史纪事本末》都以"畲"称之，明清时期均用"畲民"一词。[5]福建、浙江等省的地方志也普遍用"畲民"这一名称，且许多志书还专门列了"畲民篇"，如康熙、乾隆、同治时期的《景宁县志》均设"畲民"一目。民国时期，学者们在相关著述中，基本上都沿用"畲民"这一名称，如 1925 年沈作乾的《括苍畲民调查记》、1934 年王虞辅《平阳畲民调查》等。

"輋民"名称则出现在 13 世纪的广东地区。文天祥在《知潮州寺丞东岩先生洪公行状》中称广东潮州一带的畲族为"輋民"："潮与漳、汀接壤，盐寇輋民群聚剽劫，累政。""輋"音 shē，与畲同音，是广东汉人俗字。

南宋末年，史书出现"畲民""輋民"两词并用的记述。"輋"的含义虽与"畲"有差异，但非指两个不同的民族，也不是指同一民族的两个不同经济发展阶段，而是前者指福建畲族，后者指广东、江西畲族，这是由于汉族文人对闽、

[1] 陈寿祺等. 重纂福建通志·卷八十五：关隘 [M]. 清同治十年（1871）重刊本之影印本. 台北：华文书局股份有限公司，1968.

[2] （宋）司马光. 资治通鉴·卷二五九：唐纪七五 [M]. 北京：中华书局，2007.

[3] 李学勤. 十三经注疏（标点本）·之六：礼记正义（上）[M]. 北京：北京大学出版社，1999：398-399.

[4] （宋）刘克庄. 后村先生大全集·漳州谕畲 // 蒋炳钊. 畲族史稿 [M]. 厦门：厦门大学出版社，1988：8.

[5] 雷弯山. 刀耕火种——"畲"字文化与畲族确认 [J]. 龙岩学院学报，1999，12：79.

粤、赣畲族经济生活观察的侧重点不同而出现的异称。所以历史上有关“畲民”的记载最早出现在宋代，但在宋代以前的唐代，对于闽粤一带“蛮僚”的具体情况以及汉人与“蛮僚”之间的关系，缺乏足够的记载，如今大都透过宋代以后的文献来窥其一斑。[1] 由于“蛮”与“越”为中国古代南方人的代称，并用以区别生活于黄河流域的人群，所以中国南方少数民族的族源大都可以上溯至蛮或越，畲民也是如此，所以可以将蛮或越当作当时畲族的名称。表 2-1 为历史文献记载南方少数民族所用的称呼，除了展现畲民的历史形态，还显示了畲民与其他族群的互动关系，以及如何被标记。

表 2-1　历史上有关畲民的记载[2]

史料类型与出处		时代	地域	名称	相关历史事件
正史	《资治通鉴》	中唐	岭南五府	夷、僚	王朝军事管制
	《资治通鉴》	晚唐	洪州	蛮僚	“叛乱”
	《资治通鉴》	晚唐	福建	蛮夷	军阀的军事管制
	《宋史》	南宋	梆州	峒寇	“寇乱”
	《宋史》	南宋	汀、赣、吉、建昌	蛮僚、溪峒蛮、寇、贼	“寇乱”
	《宋季三朝政要》	南宋	吉州、循州、潮州、汀州、泉州	畲兵	勤王
	《元史》	元至元	建宁、括苍、漳、泉、汀、邵武、潮	八十四畲、畲洞人、畲军、畲贼、畲（与南诏、黎并称）、贼、盗	军管、平盗、散军编户、屯田
	《元经世大典序录》	元至元	闽	九层际畲、水篆畲、客寮畲	“叛乱”
	《明实录》	明永乐	粤凤凰山	畲蛮、畲长	编户入籍
	《明史》		漳平	畲洞、贼、盗、寇	“叛乱”
	《清史稿》		闽、浙、赣、粤	山居棚民、寮民	编户
	各种史地书籍	现当代	闽、浙、赣、粤、皖	畲族	民族识别
方志		大多为清及民国时期版本	闽	畲民、畲寇、畲客、洞僚、畲贼、瑶人、蛮僚、僚寇、佘民	几同正史
			粤	畲瑶民、畬民、寇、僚人、诸蛮、畲寇、峒僚（古称山越）、畲民	
			浙	畲民、畲客	
			赣	畬人、无籍民、南蛮之余	

[1] 黄向春．“畲／汉”边界的流动与历史记忆的重构——以东南地方文献中的“蛮獠一畲”叙事为例 [J]. 学术月刊，2009，6：138-145.

[2] 曹曦．台湾蓝姓畲民研究初探 [D]. 淡江大学，2010：22-24.

续表

史料类型与出处	时代	地域	名称	相关历史事件
文集、笔记、小说	南宋以降		畬民、菁民、山寇、畬贼、畲瑶、山畬、畲蛮、畲寇、畲人、畲客	
研究论文、调查报告	相关时代	所有相关地区	蛮、越、夷、闽、畲	学术调查研究

在畲族传世文书和谱牒中，“傜”是自称，起始年代甚古，且作为族称长期沿用。“傜”是自称，亦成他称。清初范绍质深入畲民社区，谙熟畲情，写了《猺民纪略》。《(康熙）平和县志》载：“畲客，一名傜人，盖盘瓠之后也。”[1] 总之，“傜”是畲族最早的古称,“畲”或“畬”是“傜”名称出现后的新族名，先是他称，后亦兼为自称。

王象之《舆地纪胜》卷 102“梅州”条记载的“山客畬”，是文献上以“畬”作为畲族族称的最早正式记载。畲族为何被称为“畲客”？一般认为这个称呼不是自称或他称，而是一种习惯的统称，意为“客居的畲民”。经过近一个世纪的畲族研究，学界已形成共识，认为 6 世纪末 7 世纪初，畲族已生息繁衍于闽、粤、赣交界处。全国各地畲族盘瓠传说及祖图的式样、内容、形式等都基本相同，说明畲族形成相当早，应早于 7 世纪。而从蛮僚至畲族的演变，其实也是畲族汉化入籍与历史记忆重建的过程。

第二节　传说与族源

苗、瑶、畲等中国南方少数民族普遍以盘瓠为图腾及家族的象征，故有苗、瑶、畲同源的说法。这种原始社会遗留下来的图腾崇拜，对于巩固民族内部的感情和团结有着相当大的助益，更是民族识别的主要依据。盘瓠也称“忠勇王”“龙麒”“盘护”“高皇”“龙猛”等，盘瓠传说虽然带有浓厚的神话色彩，却与畲族的发展有着相当密切的关系。畲民信奉始祖盘瓠，在许多畲民住屋中堂上供奉着盘瓠神位，岁时节令供奉祭祀。而家族的维系，如祖图、祖杖、祖牌和史诗《高皇歌》都与盘瓠传说息息相关，畲民的传统文化活动大都也有盘瓠信仰的痕迹。根据盘瓠传说而编的长篇叙事体的《高皇歌》被畲民世代传颂，

[1] （清）王相修，昌天锦等纂．平和县志・卷十二：杂览 [M]. 康熙五十八年刻本．

有的还将盘瓠传说记载于族谱中代代流传。有关盘瓠的传说有多种，本书选取学术界引用较多的一种来描述，其传说大致如下。

上古时代，高辛皇后耳痛三年，后从耳中取出一虫，形象如蚕，育于盘中，忽而变成一只金龙[1]，毫光显现，遍体斑纹，高辛皇帝见之大喜，赐名龙麒，号称盘瓠。其时犬戎入寇，国家异常危急。高辛皇帝下诏求贤，告示天下能斩犬戎番王头者妻以三公主。盘瓠揭下榜文，挺身前往敌国，乘番王酒醉，咬断其头，回国献给高辛皇帝，欲求高辛皇帝践其前言。高辛皇帝颇有难色，意欲悔婚。盘瓠忽言：你将我放在金钟内，七天七夜，就变成人。到了第六天，公主怕他饿死，打开金钟一看，金龙身已变成人形，只头未变。于是盘瓠着上人衣，公主戴上凤冠与之结婚。婚后生下三男一女。长子姓盘，名叫自能；次子姓蓝，名叫光辉；三子姓雷，名叫巨佑；女儿嫁给钟智深为妻。以后，盘瓠不愿为官，携妻子儿女到广东潮州府凤凰山居住，开荒种田，繁衍子孙，形成今天的畲族。[2]

畲族的族源问题，是敏感而长期存在争论的问题。为了探索畲族的族源问题，学者们做了长期不懈的研究，虽意见各不相同，但总结起来主要有“外来说”和“土著说”两大派别。“外来说”主张畲族是由武陵蛮、长沙蛮或古代“东夷族”靠西南的一支“徐夷”南迁发展演变而形成的；“土著说”主张畲族是由古代闽、粤、赣边的土著居民发展形成的，对于土著居民的认定，又有百越人后裔、闽族后裔等不同派别。这两大派别争论不休，莫衷一是。由于彼此都有理论和论据上的不足，谁也不能说服谁。[3]在此基础上，学术界新提出了多元论，是对族源一元论诸观点的挑战。谢重光先生认为：“中华民族的大格局和各个民族的小格局都是多元一体的。畲族也不例外，其组成至少应包括闽越土著、南迁入闽越的武陵蛮和汉人畲化三个部分。用这样的观点理解畲族的起源，在畲族族源问题上长期争论不休的外来说和土著说就有可能统一起来。”[4]畲族是一个文化概念，似可表述为，“畲族是历史上在赣闽粤交界区域形成的一个民族共同体，它的来源很复杂，包括自五溪地区迁徙至此的武陵蛮、长沙蛮后裔，当地土生土长的百越种族和山都、木客等原始居民，也包括自中原、江淮迁来的汉族移民即客家先民和福佬先民。这些不同来源的居民以赣、闽、粤边的广

[1] 汉晋时期关于盘瓠传说的文字记录中，盘瓠形象都是犬形。清朝中后期，畲族盘瓠图腾形象变为龙或龙与麒麟的组合。第三章第二节对此有详细分析。

[2] 施连珠．畲族风俗志 [M]. 北京：中央民族学院出版社，1989：161.

[3] 谢重光．畲族与客家福佬关系史略 [M]. 福州：福建人民出版社，2002：4.

[4] 谢重光．畲族与客家福佬关系史略 [M]. 福州：福建人民出版社，2002：18.

大山区为舞台，经过长期的互相接触、互相斗争、互相交流、互相融合，最后形成一种经常移徙的以粗放山林经济和狩猎经济相结合为主要经济特征，以盘瓠崇拜和相关文化事项为主要文化特征，椎髻左衽、结木架棚而居为主要生活特征的特殊文化，这种文化的载体就是畲族”[1]。

畲族信仰的主要标志有祖图、《高皇歌》、祖杖等物品。

一、祖图

祖图是畲民的“族宝”。畲族祭祖在族内进行，祖图只在祭祖时方得一见，非常神秘。祖图又称“盘瓠图”“太公图”“永远图记”“长联”“环山轴”等，是关于盘瓠传说的实物材料，也是畲族信仰的主要标志之一。顾炎武《天下郡国利病书》中提到畲民“山中自称盘瓠后，各画其像”[2]。明嘉靖刊本《惠州府志》载，畲民“自信为盘瓠后，家有画像……岁时祝祭”[3]。《丰顺县志》载，畲民“有祖遗匹凌画像一幅，长三尺许，图其祖……自出生时及狩猎为山羊触死，更情事甚详，盖千百年古画也。止于岁之元日，横挂老屋厅堂中，翌早辄收藏，不欲为外人所见”[4]。祖图是畲族人祭祖时的重要供品，畲族举行祭祖活动都要把该图拿出来供奉，因此畲族人对祖图非常重视，视其为“圣物”，平时珍藏于祠堂或由族中长辈收藏，一般不轻易向世人展示。畲民各支族保存的祖图内容大同小异，每个情节绘一幅图画，构成一组连环画。

最早记载祖图的是正德十二年（1517年），当时王阳明受命平粤、闽、赣三省畲汉联合起义。他在《横水桶冈捷音疏》中提到“（峯）自称盘瓠子孙，收藏有流传宝印画像，蛊惑群贼”，此“宝印画像”即是祖图。

现在存世的畲族祖图多为清代物品，以原布色为底，红色为主，兼用黑、绿、蓝、浅、白、金等色，用中国画的技巧和手法描绘，内容和形式基本相同，主要是以盘瓠传说为依托，展示畲族历史发展、社会生产、文化习俗等。[5]畲族祖图按式样可分为卷轴式与画布式两类。卷轴式是在长达数十米、宽数十厘米的土麻布织物上，绘有数十幅始祖盘瓠生平事迹的图画。画布式是在几平方米的织布上，描绘盘瓠传说，由皇帝出榜、狗扯榜、两军对垒、狗头人身、结

[1] 谢重光．畲族与客家福佬关系史略[M]．福州：福建人民出版社，2002：11.

[2] （清）顾炎武撰．顾炎武全集（卷5）．黄坤校点．上海：上海古籍出版社，2012：2991.

[3] （明）姚良弼修，杨宗甫纂．惠州府志·卷十四：外志·猺胥[M]．明嘉靖三十五年（1556）蓝印本，天一阁藏明代方志选刊．上海：上海古籍书店，1982：14b.

[4] （清）葛曙纂修．丰顺县志·卷七：风俗[M]．台北：成文出版社，1967：895.

[5] 马晓华．从祖图看畲族的宗教信仰[J]．中国宗教，2007，（3）：34-36.

婚、打猎、丧礼、坟墓等图画组成。画布式的年代较早，常见到的大多是卷轴式。其缘由在于传说的内容越来越繁富，逐渐从简单的画布演变为长轴画卷，反映了畲民的虔诚崇拜心理。

图 2-1 中的祖图出自于福建省霞浦半月里村，全称《帝喾高辛皇帝敕赐忠勇王开山公据祖图卷》，为卷轴式，共三幅，以麻布、土布为底，平图勾勒，浓墨重彩。画面配有文字说明，图文并茂讲述了盘瓠出世、拆榜征番、金钟变身、封忠勇王、招为驸马、开荒自耕、辛帝赐姓、永免差役等畲族先祖的故事。图中表现的内容虽然源自神话，有许多虚构的成分，但这些故事是畲族古代神话的遗存，具有独特的历史文化价值。

图 2-1　帝喾高辛皇帝敕赐忠勇王开山公据祖图卷

资料来源：霞浦半月里村 笔者摄

二、《高皇歌》

《高皇歌》又称《盘古歌》《龙皇歌》《盘瓠王歌》，是一首长达三四百句的长篇七言叙事史诗。它作为畲族的民族文化符号与文化表征的史诗，在畲族文化传承中的地位举足轻重。[1]《高皇歌》是畲民口头文学中传颂的祖先故事，将盘瓠传说以山歌或讲故事的形式传颂，叙述了畲族始祖盘瓠不平凡的经历，描述其立下奇功，以及不畏艰难繁衍盘、蓝、雷、钟四姓子嗣的传说。从全诗的整体结构看，《高皇歌》大致可以分为“简述上古文明史”“讲述先祖丰功伟绩”

[1] 张恒. 以文观文：畲族史诗《高皇歌》的文化内涵研究 [M]. 杭州：浙江工商大学出版社，2014：1.

“盘、蓝、雷、钟四姓的来历”“先祖归隐创业的经历”“族人迁徙的历程及对子孙的告诫”五个部分。它被畲民尊为祖歌、史歌，以畲语传唱至今。另外还有《狗圣歌》《山歌本》等十多个唱本，经分析，其内容大体相同，早期版本对盘瓠的传说明确使用“狗王”这一称呼，后期因为汉人的影响而称之为“龙麒”。畲族民间早期口耳相传的关于盘瓠王的传说，情节内容基本与祖图及《高皇歌》相同。《高皇歌》以手抄本的形式在畲族民间广为流传，家喻户晓。

畲族有本民族语言，但没有本民族文字，所以在文化传播中往往采用口口相传的方式，这也是《高皇歌》在历史流传过程中形成了多个版本的原因之一。它具有口头传播的特色，在传播中产生了不同版本，因此，《高皇歌》实际上是一个系统，是一个类型的文本，而非唯一的文本。据资料显示，目前在粤、闽、浙、赣、皖、湘 6 省能收集到的《高皇歌》共有 9 首，分别是广东省凤凰山区 2 首、福建省 2 首、浙江省 1 首、江西省 2 首、安徽省 1 首、湖南省 1 首。可以这么认为，那些讲述畲族起源的史诗性文字，都可以纳入《高皇歌》的系统中。从这些不同版本的文本中，我们可以窥视到畲族文化传承中的发展与变化。[1]

三、祖杖

祖杖，亦称“龙头杖”“族杖”“龙首杖”“法杖”，是一根杖首刻有状如龙首的拐杖，每个家族珍藏一根，是畲族显示远祖权威的象征物。祖杖和祖图一样，是畲族传世之宝，平时秘而不宣，只在祭祖大典上才展示。《龙首师杖记》载：“游山畋猎。不料皇天降临，二十二年正月十四日被山羊角伤其左胁，登树岔而卒。十七日得尸而归。彼时，文武官员奏上帝……命将士将树砍回，召青州范氏雕匠刻盘瓠王颜像，名曰：‘师杖’每朔望，焚香致祭……”[2] 祖杖有长、短两种，长者四尺多（约 140 厘米），供于祠堂；短者二尺余（约 80 厘米），置于祖箱。据记载：祖杖用整株金橘树或油茶树制成，杖头稍大，尾部略小，杖首雕有粗犷勇猛、口含红珠的“龙麒”头像。祖杖平时用红布捆扎，供于祠堂大殿或祖厝大厅左边插屏柱上，举行祭祀时祖杖则安放于祖亭内的祖牌背后。有数十乃至上百的红布条结在“祖杖”上，上书写祭过祖者的法名。

[1] 张恒．以文观文：畲族史诗《高皇歌》的文化内涵研究 [M]. 杭州：浙江工商大学出版社，2014：2.
[2] 蓝炯喜．畲民家族文化 [M]. 福州：福建人民出版社，2002：172.

第三章 畲族服饰与图腾信仰

“图腾”（totem），一词来源于英国于 1791 年出版的一本游记[1]，是奥吉布瓦印第安人的方言，在游记中“图腾”被理解为宗教信仰的一种。1903 年，严复首次将“图腾”一词译介至中国，他在翻译英国学者甄克思《社会通诠》时，把“totem”译成了“图腾”，该词因此成了我国学术界通用的名词；1937 年，岑家梧在其专著《图腾艺术史》中论述了中国民族的图腾制度及研究史略[2]；1992 年，何星亮在其专著《中国图腾文化》中论述了图腾是群体的标志，目的是为了区分群体，用“图腾文化”指代一切与“图腾”相关的传说、神话、信仰、仪式、符号、习俗、制度等文化现象的总和[3]。

图腾文化作为族群精神文化的核心部分，常被作为最具核心的族群文化，是最具标志性、最稳定、最难变迁的文化因子，对于族群的认同具有决定性作用。它承载着族群成员对祖先的想象和追忆，在整个族群漫长的历史发展进程中扮演着凝聚族群和划分族群边界的功能。畲族服饰作为汇聚畲族诸多文化要素的载体，集中反映了畲族的历史、文化与经济状况，体现出鲜明的民族特色。

第一节 畲族凤凰装的假设性阐释

关于服饰的起源，有代表性的学说有保护说、表现说、审美说、羞耻说、性吸引说、本能说、护符说和巫术说，可谓纷呈，但有一点是可以确定的，在最初满足人们防寒蔽体的功能性要求后，服饰的发展才逐渐把重心移向其审美价值，墨子曰“衣必常暖，然后求丽”便是这个道理。

[1] Voyages and Travels of an Indian Interpreter and Truder 最早出版于 1791 年英国，作者为 J K Long。后不同出版社推出过多个不同版本。

[2] 岑家梧 . 图腾艺术史 [M]. 上海：学林出版社，1986：122.

[3] 何星亮 . 中国图腾文化 [M]. 北京：中国社会科学出版社，1992：22.

服饰的起源与人类文化的发展紧密相关，不同民族基于不同的人文环境与地理环境形成其独具特色的生存方式，其审美定势、民族心理也各有不同，因此，作为民族文化重要组成部分的民族服饰沉淀着本民族特有的“集体无意识”，记录着本民族的文化传统和信仰崇拜。我国著名民族学家牙含章认为，民族是文化心理素质共同体的整体呈现，“要经过一个相当长期的发展过程，一旦形成，就有其相对的稳定性，不会因为发生一些暂时的原因即告消失”[1]。民族服饰是一个和人生礼仪、族群成员社会化过程一样的符号化过程，少数民族族群通过服饰这种符号活动和思维，进而使服饰符号达到一种综合效应，呈现出多重动因结构和象征意义，隐含着社会的秩序和法则，透露出诸多的语言代码信息。[2]畲族传统服饰是畲族图腾崇拜文化的载体，是畲民精神寄托的物化，其服饰图案具有承载和叙述历史、表达信仰等文化内涵和社会功能。[3]

“凤凰装”这一名称的出现是近几十年的事。在此之前，关于畲族服饰，古籍中多有记载。干宝的《搜神记》、范晔的《后汉书·南蛮传》中说畲族早就“织绩木皮，染以果实，好五色衣服”[4]。清代李调元《卍斋琐录》记载，旧时畲族基本上为“男女椎髻跣足”，男子“不巾不帽”，多穿无领大襟短衣，且多为青蓝颜色，以自织麻布为主，“妇人不笄饰，结草珠，若璎珞蒙髻上”。[5]《皇清职贡图》记载，畲族“妇以蓝布裹发，或戴冠状如狗头，短衣布带，裙不蔽膝。常荷锄跣足而行，以助力作”[6]。同时，由于长期以来的畲汉杂处，两个民族在经济生产和生活上逐渐融合，这也影响到畲族的生活习俗，进而影响到畲族服饰的形制变化，出现了服饰外在形式的多样化。《广东省志·少数民族志》便有这样的记载，“民国时期以后，畲族服饰汉化”[7]。《闽东畲族志》有记载，“1949年以后，随着社会生活水平的提高，畲族男女青年平时对服装款式的选用和汉族无大差别，只有在婚礼和节日喜庆活动场合，仍穿用传统服装”[8]。上述史籍和地方志关于畲族服饰，尤其是关于畲族女性服饰的记叙和描述中，均无凤凰装的记载和出现。

---

[1] 牙含章 . 民族问题与宗教问题 [M]. 成都：四川民族出版社，1984：18.

[2] 杨鹓 . 身份 . 地位 . 等级——少数民族服饰与社会规则秩序的文化人类学阐释 [J]. 民族艺术研究，2000（6）：43-51.

[3] 罗胜京 . 岭南畲族传统服饰图案之形意特色探微 [J]. 艺术百家，2009，25（4）：180-182.

[4] （南朝宋）范晔 . 后汉书·卷八十六：南蛮西夷列传七十六 [M]. 北京：中华书局，2008：28-29.

[5] （民国）黄恺元等修，邓光瀛、丘复等纂 . 长汀县志·卷三十五：杂录 [M]. 民国三十年刊本 .

[6] （清）傅恒、董诰等纂，门庆安等绘 . 皇清职贡图·卷三：古田县畲民妇 [M]. 清乾隆十六年刻本 .

[7] 广东省地方史志编纂委员会 . 广东省志·少数民族志 [M]. 广州：广东人民出版社，2000：289.

[8] 闽东畲族志编纂委员会 . 闽东畲族志 [M]. 北京：民族出版社，2000：409.

那么，何为凤凰装？是否畲族女性穿着的服装都可称为凤凰装？现代的学者们往往将畲族凤凰装定义为畲族女性的盛装服饰，是在特定重大场合的着装。如《畲族“凤凰装”探析》中提到“凤凰装是最引人注目、最富有民族特色的畲族妇女的盛装，是畲族审美意识、民族信仰及历史发展中民族融合的集中表现”[1]。1995 年，蒋炳钊先生在《凤凰装 凤凰山 凤凰山祖坟：畲族文化奥妙的揭示》一文中写道，“从多次到畲区调查发现：各地畲族都称自己的服饰为‘凤凰装’，称发饰为‘凤凰头’，称头冠为‘凤冠’。而且，各地畲族妇女称她们的发型，分别象征凤凰身体的某一部位。例如，称罗源式的发型象征凤凰鸟的头部，高耸的红毛线球的头饰为凤鸟的丹冠；称福安式发型象征凤鸟的身子，发顶象征凤鸟的背部，外敞的发髻象征凤鸟收起的翅膀；称霞浦式高髻象征凤鸟高翘的尾巴。特别是罗源式的服饰，她们作的解释更为奇妙，把少女、年轻妇女和老年妇女服饰的不同打扮，比喻是依小凤凰、大凤凰和老凤凰的模样打扮的。年轻妇女的头髻象征凤冠，衣领、衣边和袖口的花边，分别象征凤凰的领脖、腰和翅膀，围兜象征凤凰的腹部，还有身后二条绣花的飘带象征美丽的凤尾，各种颜色的脚绑和绣花鞋，则象征凤凰的脚爪”[2]。

不难看出，上述对于凤凰装的阐释，在更多地以汉族凤凰意象作为比拟对象。笔者认为，凤凰装是作为服饰这一“物”能指意义与所指意义的紧密契合，是凝聚着畲族文化基因的外在表征，沉淀着畲民集体无意识服饰呈现方式，其兼具美观、记载与表意等功能，传承着畲族民族心理，达到从精神深处到外在表象铭记本民族文化根源和始祖崇拜的意愿。

第二节　由犬到龙：畲族盘瓠崇拜的逻辑演变

畲族群众中广泛流行着盘瓠传说及盘瓠祖先崇拜，其传说不仅由畲族族民世代口耳相传，畲族族民还将其收入族谱、绘成祖图加以记录，甚至刻成祖杖加以崇拜，编成歌谣广泛传唱。[3] 除此之外，畲族日常生活、重大节庆、民族服饰等各方面也都留有盘瓠信仰的影子，在某种程度上可以说盘瓠信仰是畲族

[1] 俞敏，崔荣荣．畲族“凤凰装”探析 [J]. 丝绸，2011，48（4）：48-51.

[2] 蒋炳钊．凤凰装 凤凰山 凤凰山祖坟：畲族文化奥妙的揭示 // 施联珠，雷文发．畲族历史与文化 [M]. 杭州：浙江人民出版社，1995：269.

[3] 杨正军．从盘瓠形象变化看畲族文化的变迁 [J]. 闽南师范大学学报（哲学社会科学版），2005，19（2）：90-94.

民族文化的缩影存在。

关于盘瓠传说，最早的文字记录出现在汉晋时期。《山海经》记载，手执长戈的大行伯“其东有犬封国”。郭璞注：“昔盘瓠杀戎王，高辛以美女妻之，不可以训。乃浮之会稽南海中。得三百里地封之，生男为狗，生女为美人，是为狗封国也。”[1]《水经注》也有记载，“盘瓠者，高辛氏之畜狗也，其毛五色”。此外，《风俗通义》《魏略》《玄中记》《搜神记》等都有类似记载。[2]

汉晋时期所记载的畲族先民盘瓠传说具有浓重的神话色彩外，其盘瓠形象都是犬形。清朝中后期，畲族盘瓠信仰发生了一些变化，畲民对盘瓠传说进行了有针对性的改造和重新解读，畲民将原来纯动物的犬原型予以重塑，变为龙或龙与麒麟的组合的形象，并将其命名为龙麒。龙、麒麟都为汉族所信仰和认同的吉瑞意象，是汉文化的符号化表征，清代畲族由犬到龙麒的信仰变化，正是对汉文化的认同和涵化的结果。而畲族盘瓠信仰中的盘瓠形象从汉晋时记载的犬的形象过渡到清代中后期的龙麒形象，这一转变过程与历史上汉民族与畲族由接触到了解再到融合的过程是同步的。[3]因此，文化上的涵化表现也是同步。畲族盘瓠图腾形象的演变是对汉文化的认同和涵化的结果。何星亮针对畲族图腾形象的演变说过：“一些部落或民族在吸收了龙文化之后，并不是简单地以它代替自己原有的图腾文化，而往往是两者有机地结合，融为一体。他们在自己原来的图腾的基础上加上龙的某些特征，或把自己原来的图腾的基础上加上龙的某些特征，或把自己的图腾也称之为龙。”[4]由此可以看出，畲族文化的符号融入了汉文化的意象，这与中原正统文化的价值和审美取向都更加趋同。

畲族文化涵化现象的产生，是其内在主动性选择的结果，汉文化与畲文化这二者在清朝中后期达到融合，作为满族典型服装式样的大襟衣，为畲族很多地区服饰所采纳，这是历史上两个文化体系由接触到了解再到发生互动的结果。从汉文化的角度而言，它有一个从中原中心地带逐渐向边远畲族地区传播的过程；从畲文化角度讲，它有与汉文化的传播发生互动，做出内在选择的反应过程。一方面虽然畲文化受汉文化的影响，但他们并未完全摒弃本民族的文化传统。在畲族盘瓠信仰上，虽然清朝中后期盘瓠由犬形象变为极具汉族文化特征的龙麒的形象。但就盘瓠传说本身而言，它的故事结构并没有发生改变，始终

[1] （晋）郭璞注. 山海经·海内北经 [M]. 北京：中华书局，2009：277.

[2] （晋）干宝撰. 搜神记 [M]. 汪绍楹校注. 北京：中华书局，1979：168-169.

[3] 杨正军. 从盘瓠形象变化看畲族文化的变迁 [J]. 闽南师范大学学报（哲学社会科学版），2005，19（2）：90-94.

[4] 何星亮. 中国图腾文化 [M]. 北京：中国社会科学出版社，1992：384.

是畲族记述其历史的创世神话。虽然清代中后期盘瓠形象已经发生由犬到龙麒变化，然而时至今日，畲族在其日常饮食、服饰习俗以及人生仪式中都保留有一些犬图腾的影子，这体现了畲文化在与汉文化的交融、碰撞中融而不合、和而不同。[1]

第三节　由鸡到凤：畲族凤凰崇拜的逻辑演变

畲族的凤凰崇拜鲜明地表现在妇女的服饰文化上，畲族妇女喜梳“凤凰髻”，衣饰为“凤凰装”，婚礼中取“凤凰蛋”，并在厅堂中贴“凤凰到此”的横批，祖居地为“凤凰山”，浙江的畲族还流传祖先为“凤父龙母”所诞子孙的传说。由此可见，凤凰崇拜在畲族社会生活中的重要性不容小觑，与盘瓠崇拜一样，曾经是畲族祖先崇拜的另一种表现形式。盘瓠信仰在目前畲族社会文化生活中有更完整的呈现，包括祖先观念、图腾艺术、图腾禁忌等，而凤凰崇拜只在畲族妇女的服饰、婚庆喜宴、祖地名称、醮名祭中才有所保留。畲族凤凰崇拜的渊源及其演化过程与畲族的生计方式、社会组织不无关系，特别是畲民在迁徙过程中与汉人的互动正是促使凤凰崇拜发生变化的重要原因。[2]

从服装上看，畲族妇女的衣着盛装俗称凤凰装。畲族妇女为何着凤凰装？有两个美丽的传说。其一是，凤凰山的青年猎人盘阿龙以打猎为生，他因放了自己捉到的凤凰，得到凤凰帮助，不仅衣食无忧，还得到了凤凰装从而顺利娶亲，夫妻恩恩爱爱，白头到老。于是畲民一直延续着凤凰装的打扮。[3]

其二是，畲族的始祖盘瓠王因平番有功，高辛皇帝把自己的女儿三公主嫁给他。成婚时，皇后娘娘给女儿戴上凤冠，穿上镶着珠宝的凤衣，祝福女儿三公主像凤凰一样给生活带来吉祥如意。三公主婚后生下了三男一女，她也把女儿打扮得像凤凰一样。当女儿出嫁时，吉祥的凤凰还从广东的凤凰山衔来凤凰装送给她做嫁衣。从此，畲家女便穿着凤凰装，以示吉祥如意。[4]

畲族妇女的凤凰装上多有五彩刺绣花纹，显示凤凰华彩绚丽的羽色，其中罗源式的衣饰中更以绣上花边图案的交领大襟衣、围裙和腰带分别喻指凤凰的

---

[1] 杨正军．从盘瓠形象变化看畲族文化的变迁 [J]. 闽南师范大学学报（哲学社会科学版），2005，19（2）：90-94.

[2] 李凌霄，曹大明．畲族的凤凰崇拜及其演化轨迹 [J]. 三峡论坛，2013，（3）：46-49.

[3] 郭薇．畲族 [M]. 乌鲁木齐：新疆美术摄影出版社，2010：130-133.

[4] 石奕龙．畲族：福建罗源县八井村调查 [M]. 昆明：云南大学出版社，2005：306-309.

颈项、腹部和羽翼。另外，按照年龄的长幼次序，少女、年轻妇女和老年妇女的衣着服饰分别被称作小凤、大凤、老凤。服饰装束是最能保留和体现古老传统习俗文化的“活化石”，由发式、头饰和服装总体观之，畲族妇女以凤凰的形象为装饰的原型，并在服饰的细致入微处模拟凤凰的风采，将自身幻化为凤凰的化身。由此可见，畲族凤凰崇拜意识积淀之深厚。[1]

“凤凰”是各种鸟图腾的混化物，主要由阳鸟、鹰皓、孔雀和鸡这四种禽鸟的变异和升华而来。[2] 鸡作为“凤凰”的图腾原型之一，在一些文献典籍中被直接等同于“凤凰”。《山海经·南山经》记载，“有鸟焉，其状如鸡，五采而文，名曰凤皇，首文曰德，翼文曰义，背文曰礼，膺文曰仁，腹文曰信，是鸟也，饮食自然，自歌自舞，见则天下安宁”[3]。《毛诗》记载，“凤凰鸣矣，于彼高岗，梧桐生矣，于彼朝阳”[4]。《太平御览》记载，“黄帝之时，以凤为鸡”[5]。由于鸡能报晓，知天时，与太阳有着紧密的关系，在古人的眼中，太阳与鸡的形象相互叠合，同时成为他们的崇拜对象。鸡作为人类最早驯化的禽鸟，有五彩羽毛，又鸣啼而日升，因此早期常常被视为有灵力的禽鸟，成为人们顶礼膜拜的对象。“凤凰”的形象来源是多元的，鸡只是其中的一类。畲族的凤凰崇拜不是最初的形式，而是经历了一个从鸟图腾发展到凤凰崇拜的历史过程。鸟图腾是凤凰的前身，畲族口碑、实物所示凤凰实质上代表的是对其祖先鸟图腾崇拜的古老记忆。[6] 从形态以及文化内涵上看，畲汉文化中的凤凰有着相同的文化渊源，它们在各自的传承中不断地融合演化，最终固化，只是最后汉文化中的凤凰演化为一种皇权的象征，而畲文化中的凤凰则是民俗之中的祥瑞符号。

---

[1] 李凌霄，曹大明．畲族的凤凰崇拜及其演化轨迹 [J]. 三峡论坛，2013，(3)：46-49.
[2] 《中华古文明大图集》编委会．中华古文明大图集 [M]. 北京：人民日报出版社，1991：85.
[3] （晋）郭璞注．山海经·南山经 [M]. 北京：中华书局，2009：277.
[4] （汉）郑玄笺．毛诗 [M]. 上海：上海古籍出版社，2003：21.
[5] （宋）李昉等撰．太平御览·第二卷 [M]. 夏剑钦校点．石家庄：河北教育出版社，1994：64.
[6] 李凌霄，曹大明．畲族的凤凰崇拜及其演化轨迹 [J]. 三峡论坛，2013，(3)：46-49.

第四章

闽、浙、粤、赣畲族服饰的分布及特点

畲族是一个拥有悠久历史文化且分布广泛的民族，其主要聚居在福建、浙江、广东、江西等省的部分山区中。在本书的研究地域范围中，即闽、浙、粤、赣四省，有 1 个畲族自治县和 44 个畲族乡（表 4-1）。福建省的畲族人口约为 37.5 万，占全国畲民总人数的 53.3%，福建省的 19 个民族乡中有 18 个是畲族乡，主要分为 4 大区域：闽西区域是最古老的畲族居住地，包括现在的龙岩市和三明市南部的畲族聚居区域，具体为龙岩市上杭县官庄畲族乡、龙岩市上杭县庐丰畲族乡、三明市永安市青水畲族乡、三明市宁化县治平畲族乡等；闽南区域主要指漳州畲族聚居区域，这是畲族早期聚居地，也是历史上畲族活动最活跃的地区，包括漳州市龙海市隆教畲族乡、漳州市漳浦县赤岭畲族乡、漳州市漳浦县湖西畲族乡；闽东北区域指现在宁德市和福州北部的畲族社区，是目前福建主要的畲族聚居地，他们完整地保留了畲族文化习俗，包括宁德市蕉城区金涵畲族乡、宁德市霞浦县盐田畲族乡、宁德市霞浦县水门畲族乡、宁德市霞浦县崇儒畲族乡、福安市康厝畲族乡、福安市坂中畲族乡、福安市穆云畲族乡、福鼎市硖门畲族乡、福鼎市佳阳畲族乡、福州市连江县小沧畲族乡、福州市罗源县霍口畲族乡；闽中区域指莆田市和福州南部的畲族社区，这是畲族迁徙的中转站，人数不多，受汉族影响较大，民族特征相对不明显。[1] 浙江省畲族人口约 17.1 万，占全国畲民总人数的 24.3%。浙江省有全国唯一的畲族自治县——景宁畲族自治县，同时还有 18 个畲族乡（镇），分布在 13 个县（市、区），具体为丽水市老竹畲族镇、丽水市丽新畲族乡、丽水市云和县雾溪畲族乡、丽水市云和县安溪畲族乡、丽水市遂昌县三仁畲族乡、丽水市龙泉市竹垟畲族乡、丽水市松阳县板桥畲族乡、温州市苍南县凤阳畲族乡、温州市苍南县岱岭畲族乡、温州市泰顺县司前畲族镇、温州市泰顺县竹里畲族乡、温州市文成县西坑畲族镇、温州市文成县周山畲族乡、温州市平阳县青街畲族乡、金华市武义县

[1] 何绵山 . 福建民族与宗教 [M]. 厦门：厦门大学出版社，2010：59-60.

柳城畲族镇、衢州市兰溪市水亭畲族乡、衢州市龙游县沐尘畲族乡、杭州市桐庐县莪山畲族乡。江西省畲族人口约 7.8 万，占全国畲民总人数的 10.9%，江西省共建有 8 个少数民族乡，其中 7 个是畲族乡，具体为鹰潭市贵溪市樟坪畲族乡、上饶市铅山县太源畲族乡、上饶市铅山县篁碧畲族乡、吉安市永丰县龙冈畲族乡、赣州市南康市赤土畲族乡、吉安市青原区东固畲族乡、抚州乐安县金竹畲族乡。广东省畲族人口约为 2.8 万，约占全国畲民总人数的 4.0%，广东省只有 1 个畲族乡即河源市东源县漳溪畲族乡。

表 4-1 闽、浙、赣、粤畲族乡信息

省份	乡村名称	成立时间
福建省（18个）	福安市坂中畲族乡	1984
	福安市穆云畲族乡	1984
	福安市康厝畲族乡	1984
	福鼎市硖门畲族乡	1993.10
	福鼎市佳阳畲族乡	2009
	宁德市蕉城区金涵畲族乡	1984
	宁德市霞浦县水门畲族乡	1985
	宁德市霞浦县盐田畲族乡	1984
	宁德市霞浦县崇儒畲族乡	1984
	龙岩市上杭县庐丰畲族乡	1987.12
	龙岩市上杭县官庄畲族乡	1988
	福州市罗源县霍口畲族乡	1984
	福州市连江县小沧畲族乡	1984.6
	漳州市漳浦县赤岭畲族乡	1984.7.26
	漳州市漳浦县湖西畲族乡	1984.7.26
	漳州市龙海市隆教畲族乡	1988
	三明市永安市青水畲族乡	1987
	三明市宁化县治平畲族乡	2000.7.6
浙江省（18个）	丽水市老竹畲族镇	1986
	丽水市丽新畲族乡	1986.2.14
	丽水市云和县雾溪畲族乡	1984.3
	丽水市云和县安溪畲族乡	1984.6
	丽水市遂昌县三仁畲族乡	1985
	丽水市龙泉市竹垟畲族乡	1984.10
	丽水市松阳县板桥畲族乡	1984.10
	温州市苍南县凤阳畲族乡	1958.4
	温州市苍南县岱岭畲族乡	1984.5.3

续表

省份	乡村名称	成立时间
浙江省（18个）	温州市泰顺县司前畲族镇	1958
	温州市泰顺县竹里畲族乡	1985
	温州市文成县西坑畲族镇	1992
	温州市文成县周山畲族乡	1985.4.3
	温州市平阳县青街畲族乡	1984
	金华市武义县柳城畲族镇	1992.5
	衢州市兰溪市水亭畲族乡	1992.5
	衢州市龙游县沐尘畲族乡	1985.3
	杭州市桐庐县莪山畲族乡	1988.12.28
江西省（7个）	上饶市铅山县篁碧畲族乡	1984
	鹰潭市贵溪市樟坪畲族乡	1984
	吉安市永丰县龙冈畲族乡	2000
	吉安市青原区东固畲族乡	2002
	上饶市铅山县太源畲族乡	1954
	抚州市乐安县金竹畲族乡	2002.10.8
	赣州市南康市赤土畲族乡	2001.9
广东省（1个）	河源市东源县漳溪畲族乡	1999.7

资料来源：来自于行政区划网及各省民族宗教委员会网站

第一节　福建省畲族服饰分布及特点

福建简称闽，位于我国东南沿海地区，史称八闽，宋代置“福建路”而得省名。福建靠山面海，地势丘陵起伏，河谷与盆地错落，山地和丘陵约占全省面积 90%，山多地少的地势特点与畲族随山而徙的生活方式相适合。福建省畲族分布广泛，据“1951 年福建省少数民族情况报告”记载，福建省建阳、光泽、南平、顺昌、尤溪、福安、霞浦、福鼎、柘荣、周宁、闽侯、连江、罗源、永泰、德化、长泰、漳平等县均有畲民。[1]

《云霄县志》记载，唐代居住在漳州地区畲民的发式和服饰是“椎髻卉服”，可是缺乏具体的描述。明代的谢肇淛在《五杂俎·人部二》中对福建畲族的穿着记载为：“吾闽山中有一种畲人皆能之，其治祟亦小有验……不巾不履，自相

[1] 陈永成．建畲族档案资料选编 [M]. 福州：海峡文艺出版社，2003：24.

匹配。福州、闽清永福山中最多。”[1]《皇清职贡图》中记载福建畲民“其服饰，男戴竹笠，女跣足，围裤，头戴冠子，以巾覆之，或以白石、蓝石串络缚冠上，或夹垂两鬓，与居民较异”[2]。从历史记载中可以发现不同时期的福建畲民穿着有所不同。但自近代以来，汉族与畲族经过长时间的文化交融，畲族服饰的男装款式与汉族服饰的男装款式基本相同，已被涵化，女装仍保有独具特色的外在民族特征，得到了较好传承。总的来说，聚居畲民较少的地方相对更趋向对汉族文化认同，畲族聚居区的民族服饰虽也受到当地文化的涵化影响，但其民族文化得到了较好传承，服饰特色保存得相对较好。随着时间的推移，各个地区的畲族服饰涵化程度加快，清代与民国时期及中华人民共和国成立初期，许多地区的畲族服饰还保有自己特色，后来涵化速度变快。20 世纪末，日常穿着本族服装的畲民已是罕见。在畲民人口比较多的地区，虽仍有一定数量的畲族服饰，但都呈现出不同程度的涵化。下文将针对不同地区的具有代表性特色的畲族服饰做相应阐述。

一、罗源式畲族服饰

（一）男子服饰

罗源畲族男子服饰颜色多为青黑或蓝色。夏天穿大襟纻布衫，其款式特点为对襟、无领，领口与襟边镶宽 1 厘米左右的红黄花边，下身穿直筒裤。图 4-1 所示为现代畲族男子上衣，图 4-2 所示为现代畲族男子婚服，由福建省的畲族服饰非物质文化遗产传承人罗源式畲族服饰的制作者蓝曲钗师傅制作，图中男子即为蓝曲钗师傅。现代的男子上衣颜色已与以往不同，这种不同是制作者自己改良及畲民个人根据喜好选择的结果。笔者曾经请教过蓝师傅为何选用红色做婚衣，蓝师傅回答是畲民个人要求的，这种改变是典型的受到汉族对红色喜庆的偏爱影响的结果，是畲族服饰涵化的表现。

饰品方面，据记载：福州地区清代男子上衣用银制圆形扁扣，民国时期较为少见。[3]举行婚礼时戴红顶黑缎官帽或宽檐礼帽。黑缎官帽为专用礼帽，整体黑青，宽沿外敞，顶缀以直径约 2 厘米的铜质圆球或红布球，球顶下垂以红丝线编成的缨穗。宽檐礼帽为“佳期帽”（图 4-2），是畲族新郎拜堂当

[1] 福建省炎黄文化研究会 . 畲族文化研究（上）[M]. 北京：民族出版社，2007：67.

[2] （清）傅恒、董诰等纂，门庆安等绘 . 皇清职贡图 • 卷三：古田县畲民妇 [M]. 清乾隆十六年刻本 .

[3] 福州市地方志编纂委员会 . 福州市畲族志 [M]. 福州：海潮摄影艺术出版社，2004：409.

日所戴的专用礼帽，帽子由帽沿边与帽顶构成，帽沿边有内外两层，用两块布缝钉而成，帽顶内外层由四块布缝钉而成，帽檐和帽顶中间夹一层比较厚的布。

图 4-1　罗源畲族现代男子上衣
资料来源：罗源县松山镇竹里村 笔者摄

图 4-2　罗源畲族现代男子婚衣
资料来源：罗源县松山镇竹里村 笔者摄

畲族男子学师、祭祖时穿的吉服也称“法衣”，款式为大襟长衫，无纽扣，用带束。经宗教仪式“做阳”（亦称“做聚头”“传师学师”）后，方可着此衣衫。男子的吉服有青和红两种颜色，衣长三尺（约 1 米），袖大一尺（约 33 厘米）。第一代学师（祭祖一次）者穿红色，名为“赤衫”；再祭一次或学师者穿青色，名为“乌蓝”。赤衫、乌蓝都镶有月白色布边，还配有同样颜色的无顶帽，帽有两条带往前胸挂，名为“水枯帽”（浙江地区戴方巾帽）。赤衫、乌蓝只在举行传师学师仪式时的祭师，或学师人过世后做功德才能穿。

（二）女子服饰

罗源式女子服饰分布区域最广，包括福州市全境及宁德市的飞鸾镇，约占全国畲族女子服饰的 10%。此服装款式繁缛复杂，花纹鲜艳华美，色彩对比明快和谐，极具特色，是畲族服饰中最为华丽的一种样式，保留也最为完整，被各地畲民认为是古老的式样。1975 年，罗源畲族服饰被国家民委确定为全国畲族服饰的代表样式。国家民委在选择畲族服饰的代表时，就曾经广泛征求畲族民众的意见，畲民之所以选择罗源式服饰作为畲族女子服饰凤凰装的代表样式，其理由之一是罗源式服饰的服装形制是较古老的样式，可以说是在当时所见到

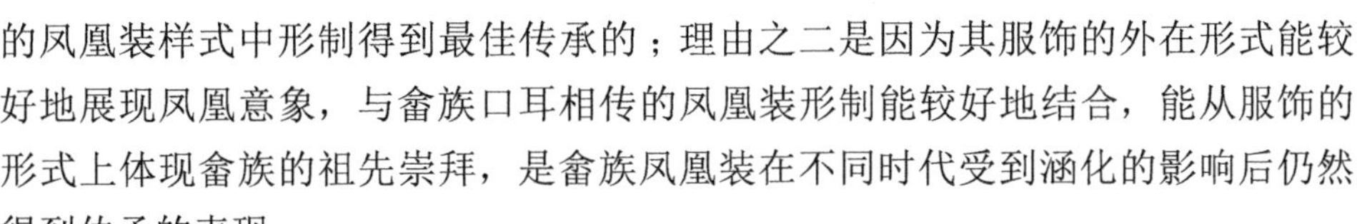

的凤凰装样式中形制得到最佳传承的；理由之二是因为其服饰的外在形式能较好地展现凤凰意象，与畲族口耳相传的凤凰装形制能较好地结合，能从服饰的形式上体现畲族的祖先崇拜，是畲族凤凰装在不同时代受到涵化的影响后仍然得到传承的表现。

1. 服装

罗源式女子服装主要包括上衣、拦腰、短裤等，例见图 4-3 和图 4-4。女子多着黑、褐色斜襟交领上衣，形同和尚领。两旁开深衩，衩长 34 厘米，后裾长于前裾，衣衩衣裾的内边缘滚白边，盛装时别出于外，通身无扣，仅在右衽襟角有两条黑色或白色系带，系带长 13 厘米。笔者在罗源县松山镇竹里村调研时发现现代的年轻妇女喜欢在领口、两襟、袖口装饰宽大的机绣花边，胸襟的花边约占据上半身衣服的三分之二，宽达 20 厘米。花纹有字纹和各种花卉纹饰。盛装的胸部左右两襟各有一块半圆形装饰用的银扁扣，吊着五个小铃铛。[1] 下身穿虎牙裙[2]，打绑腿，腰系拦腰，拦腰形为矩形，拦腰外围一暗红色腰带，外

图 4-3　罗源畲族少女服饰

资料来源：罗源县松山镇竹里村 笔者摄

图 4-4　罗源畲族妇女服饰

资料来源：罗源县松山镇竹里村 笔者摄

[1] 2003 年的罗源县八井村调查记录显示畲族女子的凤凰装上衣在衣领边、大襟和袖口绣或镶有牡丹、凤凰、蝴蝶、喜鹊、莲花、桃花、兰花等图案。在衣襟和手袖边沿，用红、白两色的布镶边，然后在上面镶上许多层红、白花纹的花边。年轻女性的衣服花边较宽，可达 10 ～ 15 厘米，衣长约 60 厘米；老年妇女衣服的绣花边较窄，仅 2 ～ 5 厘米，衣服长至膝，长度约为 90 厘米。与现在所见的罗源式畲族服饰相比，可以发现现今的畲族服饰已由过去的手工刺绣转变为机绣花边，装饰面积也较以往有所增加。

[2] 虎牙裙为当地畲民的称呼，其特色在于裙子下摆处的虎牙装饰。相同的装饰图案在多地的畲族服饰中均有出现，不过有些地区称之为“犬牙纹”或“鼠牙纹”，犬牙纹的称呼很难说与当地畲族的犬图腾崇拜没有关系，而被称之为“虎牙纹”或“鼠牙纹”，也是当地畲民对犬图腾的避讳而采取的称呼上的改变。

部再围以蓝印花腰带，下垂于身后，畲民称之为“凤凰尾”。这种称谓是对畲族祖先崇拜的反映，体现了畲族的凤凰崇拜。有时也穿短裤，民国时期罗源畲族女子所穿短裤（图 4-5）裤长 57 厘米，腰长 51.5 厘米、宽 12 厘米，裆深 41 厘米，腿宽 26 厘米。该图为黑色平脚宽腿短裤，蓝色宽裤腰与裤身同宽，左右不开缝，仅在中间有裁剪缝制线痕。

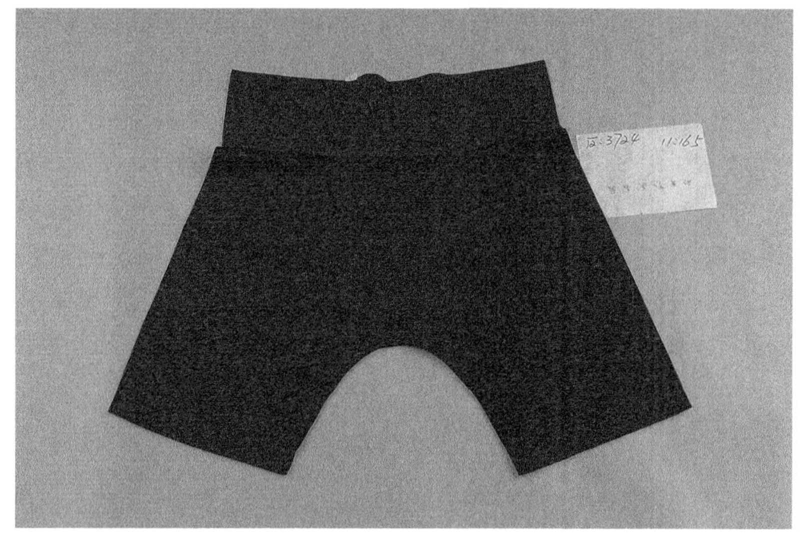

图 4-5 民国时期罗源畲族女短裤[1]

罗源式畲族女子服饰还有一个很特别的地方在于凤凰装的领子部位露出来的是白色，据说这种特色与其先辈有关。在唐总章二年（669 年），唐王朝派遣陈政、陈元光父子带兵 3600 名、将领 120 员进攻漳、潮地区的“蛮獠”。畲族先民在蓝凤高、雷万兴的领导下，组织了 10 万畲军进行反抗，历经 46 年最终失败。畲族妇女们为了纪念战争中死去的父亲或丈夫，就偷偷地穿起白色衣裤。陈政父子为了争取民心，下令不许伤害她们，并允许她们穿白色内衣。姑娘们新婚时穿白，也意味着不忘民族战争的历史。因此，直到现在，在粤北的钟厝、鸾峰以及闽东各地，畲族新娘在结婚时都要穿一套贴身的白衣裤才能拜天地、拜祖公。三天后方可脱下、存放起来，待去世时再穿上这套贴身衣裤入殓。[2] 现代罗源式凤凰装的领子部位露出来的白色衣领，样式

[1] 凡没有标注资料来源的图，均为作者拍摄的福建省博物院馆藏实物，或为作者手绘。全书同。

[2] 福建省少数民族古籍丛书编委员会 . 福建省少数民族古籍丛书 • 畲族卷：民间故事 [M]. 北京：民族出版社，2013：343.

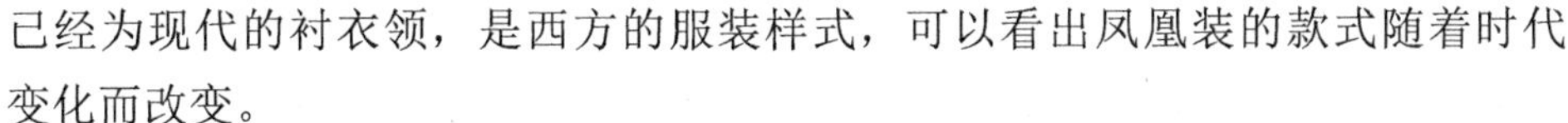

已经为现代的衬衣领，是西方的服装样式，可以看出凤凰装的款式随着时代变化而改变。

福建省上杭县畲族妇女的凤凰装在配饰细节上与罗源式有所差异。该县畲族妇女以前上衣衣长过膝，大襟无领，缀以不同颜色的布条花边为装饰，裤宽阔，穿绣花船形鞋，另制木质底板的厚的绣花船形鞋，便于小雨天气穿行。天热季节戴凉笠，圆笠四分之三围有长 1 尺（约 33 厘米）的色布或绸布，且有几条红绳或红绸布均匀下垂；冬季戴冬罗帽，双脚裹着绣花脚裤，额头扎着绉纱。至民国时期，该地畲族服饰逐渐涵化。地方志上的图像显示，20 世纪 80 年代该地的女子装扮与罗源式相同。

2. 发式

畲族的凤凰崇拜不仅体现在其服装上，还体现在发式上。已婚和未婚的罗源式女子发式不同，具体梳法详见附录 2。已婚妇女的发式与凤凰意象的凤凰头部形式相对应。老年妇女发式与中、青年妇女梳法相同，但绒线以红为主，间以蓝色。罗源县飞竹、霍口一带的老年妇女多以蓝色绒线为主，也有部分地区的中老年妇女发髻不加发饰，直接将蓝色或黑色毛线团盘于额顶，呈扁螺状。自 20 世纪 60 年代起，一般仅中年妇女保留传统发式。从该地的女子发式可以发现，畲族青年女子与老年女子的发式除绒线色彩的选择外，无较大差异。从审美的角度而言，年轻女子与老年女子的发式应有所差别，而畲族女子保持了发式上的统一，其根源在于对祖先的崇拜，是对凤凰图腾的传承。

3. 拦腰、绑腿与绣花鞋

罗源式女子服饰的拦腰、绑腿与绣花鞋是畲族凤凰装的重要组成部分。腰间所围的拦腰呈长方形，黑色底布，无耳，腰头是宽约 6.5 厘米的白布。拦腰分素面和绣花两种，素面拦腰为日常装扮，体现了畲族群众简朴与注重实用的特点；绣花拦腰是凤凰装的重要组成部分，年轻姑娘的绣花拦腰中央绣有上下两组对称的图案，四角的图案均为扇形，中心部位有的留出黑底，有的也绣上花纹，边缘滚缀三组红白相间的直线纹。绣花拦腰图案多为各种花卉蔓枝纹、凤鸟、蝴蝶、鲤鱼、吉祥语等，色彩明度高，冷暖色对比鲜明，显得明快清新。这些吉祥图案很多来自汉族，是罗源式畲族服饰受汉族文化影响的结果。拦腰外还需要系以腰带，腰带又称“合手巾带”，俗称“带子”。腰带除了生活中的实际作用与装饰作用外，还是畲族姑娘的爱情信物。在过去，当地的畲族姑娘从五六岁起就跟随母亲学习腰带的编织技术，腰带的精致程度是衡量畲族妇女心灵手巧的重要标准。罗源式腰带为蚕丝自织，色调以红、黑为主，间以少量白色，长约 130 厘米，宽约 15 厘米，两端留穗，垂于两侧衣衩（罗源县八井村的腰带为手工用麻线纺织的条纹形腰带，以红色为基调，配上青色、白色或咖啡色的条纹，腰带两端配有长 25 厘米的红色麻线编织的红色璎珞）。在此腰带外再围上蓝色围布（围布上染有蓝、白相间的图案，腰带的两头镶有约 10 厘米宽、红白相间的花边）。拦腰是畲族凤凰装的重要配套饰品，除具有收紧腰身的实际作用外，绣花拦腰穿在身上还象征着凤凰美丽的腹部。

绑腿是系扎在腿部的服饰品。《清稗类钞 • 服饰类》记载："绑腿带为棉织物，紧束于胫，以助行路之便捷也。兵士及力作人恒用之。"[1] 绑腿古称"行縢"，俗称"裹腿""腿绷"。顾炎武在《日知录》中提到："今之村民，往往行縢而不袜者，古之遗制也。"[2] 历史记载显示，明代绑腿就已为劳动人民普遍使用，绑腿在畲族服饰中也兼具功能性与装饰性。畲族依山而居，山间林木丛生、荆棘遍地，人们经常要上山劳动，腿部极易划伤，也容易遭到蛇虫的叮咬，裹上绑腿可以起到比裤子更好的防护作用，在冬季还有防寒保暖作用。畲民由于长期使用绑腿，逐渐成为一种服饰习俗，即使居家也常常绑缚。

据记载，罗源式绑腿"呈三角形，长、宽分别为 55 厘米和 28 厘米。用黑色棉布缝制，后小腿小直边绣花，末端有红色璎珞和紫红色长襟，打扎后璎珞垂于小腿上，其穿着效果象征着凤凰的足部。但自 70 年代起，罗源畲民多穿长裤、袜子，已少见用绑腿的了"[3]。如图 4-6 所示为民国时期罗源式绑腿，通长 36.5 厘米，通宽 25.5 厘米，为梯形，双面黑色布，两直角部位钉圈形扣眼，穿细丝带，锐角部位亦钉结细丝带。罗源畲族穿长裤、袜子是受汉族穿着影响的结果，是畲族服饰涵化的例证。

罗源式女子单鼻鞋鞋面用黑色布缝制，鞋底布质（称千层底），鞋面用红线缝中脊，鞋头隆起，鞋头和边沿绣花，有的还配有红色短穗。图 4-7 为民国时期的罗源式女花鞋，通长 24.5 厘米，通宽 8 厘米，鞋子为黑色面蓝纻布底平头鞋，鞋面上有一中脊绣金黄色，脊顶尖钩如鸟喙，两侧红、黄、白丝线绣折枝花，红色绲边，底外侧亦包红布。

---

[1] （清）徐珂 . 清稗类钞 • 服饰类 [M]. 北京：中华书局，1986：6174-6230.

[2] 转引自崔荣荣 . 基于近代齐鲁和江南地区的汉族民间服饰研究 [D]. 江南大学，2008：100-103.

[3] 福州市地方志编纂委员会 . 福州市畲族志 [M]. 福州：海潮摄影艺术出版社，2004：408.

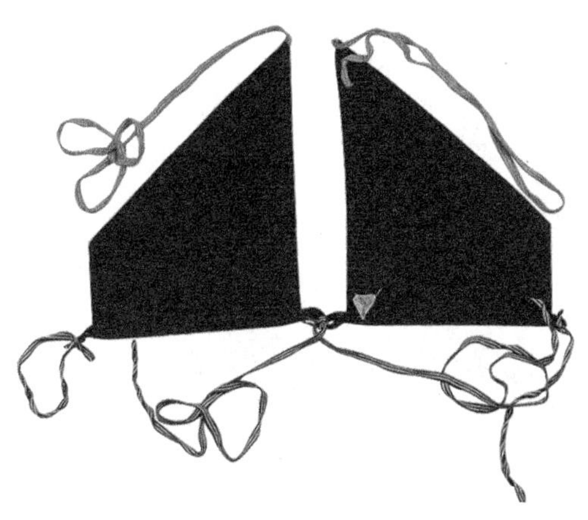
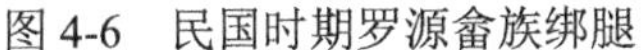

图 4-6 民国时期罗源畲族绑腿

图 4-7 民国时期罗源畲族女花鞋

4. 配饰

凤冠是畲族女子的重要配饰。畲族女子婚服与平时所着盛装不同，下身围宽大的素面黑色围裙，头戴凤冠，凤冠由冠身和尾饰两部分组成。冠身为 17 厘米长的中空竹筒，下端开一弧形缺口，上裹红布，外镶银片，铭双鸟纹、莲花纹、宝相花纹等，正面为变形龙头纹，还翘着一根细长的银鼻，鼻头饰长璎珞。冠身覆红色纻布罩饰，中部突起，尾部伸出。冠前部左右两侧各垂两条蓝色琉璃珠长串饰，另各有两条琉璃珠串饰与尾饰连接。尾饰由顶部呈凹犄状的四齿发簪和外蒙红绸及细纻布的竹篾制成的平鳍状饰，还附以各种银链、银簪及牛骨簪等饰物，有弹性，戴时上下弹动，很是美观。结婚时头冠戴在发饰顶部，尾饰插于发饰后柄上，琉璃珠饰分垂于两肩。这种结婚用的凤冠是畲族特有的，是得到较好传承的畲族服饰。图 4-8 所示为福建省博物馆所收藏的民国时期罗源地区的畲族凤冠，该凤冠为较为少见的银质凤冠，是当地富裕畲族家庭的饰品。凤冠分冠身和遮面银帘两部分。右边的冠身为银质筒形装饰，高 15.7 厘米，直径约 5.3 厘米，上大下小，戴于发髻顶部，下方有弧形缺口，以红布包住口沿，脑后发髻由此装入，圆筒外壁錾刻与棰堞各种花纹与神像，正面为变形龙头纹。圆筒的一侧上下缝红色纻布罩饰成凤尾，圆筒上方伸出的小圆棍应是插入发髻作固定用。左边的遮面银帘为银质弧形冠遮面帘，通长 24 厘米，通宽 20.7 厘米，戴于发髻前顶部，弧形两旁有双圆耳，面上棰堞突出的十朵梅花，边饰錾刻花卉纹，其上方插八位手持物件站立在鱼和兽之上形态各异的人物，冠的下方垂挂一排小银片，作鱼纹、扇子等各式饰件，连成条形的遮面银帘。

图 4-8　民国时期罗源畲族凤冠

罗源式的服饰配饰除扁扣、凤冠等配件外，主要还有螺形耳环、带环活动手镯、带铃铛拱臂状戒指等，其材质多为银质。带链银扣主要用于衣襟上的装饰，直径约 8 厘米，呈左右半圆银片，一般扣系于胸前，起装饰作用。如图 4-9 所示为民国时期罗源畲族银戒指，通长 4.7 厘米，直径 1.9 厘米，呈环形，在戒指头部有缝，缝的接头处加厚并且中间有孔，孔穿挂环，环上连接四链条，链条头部垂四个铃铛，戒指的环上浮雕几何纹和花纹。清代罗源畲族银戒指（图 4-10），直径 1.9 厘米，呈环形扁状，图中右边的戒指正面阳刻花朵，侧边阴刻葵瓣和卷点纹，左边的戒指正面浮雕花朵，花朵外有双圈凸脊，圈外的边缘处有弧线装饰。清代罗源畲族银耳环（图 4-11），通长 2.8 厘米，通宽 1.8 厘米，耳环呈弯钩形，一头扁尖，一头连葫芦状的外形，葫芦底部有暗花装饰。

图 4-9　民国时期罗源畲族银戒指

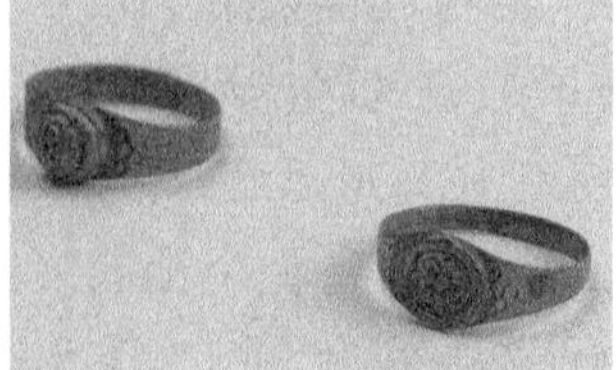

图 4-10　清代罗源畲族银戒指

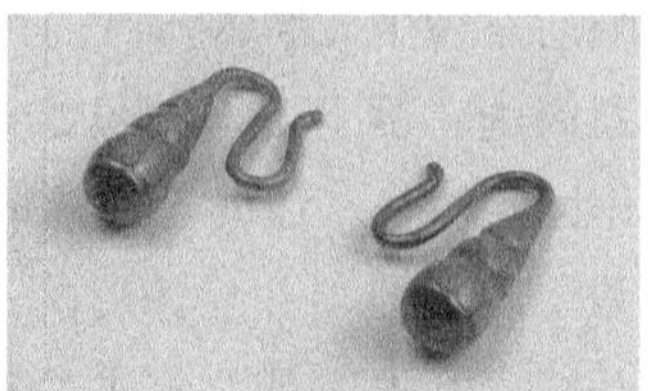

图 4-11　清代罗源畲族银耳环

二、福安式畲族服饰

福安式畲族服饰包括宁德和福安二型，分布于宁德[1]、福安两市的大部分畲族聚居区，人口约占全国畲族人口的19%。福安式畲族服饰与罗源式风格迥然不同，该式的女子服饰款式为大襟衫，装饰花边面积小，花饰均为手绣，图案整洁秀气，装饰较简单，显得端庄稳重。

（一）男子服饰

男式上衣分对襟衫和大襟衫两种。

1. 对襟衫

对襟衫又叫“面前扣”（畲族方言），一种对襟样式的圆领有袖男式上衣（图4-12），指的是整件衣服为左右各一块连体布，如果布的幅宽不够，袖子两边就需要分别再裁剪一块布料来拼接。胸前一排用布绳缝钉而成的布扣，左边为布扣孔，右边为布扣，有7枚扣子。在左右肩膀前后，缝钉一层“替肩”，衣服的侧缝处有开衩。上衣下方左右各有一个大口袋，左胸位置上方还有一个小口袋，叫作“三袋”，畲民将其做了美化的解释，意思是香火连续传三代。有的地区款式在襟边、袖口有花边装饰。

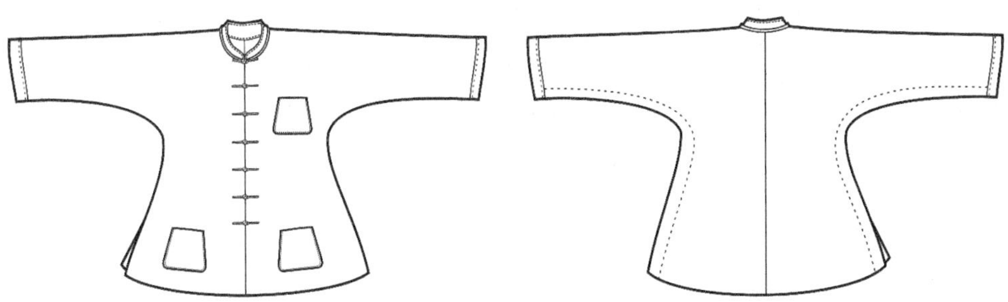

图4-12 福安畲族男子对襟上衣

2. 大襟衫

大襟衫为右衽大襟式，胸前无口袋，右手腋下的旁边内里处有一小口袋。扣子有5枚（图4-13）。大襟衫又分为以下几种款式：①“长摆衫”（图4-14），一种开襟右衽样式的圆领有袖、过膝男士长衣，款式与“烟铜衫”基本相同，

[1] 宁德是畲族的主要聚居区，除了福鼎市的畲族穿着为福鼎式、霞浦县的畲族穿着为霞浦式，其余多数地区的畲族穿着为福安式。

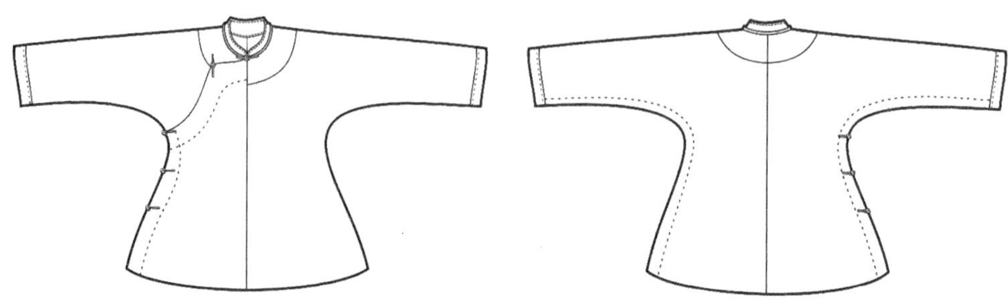

图 4-13　福安畲族男子大襟衫

图 4-14　福安畲族长摆衫
资料来源：福安康厝凤洋村文化站 笔者摄

在款式基本相同的基础上，仅在长度上有所区别，其布料加长至膝盖处，或长至脚面处，主要是 70 岁以上老人穿着。②“双甲衫”，款式与大襟衫完全相同，就是在原有的基础上，里面再缝上一层面料，由原来的单层布变成两层布做一件衣服，不再缝钉“替肩”，畲民称之为“双甲衫”，寓意为夫妻白头偕老的良好祝愿。③“棉袍衫”，一种开襟右衽样式的有袖男士夹棉上衣，款式与“双甲衫”基本相同，在原有基础上，在两层面料间用棉丝铺上一层，也就是汉族所称的棉袄。大襟衫的主要特点是穿上胸部不易透风且能保暖，多是超过 50 岁的老年人穿用。在穿着时，有畲族老人在冬天怀抱婴儿时，解开扣子将婴儿环于衣中，可以为婴儿取暖。外嫁的女儿为父亲做寿时，往往会制作一件适合冬天穿着的厚长衫赠予父亲。在过去，这种长衫多为老人生前穿数次之后，寿终时又作为寿衣。

3. 钱褡

钱褡也叫“褡裢”，是常用的一种布口袋，开口在中间，东西装在两端，有的可以搭在肩上，有的可以挂在腰带上，是独立于服装外的配饰。用于人们外出之时，存放钱财及贴身必备之物。福安的畲族钱褡为中间开襟，两边腰间备有口袋，用以藏放钱物。钱褡多在外出做客之时穿戴，搭配在长衫或短褂之外，既发挥了其功能性，冬天时又有保暖的功能，是极具民族特色的装饰。其运用了畲族富有代表性的刺绣工艺，并加入了储物功能，是集功能性、活动性与美观性为一体的特色服饰，体现了畲族人民高超的手工技艺与深厚的审美情趣。图 4-15 所示为清代福安畲族男子所穿的钱褡，整体制式为：无领，对襟，无袖，呈马甲型，下摆为圆弧形。前襟以六粒圆形铜扣头盘扣固定，铜扣头表面样式不一，共有五款。面布为蓝色土织布，辅以淡蓝色里子。钱褡所用面料与面布相同。制作方法为：裁出4片长方形（长度与各衣片下摆相等，高度低于袖窿2.5厘米）布条依次相连，底边与衣片下摆缝合，上边在各衣片缝合处加以固定。前片各边以两粒圆形铜扣加以装饰与固定，亦增加了存放钱物的安全性。刺绣是畲族具有民族特色的手工艺之一，畲族妇女有着堪称一绝的手工刺绣技艺，喜欢在服装上刺绣各种花鸟及几何纹样，从而增加服装的美观性。典型的福安钱褡多运用米黄色粗线刺绣出一种名为“蝇脚纹”的几何纹样作为边饰来增加服装的美感，其设色丰富，具有民族特色，又增添了服装的活力；大面积地使用同一种纹样，也极大提升了服装的整体性，使钱褡融于服装整体而不显孤立。图4-15中的钱褡是连接在服装上的，在腰间多出一块布料作为“口袋”之用，这是为了方便人们出行而设计的一款具有实用功能性的服装。体现了服装发展的进步，畲族服装在满足畲族群众的遮羞、保暖和装饰需求的基础上，进一步追求实用性与功能性。

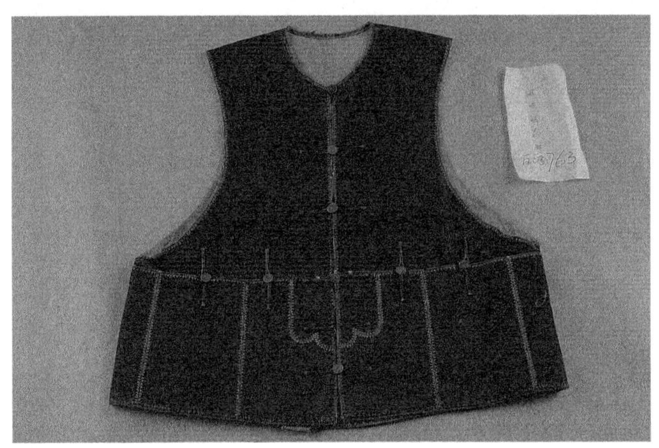

图4-15 清代福安畲族钱褡

4. 宗教服饰

图4-16所示为清代福安畲族法帽，高13厘米，直径15厘米，方形黑色帽。以尖角朝前戴于头，帽顶无纹饰；法帽前面左右两侧四角绣如意纹，中间绣团形寿字；法帽后面左右两侧为双重构造，可翻开；外层四角绣如意纹，中间绣S纹，犹如太极。帽里上烟色，黄色绸布材质。民国时期福安畲族法师裙（图4-17）用纻布缝制，宽下摆，腰间抽细折，裙子为烟色，腰部及下摆为蓝

色。腰带钉布绊扣，穿带系扎。裙长 88 厘米，腰长 46 厘米，宽 13 厘米，裙摆宽 138 厘米。

图 4-16　清代福安畲族法帽

图 4-17　民国时期福安畲族法师裙

此外，男子裤子为直筒式，裤筒大，不论短裤或长裤，裤腰都要接上 15 厘米不同颜色的棉布做裤头，着装时用根白色带子做腰带，将裤头扎紧。男子有穿布鞋的，样式为方头、圆口，鞋头折两条中脊的布鞋，当地称之为“双鼻鞋”。袜子为蓝色或黑色棉布缝制，款式与现代袜子基本相同。

（二）女子服饰

1. 服装

服装穿着比较简单，上衣外系拦腰，拦腰围系于身前，盛装时袖口外别、

衣衩翻后，露红边。但婚礼装束不同于平时盛装，而是头戴凤冠，面遮银帘，穿缀蓝红边而无图案的上衣，腰系大黑裙，脚穿单鼻鞋。

畲族群众用畲语称呼女子上衣为“青衫”，按照当地畲族的称呼，根据大襟领部边缘到襟角“月饼”[1]处的刺绣图案的多寡程度分为“里的衫”“三步针衫”“副牙衫”三种。当地畲族女子上衣面料以棉布为主，多为青色或黑色。

（1）“里的衫”（图 4-18）。款式为大襟右衽的有袖女式上衣。从大襟的领部处至右边胸前的“月饼”处，用红色布条包边，扣子是用红布做的布扣，“月饼”处为三角形红布，该处用红布条代替布扣的连接作用，袖口的里处和腰间的开口缝上一条 4 厘米宽的红布条，肩膀处的里层也要缝钉一块四方形的“替肩”。该款式没有刺绣，工艺最简单，通常为劳作时穿着。

（2）“三步针衫”（图 4-19）。款式与“里的衫”基本相同，区别在于从大襟的领部处至右边胸前的“月饼”处，用红、黄、绿三种颜色的绣花线绣上犬牙纹，在衣服底层再用黄、绿、红三种颜色的小布条与白布条交叉相叠，衣领正中用红、黄、绿、白四色绣花线绣上一排“米”字形的简单装饰图案。右边胸前的“月饼”处，用白色小布条与红、黄、绿三色的小布条交叉相叠，再用红布条于边缘处包边。这种衣服一般在家时穿着。图 4-19 所示为清代福安畲族女子所穿的三步针衫，衣长 80 厘米，两袖通长 129 厘米，袖口宽 19.5 厘米，下摆宽 60 厘米。为黑色右衽大襟衣，领子为小矮领，直角式襟角，两旁开深衩，后裾长于前裾，两侧衣衩内缘均滚红边，大襟角自领部边沿滚彩边，绣有三角形红布饰，领子一圈绣多层齿状纹并间隔细彩条，中间绣花卉纹，用色丰富，领口、襟角共有五粒盘扣。

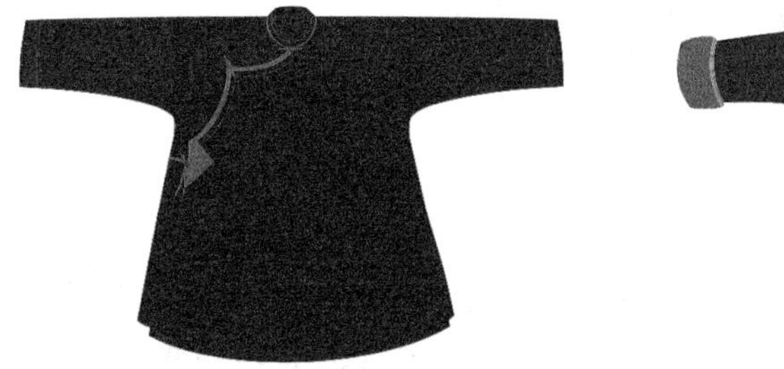

图 4-18 福安畲族女子上衣款式图（里的衫）

图 4-19 福安畲族女子上衣款式图（三步针衫）

[1] “月饼”：是当地畲族群众对畲族女子上衣襟角处三角形状装饰的形象称呼，因为该处的装饰与畲族《高皇歌》中高辛皇帝的传说有关。相传高辛皇帝在女儿即畲族始祖三公主出嫁时，在其衣服上用皇帝的御印盖上其印章，以待日后的相认。故“月饼”在“凤凰装”中的寓意极为重要，是当地畲族传统服装中的重要组成部分。

（3）“副牙衫”（图 4-20）又称宁德八都装，为宁德八都等地的畲族女子穿着。款式与“三步针衫”基本相同，不同之处在于从大襟的领子处至右边胸前的“月饼”处的襟边缘，首先用红、黄、绿三色花线绣上花蕊，边缘两条白线打结成一条白线裹边，再用红、黄、绿、白四色布条交叠缝上，最后用红色布条包边。“月饼”处的边缘也用上面的方式来装饰，中央处绣上与“月饼”大小相适应的花草图案，在袖口上常常缝一条约 4 厘米宽的红布条。这种上衣做工较为繁复，价格自然较高，只有少女出嫁时做一两件作嫁衣用，或仅在重要会客场合穿着，非日常穿着服装。

除了以上三种福安畲族妇女根据不同场合穿着的上衣外，当地畲族妇女还有穿着背心的情况。图 4-21 所示为福建省博物院所收藏的民国时期福安畲族妇女所穿着夹背心，样式为对襟、小立领、圆弧形下摆、两旁开衩，中间有银片扣。

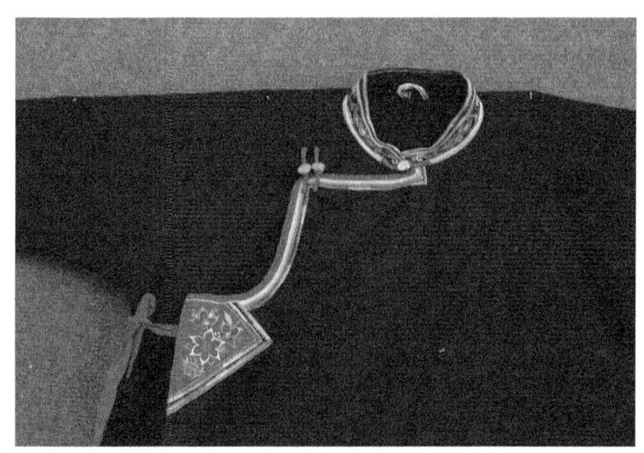

图 4-20　福安畲族女子上衣（副牙衫）

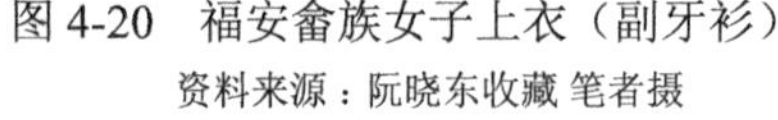

资料来源：阮晓东收藏 笔者摄

图 4-21　民国时期福安畲族夹背心

图 4-22　民国时期福安畲族女裤

裤子式样与当地汉族类似，多为黑色棉布直筒长裤，夏装为纻布，也有地区穿半长裤。图 4-22 所示为民国时期的福安畲族女裤，由福建省博物馆收藏，为黑色平脚宽腿裤，长过膝下，三角裤裆，腰头用黄色的布拼接而成，左右不开缝。女子结婚时一般穿着青色绸缎或精哔叽面料的短裤，扎绑腿。

2. 发式

图 4-23 福安畲族已婚女子发式
资料来源：笔者摄

女子发髻较大，梳时要加假发、搽头油。头发向上梳圈，绕着头的周围束红线。有已婚与未婚的区别，梳式略有不同。少女发髻由右向左盘绕过头顶，发缘呈直墙状，后脑的头发扎成坠壶状，额上缠绕粗束红毛线，耳朵上方斜插银质少女簪，整体呈截筒高帽形状。妇女发式（图 4-23）与少女相似，但发髻相对较大，梳时将头发分成前后两部分，将后面头发用红毛线扎成坠壶状向头顶方向梳拢，与前面头发合并后，沿前额从中央往右再经后背，梳成扁平状盘旋绕头盖一匝，头发若不够长需续上假发，绕头一匝的头发高达脸部的二分之一，中间用红色毛线缠绕固定，上部略向外张，发顶插银质妇女簪并插银耳钯、豪猪簪各一枚，已婚妇女最明显的标志是发顶中央靠后横插一支银簪以示区别。宁德妇女发簪上缘宽大，边缘呈敞口状；福安妇女发簪呈直筒状，并稍向后倾。畲族妇女都很爱惜自己的发饰，上山砍柴，都要围上方花巾保护，这也表示她是一家的主妇。

3. 拦腰与绣花鞋

图 4-24 福安畲族拦腰

福安式拦腰简洁质朴，多为两边及上缘缀红色或多色彩边。黑色拦腰身上端两侧绣对称花草图案，盆花最常见（图 4-24），有写实和抽象两种。拦腰的花饰用色丰富，连花草的一瓣一叶都用各种颜色绣成。盛装穿的拦腰在红边内再配有红、黄、白、绿、紫等各种颜色。

腰带可结于拦腰襻上，作为系带使用。带宽约 5 厘米，总长约 130 厘米，白底缀黑、红色几何纹样（如菱形、“米”字形）或简单文字等，格外素雅大方。腰带编好后分为两截，各取一头固定在与腰带宽等长的小木条上，小木条两边再连上两条长为 50 厘米、宽为 2 厘米的白布带，用此布带将腰带与拦腰两侧相连，拦腰围在身上时，腰带在身后交叉回绕至腰前，打个活结。结婚时腰间捆缚宽腰带，正面垂两条长约 1 米的飘带。

鞋子为黑色素面布底平头鞋，鞋面中脊绣红点，称为单鼻鞋。鞋头高约

4 厘米，鞋面以五色线绣上犬牙花纹，鞋两侧底边绣上羽毛花纹。也有穿无鼻绣花布鞋的。

4. 配饰

福安畲族妇女的饰品有凤冠、发簪、耳环、手镯等，材质有银质、铜质等。1949 年后，畲族群众的经济条件好转，配饰多为银质[1]。据记载：结婚时，新娘首饰为银耳环一副，银手镯一副，银戒指四只，银簪一根。[2] 福安畲族妇女所用的发簪有银质、铜质之分。福安式银簪两头略宽，两头大而尖，中间略窄，呈目鱼骨状，勺状凹凸，侧面呈弓形，雕刻有各式花纹，插于头顶处。银簪分为妇女簪和少女簪，妇女所用的银簪为大尺寸，长约 19 厘米，最宽处约 3.4 厘米，最窄处约 2.2 厘米；少女所用的银簪为小尺寸，长约 12.5 厘米，最宽处约 2.2 厘米，最窄处约 1 厘米。图 4-25 所示为清代福安畲族铜簪，长 9.8 厘米，宽 1.2 厘米，腰窄，两端稍宽，内曲，面刻花纹，是福安畲族未婚女子的首饰。福安妇女所戴的耳坠，质地以银居多，耳环为圈型，分为大小两类尺寸。大尺寸如手镯大，为已婚妇女所戴；小尺寸不到大尺寸的三分之一，为未婚女子所戴。民国时期福安畲族银耳环（图 4-26），通长 4.6 厘米，通宽 3.5 厘米，环形，一头扁尖，一头弯曲连一倒锥形圆纽，近纽头处有一凹槽。

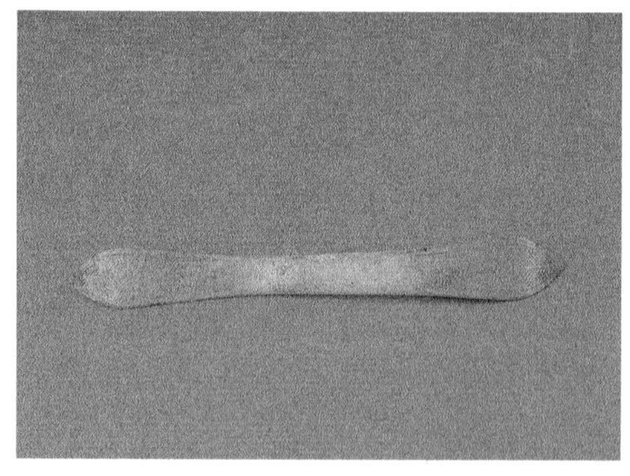

图 4-25　清代福安畲族铜簪

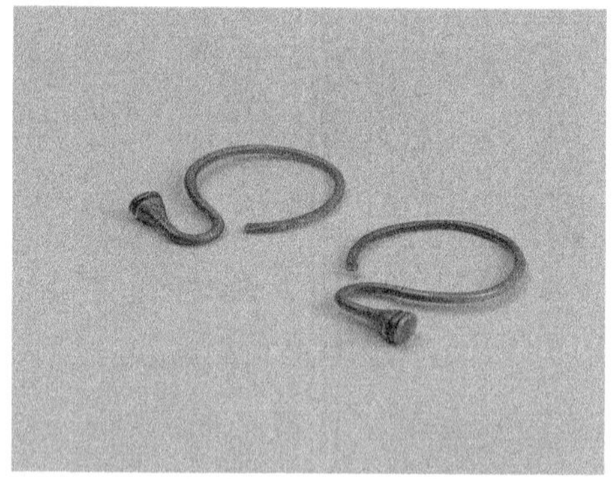

图 4-26　民国时期福安畲族银耳环

福安妇女所戴的手镯，质地以银质居多，也有铜质的手镯。如图 4-27 所示

[1] 银质首饰多为女子出嫁前作为嫁妆置办，畲族人民认为女孩无任何银质饰品陪嫁会被大家看轻，因此都会根据财力置办银饰。

[2]《福安畲族志》编撰委员会. 福安畲族志 [M]. 福州：福建教育出版社，1995：360.

为清代福安畲族铜手镯，宽 1.7 厘米，直径 5.5 厘米，圆形，活动口，手镯正面阳刻花纹。畲族的银镯款式有鸳鸯、提花九环等。福安妇女所戴的戒指，材质有金、银、铜，款式有圆戒、八卦戒、拳头戒、长方形戒，上面雕刻有花草或八卦、福、禄、寿、喜等图案或铭文。戒指也分宁德型和福安型。图 4-28 所示为民国时期福安畲族银戒指。左边（宁德型）呈环形，环形稍扁，正面椭圆形描金，一周有乳钉纹装饰，中间梅花图形。右边（福安型）的银戒指为环形，环形稍扁，正面为长方形，描金框，内篆书铭文“福寿”。

图 4-27 清代福安畲族铜手镯

图 4-28 民国时期福安畲族银戒指

清代福安畲族凤冠（图 4-29），通长 23 厘米，通宽 16 厘米，高 12.7 厘米，圆形凤冠上罩三角长尾布帽，冠是用竹笋壳缝制，外蒙黑布，冠前黑布上缝两片弧形银片，中间錾刻连珠纹，银片上缝窄条红土布，冠顶用竹篾编织三角形，缝上红黑相交的色织土布，前方中垂挂四串吊银饰，两串绿色长琉璃珠末端吊银片，两侧首位贴蝴蝶形银片，挂两串绿色夹红色、白色长琉璃珠，末端吊银片，两旁贴两排 12 片方形银片，三角帽顶的长尾部挂扁方形錾花发簪，钉蝶形银片，下吊三组小银饰，挂两串绿色夹红色、白色长琉璃珠，末端吊银片。银片上錾刻连珠纹边框，捶牒双鱼、花卉纹等。图 4-30 所示为清代福安地区的畲族遮面银帘，为福建省博物院藏品，畲族称遮面银帘为“庆须”，是福安式凤冠的重要附件。该遮面银帘通长 25 厘米，通宽 16.5 厘米，头部有双龙戏珠图案银片，下边用银丝勾挂长方形弧片状，上有乳钉纹和暗花纹，下有小孔用银丝勾连九串银饰片，银串片有如意形、三角形、梅花纹、鱼纹等，片上有暗花纹。结婚时将银帘覆于新娘面上，格外美观。

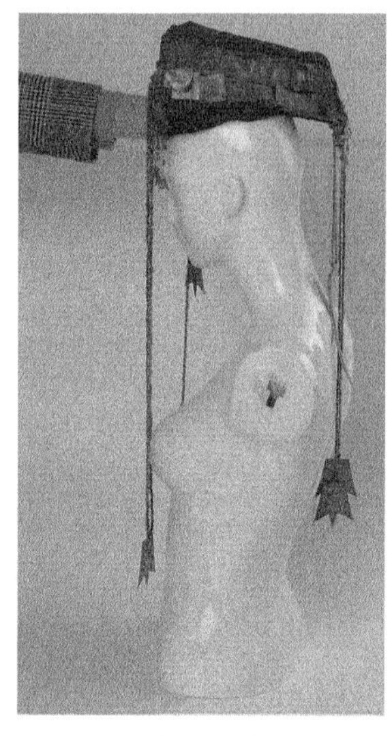
图 4-29　清代福安畲族凤冠

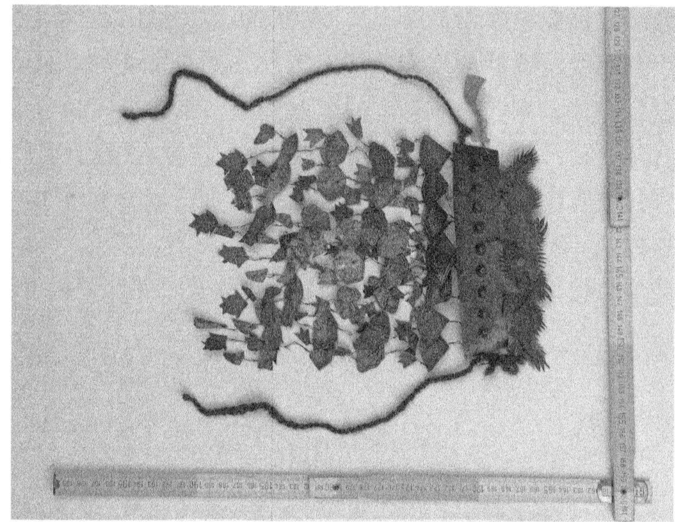
图 4-30　清代福安畲族遮面银帘

三、霞浦式畲族服饰

霞浦式畲族服饰分布范围仅为霞浦西路[1]和福安与霞浦接壤的松罗乡等一小部分，人口约占全国畲族人口的 8%。其妇女衣饰整体色调以红、黄等暖色系为主基调，图案质朴变化较少，花边面积介于福安式和罗源式之间。

（一）男子服饰

霞浦畲族男子日常多穿短服、褐衣、马褂，日常衣着与汉族类似，颜色多为蓝、黑。劳动时通常穿“甲裆”，兼短裤与围裙的作用。有的还披白色龙头布或扎蓝印花布头巾。结婚穿右衽大襟无领长衫，颜色以青、蓝色居多，领口大襟钉铜纽扣或布扣，多为素面，有的在胸前刺绣方形盘龙图案，其四周滚镶红白相间的绲边。婚礼中，以大红绸布从左肩至腰部斜扎，在边上打结，余下部分下垂为飘穗。结婚戴黑缎宫帽，俗称“红缨帽”或“红包帽”，是结婚专用礼帽，整体青黑、宽沿外敞，顶部缀以 2 厘米大的铜质圆球或红布球，球顶下垂以红丝线编成的缨穗。

1. 马褂

图 4-31 所示为制作于民国时期的霞浦畲族男子马褂，与汉族马褂相似。该

[1] 霞浦县群众习惯上把霞浦分为东、西两路，东路包括牙城、水门、三沙大部分畲村，其余部分属西路。

黑色立领对襟长袖马褂衣长 50 厘米，两袖通长 145 厘米，袖口宽 21 厘米，下摆宽 61.5 厘米，前襟以五粒盘扣固定，长袖窄口，衣长至小腹，前后裾等长，左右两侧及后中开衩，下摆为弧形，里子为蓝色。虽然畲族男子服饰受汉族文化影响极为深远，但其面料与色彩的选择依旧遵循着畲族的喜好。面料质感较为粗糙，好用青黑与靛蓝。图 4-31 中马褂的面布就选用了青黑色料子辅以靛蓝里子，且其并无过多的装饰，亦反映了当时霞浦地区男子日常所着服装简洁、质朴。该马褂为两片式，各片从袖口缝合至腋下开衩处（约至下摆 10 厘米处），再将两片衣料于后中缝合至开衩处（约至下摆 10 厘米处），左右两侧及后中缝的开衩也大大提高了服装的活动性，方便劳作。该款马褂是畲族服饰传承与涵化的极佳案例之一。

图 4-31 民国时期霞浦畲族男马褂

民国时期霞浦畲族男子婚衣（图 4-32），衣长 123 厘米，两袖通长 179 厘米，袖口宽 17 厘米，下摆宽 82 厘米，黑色右衽大襟长衫，窄长袖，小立领，领口有扣，斜式襟角，襟有五粒盘扣，两旁深开衩，前后裾等长，里子湖蓝色。

2. 畲族法帽

图 4-33 所示为清代霞浦畲族法师的法帽，宽 33 厘米，高 17.2 厘米，是冠帽顶部的装饰，纸板上色，形状呈扇形，左右两端为云纹，云纹之间有三个圆形，中间圆形上画符箓，左边圆形上写“日”，右边圆形上写“月”，云纹及圆形间有锯齿纹，扇形面上画锯齿纹与菱形纹。法帽下方以白带子缝制，左右留长布条，可捆绑固定于头部。

图 4-32　民国时期霞浦畲族男子婚衣

图 4-33　清代霞浦畲族法帽

（二）女子服饰

1. 服装

霞浦畲族女子上衣为大襟右衽小袖，黑布，襟角为斜角，有服斗[1]，前后衣片等长。立领，领口较窄，中部稍高，中部最高处约 2 厘米，领上的刺绣多为大叶牡丹、小叶牡丹、莲花或其他花卉图案，领部纹样也有的是头朝后的双龙戏珠。领口的扣子有金属圆扣或布扣，讲究的用银扣，1949 年后有用塑料圆扣的，可见其选材因地制宜、与时俱进。前后片等长，衣长约为 75 厘米。右衽角至腋下以布条制琵琶带系结，袖口多卷折外露，无口袋。衣服下摆衣衩开口长约 30 厘米，内缘衬以蓝色布条，衣袖宽约 15 厘米，内缘镶有添条和蓝布衬边，穿着时，衣袖外翻。衣衫肩上、袖口及两侧衣衩内缘、服装下摆均滚有套布或添条，内套布添条和系带都是蓝色的。上衣可两面反穿，节日或做客时穿正面，日常或劳动时穿反面，以起到保护花纹的作用。正面的领口、服斗和衩角，均有刺绣。盛装的“龙领”刺绣双龙戏珠，“凤领”刺绣双凤朝阳或是双凤朝牡丹，日常穿着的服装只以几何纹饰做简单的边饰。大襟一般从中线宽出约 20 厘米，服斗约 16 厘米，服斗处的刺绣集中在上角，左侧从领口下中线起，右侧至襟边，斜长约 16 厘米，垂直约 6.5 厘米，宽则 1 ～ 10 厘米不等，由 1 ～ 3 组绣花图案组成。服斗上的刺绣在畲族服饰中最为讲究，其形式也较多样，服斗的刺绣每一组宽 1 ～ 3 厘米不等，根据刺绣花纹的组数分为“一红衣”“二红衣”“三红衣”。所谓“一红衣”即襟角只镶一道红色花边（图 4-34）；“二红衣”即镶有两道花纹图案；“三红衣”即镶三道花纹图案（图 4-35）。一般来说，老年人平常均穿“一红衣”，劳动、上街等穿“二红衣”，“三红衣”是节庆日或走亲戚时才穿。

[1]　服斗为当地畲族对女子上衣处襟角装饰的称呼，上有刺绣。不同地区上衣服斗的装饰面积有较大差别。

青年妇女所穿的衣服服斗绣花偏宽，最宽的“三红衣”三组花样并列宽 10 厘米以上，领口多为花领，绣工特别精细，多作为盛装、礼服；老年妇女和少女所穿的则偏窄，多只绣一条 1 厘米左右的小花边，反面服斗及领口均不绣花，只在袖口、两侧衣衩内缘添条、套肩、系带和相应部位镶蓝色布条。襟角服斗处花纹图案不超出前襟中线，图案纹饰均绣于几道红色平行线间隙内，花纹用色以深红为主，此外还有大红、金黄、翠绿、白色等，比较讲究的还有用金丝线，纹饰多由弧形纹、卷云纹、圆点纹构成双龙戏珠、双凤衔灵芝、松鹿等，还有变形牡丹、梅花等抽象花卉，服饰下缘均饰有卷云纹。

图 4-34 霞浦畲族女子上衣（一红衣）
资料来源：福安穆云溪塔村 笔者绘

图 4-35 霞浦畲族女子上衣（三红衣）
资料来源：山哈风韵——浙江畲族文物展 笔者绘

下身一般着裤装，多是黑色长裤，其式样与当地汉族类似。个别地区着半长裤，长过膝下至小腿中间。结婚时所穿为大裙，是专用的长裙，多为黑色，素面，四褶，长过脚背，分筒式和围式两种，皆系于衣内。系束宽大的绸布腰带，或系佩大绸花，其色多蓝。现代也有一些地方受汉族影响改穿红色或其他颜色长裙。

2. 发式

霞浦畲族女子发式主要分为少女头和妇女头两种。少女头的梳法与福安式相似，详见附录 2。少女头上一般不佩戴饰物，有的夹有一两枚银饰或头夹。妇女发式俗称凤凰髻，发式较复杂，使用的假发最多，头发内还裹有蒙黑纱布的竹笋壳筒，梳法详见附录 2。中老年妇女的盛装发式与年轻妇女类似，日常发式为在脑后结一盘髻，类似汉族妇女“髻纽”，但偏大而扁平，套以发网，插戴发夹和银花，过额前裹黑色纺织头巾。畲族老年妇女习惯包扎蓝印花布头巾。霞浦畲族中老年妇女的整体装束见图 4-36。

图 4-36　霞浦畲族中老年妇女
（左边为三红衣，右边为二红衣）
资料来源：霞浦半月里村 笔者摄

3. 拦腰、绑腿与绣花鞋

霞浦式拦腰为黑色，由腰头、裙身组成，呈梯形（下端宽且呈弧形），分为两种。一种为盛装时所围，腰头为矩形蓝布，裙身为黑色梯形。两侧边缘，滚镶蓝色窄添条，两侧和上方均滚镶红、黄、蓝、白、绿多种颜色相间的添条，排列成彩边，裙身上有双狮戏球、凤鸟、暗八仙、瓶花、戏曲人物等吉祥图案。在隆重场合穿着的霞浦式拦腰刺绣花纹更为精美（图 4-37），高 34 厘米，上宽 33.7 厘米，下宽 57 厘米，腰头高 11 厘米，外两侧有对称的褶叠，每褶 5 ～ 7 条，每条宽约 0.7 厘米，长约 5 厘米，或与裙身相等，褶上有刺绣。两侧边缘，滚镶蓝色窄添条，做工精细的上方及两侧均滚镶红、黄、蓝、白、绿多种颜色相间的添条，成彩边装饰，应是对传统记载的“好五色服”的传承，紧临彩边处刺绣有大量人物、植物、动物、器物等图案，最为复杂的刺绣有多达 48 种纹样。另一种日常所穿着的拦腰较为朴素（图 4-38），腰头为矩形蓝布，裙身为黑色梯形，腰头与裙身有绣花装饰。也有腰头为蓝布，裙身有绣花装饰的。腰带为白色，系时腰带先向后围，再转到身前扎紧于腰前，剩余的部分下垂于拦腰正中（传说此象征宫服之“国带”）。拦腰整体样式与福安式类似，但下摆较宽，兜身有褶，滚蓝边，腰带为白色。拦腰所系的腰带以白色素面棉线织成，带宽 4.5 ～ 6 厘米，长约 2 米，两端呈须穗状，纹样为黑色，黑白分明。少女穿用的拦腰多以水红色小带系之，有的还要再系上宽边织花带。系扎时，腰带往身后后腰部交叉再转至前面，在腰部正前方打结，自然垂于拦腰正中央。

绑腿多为白色龙头布，宽 28 厘米，长 55 厘米，末端系以红色璎珞和紫红色长缨，绑系完毕，红璎珞垂于小腿上，既有实用功能又起装饰作用。绑腿的主要作用是代替袜子起保暖作用。在 20 世纪 50 年代绑腿还有使用，六七十年代后已极其少见。

女子穿着单鼻鞋，鞋口边缘以红、黄、绿等色线镶制，或有绣花。图 4-39 所示为民国时期霞浦畲族女鞋，通长 24.5 厘米，通宽 9.3 厘米，鞋子为黑色面

蓝纻布底平头鞋，鞋面上有一中脊绣一点红，当时称为“丹鼻鞋”，鞋口两侧钉锦带与红、绿短针，装饰较简单。

图 4-37　霞浦畲族拦腰款式图

图 4-38　民国时期霞浦畲族拦腰款式图

图 4-39　民国时期霞浦畲族女鞋

4. 配饰

霞浦畲族妇女传统配饰多为银质，有凤冠、头笄、发簪、头钗、头花、头夹、耳环、耳牌、戒指、手镯、脚镯、胸牌、项圈、兜肚链等多种。其中最具特色的是“盘龙髻”上的头笄（俗称“横钯”），长约 10 厘米，最宽处约 2.5 厘米，侧视呈弯弓形，正视呈变体扁方形，如两片相连的垂叶，上面雕刻有花纹。这种头笄样式据老银匠说是古代相传的，不能有丝毫更改。凌纯声在《畲民图腾文化的研究》中认为：此非普通的头饰，而是自古代传下的一定的图腾装饰。耳环的材质多为银质，款式类似福安妇女所戴的耳坠，已婚妇女所戴尺寸较大，少女所戴尺寸较小。图 4-40 为福建博物院藏清代霞浦畲族凤冠，高 40 厘米，宽

16 厘米，前高后低，呈一斜面。冠体两角连两串珠帘银片，整体若帘，从额前垂挂到颌下，如同美丽的凤凰展翅昂首。银片在风中发出的声音，当地畲族将其形容为凤凰的鸣叫。这是对凤凰图腾的一种诠释，是凤凰崇拜传承的案例之一。手镯有铜质、银质，图 4-41 所示为清代霞浦畲族铜手镯，直径 5.8 厘米，为铜质圆环，圆环可根据手腕大小调整，圆环口钻两孔可穿线，手镯正面阴刻花鸟纹。

图 4-40　清代霞浦畲族凤冠

图 4-41　清代霞浦畲族铜手镯

四、福鼎式畲族服饰

福鼎式畲族服饰分布较广，包括福鼎全境和霞浦东路，人口约占全国畲族的 11%。浙江省的平阳、泰顺、瑞安等县款式与福鼎式基本相同。该地衣饰为黑色，花纹以红色、黄色为主，图案内容丰富，服斗面积较福安式、霞浦式稍大，但拦腰等则简化为以花布代替刺绣。整体上感觉上衣精致，拦腰粗陋，显得不够和谐。

（一）男子服饰

福鼎男子服饰已与汉族无异。男子婚服为头戴红顶官帽，身着黑色绸缎长衫，外套龙凤马褂，脚穿黑色布鞋。图 4-42 所示为清末福鼎畲族男婚帽，高 23 厘米，直径 26 厘米，圆形，弧壁，尖顶，帽以褐色藤条编制而成，帽顶以紫红色头发编扎下垂形成流苏。

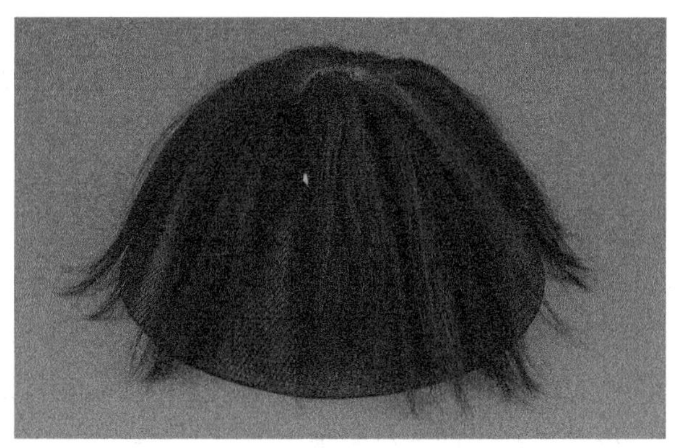

图 4-42 清末福鼎畲族男婚帽

（二）女子服饰

1. 服装

女子服饰有地域特点，女子服饰包括上衣、拦腰、花鞋，裤子已无民族特色（图 4-43）。整风格与福安式、霞浦式相似。上衣为黑色右衽大襟式，以棉布为主，也曾流行天蓝色。福鼎式女子上衣式样与霞浦式相似，但有一明显特点是领子为立领，有复领，分为大领小领，均有绣饰，领口较高，中线最高处约 5 厘米，领子面料颜色多选用水红、水绿，辅以绣花，小领主要绣齿状纹，大领纹饰丰富，有带叶仙桃、剪刀及几何形纹饰，或头向领口的双龙纹。盛装领口饰两颗直径约 2 厘米被称为“杨梅缨”的红绒球（红绒球为中间绿色边缘红色），右边大襟有两条长过衣裾的红飘带（劳动时换以红手帕，用以擦汗），衣衫两侧高衩，内侧及袖口内缘也滚彩色花边。大襟一般从中线宽出约 20 厘米，服斗约 12 厘米，右衽大襟的花饰图案超出前襟中线，超出部分大多是双凤衔灵芝。其余花纹分布于几组平行的折线中间，主要有舞蹈人物、凤鸟、喜鹊、鹤、鹿、兔、松鼠，以及竹、梅、牡丹、仙桃、瓶花等。图案排列有序，和谐完整。用色丰富多样，十分生动，主要有大红、朱红、水红、金黄、黄、绿、蓝色等，以暖色为基调，

图 4-43 福鼎畲族女子着装效果图

多用调和色，冷色用得较少较淡，故尽管花纹丰富繁缛，却井然有序，杂而不乱，显得生动活泼，十分华丽。[1] 图 4-44 所示为民国时期福鼎畲族女花衣，衣长 81 厘米，两袖通长 135 厘米，袖口宽 16 厘米，下摆宽 62 ～ 65 厘米，衣带长 47 厘米，宽 7 厘米。为黑色提花绸右衽大襟，湖绿色大立领黑色绲边，领口绣牡丹花纹饰，领口处装饰两颗“杨梅缨”式红绣球，斜式襟角，襟边缝有盘扣，右边襟角有一条长飘带，飘带红绿色相拼，尾部刺绣如意云纹饰。两旁侧缝处开深衩，前后裾等长，两侧衣衩下摆内缘均滚红边，襟角花纹图案未超出前襟中线，几何纹边饰间隙内，用深红、绿色为主丝线，绣双鱼、双狮、婴戏图及花卉等装饰图案。福鼎式袖头的式样具地方特色，与福安式不同。福安式袖口上缝有 4 厘米的一条红色布条，福鼎式的袖口颜色更丰富，且配色是有规定的，传统的规格必是红绿间隔，若色彩需更为艳丽，可将其他颜色布条或印花红布穿插其中（图 4-45）。

图 4-44　民国时期福鼎畲族女花衣款式图

图 4-45　福鼎畲族女花衣款式图

资料来源：山哈风韵——浙江畲族文物展 笔者绘

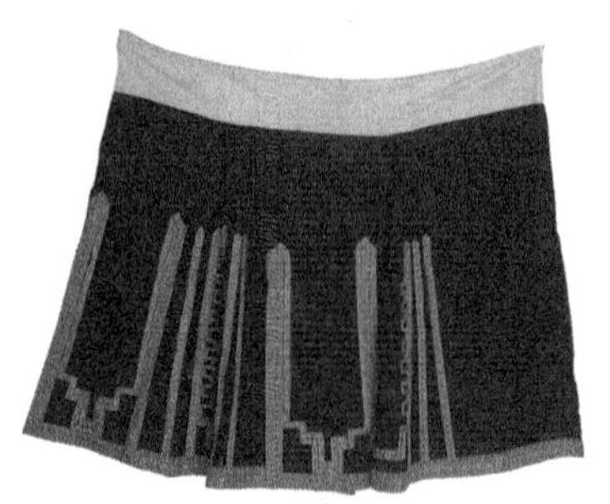

图 4-46　清代福鼎畲族女裙

下身平时多着长裤。结婚时着裙，这种裙子称之为大裙，为一布式筒式长裙，长过膝下至小腿一半，仅在裙身后部上边开口以便穿戴。结婚时的裙子平时忌穿，留待寿终时穿用。图 4-46 所示为清代福鼎畲族女裙，裙长 90 厘米，裙摆宽 94.5 厘米，裙腰长 48.5 厘米、宽 10.3 厘米，带长 60 厘米、宽 1.5 厘米，黑色裙摆上用湖蓝色、白色布贴细锦带，以竖条

[1] 潘宏立 . 福建畲族服饰研究 [D]. 厦门大学，1985：26.

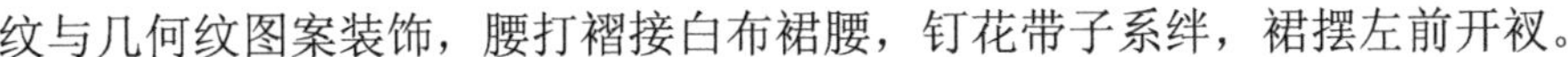

纹与几何纹图案装饰，腰打褶接白布裙腰，钉花带子系绊，裙摆左前开衩。

2. 发式

女子发式亦分为少女头和妇女头两种。少女头是梳一条辫子，将发辫从左往右盘于头顶，再扎上红色或红绿色毛线束，斜扎脑顶与辫子平行。已婚妇女梳扎时将头发分为前后两部分，前部分扎上一束红绒绳，从右绕到左额，用发夹固定，别于一边耳侧，红色毛线束穿系其间。后部分分为三束，编成辫子，用红绒绳扎紧，盘在头顶，后端的盘髻套上发网，头发成束，最后插上银发夹、银花等。

3. 拦腰与绣花鞋

拦腰基本形式与福安式的相似，呈梯形，黑色，裙长 36 厘米，裙摆宽 49.2 厘米，腰头宽 33.7 厘米、高 8 厘米。喜在裙身中间加一块绸布，多为淡绿色或蓝色等冷色调，绸布上边与腰头固定，其余三边可自由活动（图 4-47）。腰带为编织成有几何图形或文字纹样的花带，长度为围腰两圈，两端还有两尺（约 67 厘米）长，垂在腰侧或后腰。中老年劳动时所围的拦腰为素面。绣花鞋是平头厚底黑布鞋，鞋的前面及两侧绣花卉图案，色彩鲜艳。

图 4-48 所示为民国时期福鼎畲族女花鞋，通长 22 厘米，通宽 7.3 厘米，鞋子为黑色面蓝纻布底平头鞋，鞋头上翘如小舟，鞋面上绣有中脊，中脊两侧以红、绿、黄、白色丝线绣对称的喜鹊登梅图案，鞋口灰布绲边。

图 4-47 福鼎畲族围裙款式图

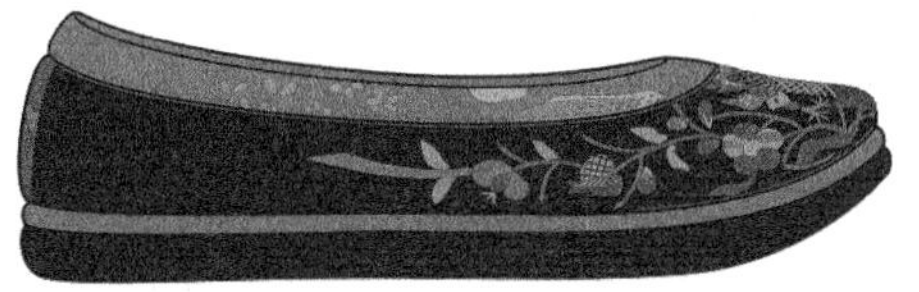

图 4-48 民国时期福鼎畲族女花鞋款式图

4. 配饰

福鼎畲族银饰种类丰富，主要有银花、银簪、金针花、耳饰、银牌、手镯、戒指等。福鼎有特色的首饰是头花，婚礼时插于发上，三朵一组，中朵最大，上镂人物、动物图案，做工精细。图 4-49 为清代福鼎畲族头花，通长 29.1 厘米，通宽 16 厘米，为银质花簪，三件簪头均为扁片窄弯长形，花簪龙凤头下穿挂串片，花簪部分有红绒线。图 4-50 为清代福鼎畲族铜簪，长 11 厘米，宽 2.1 厘米，铜质，腰窄，两端稍宽，内曲，面刻蝙蝠寿字纹，系福鼎畲族妇女日常的首饰。图 4-51 为清代福鼎畲族银戒指，直径 1.8 厘米，圆环，两边窄缘，中间部分浮雕人物、海水等纹饰。

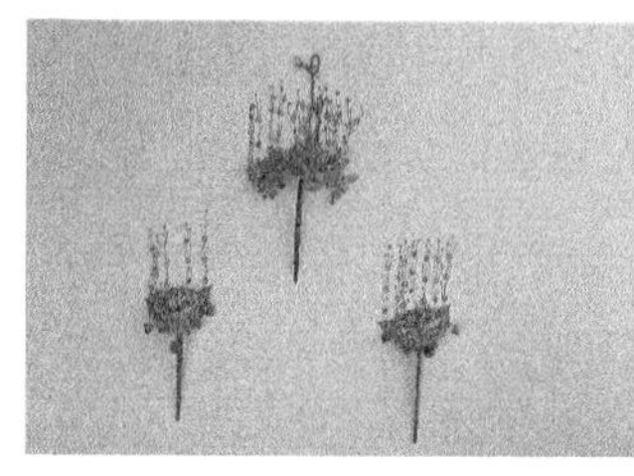

图 4-49　清代福鼎畲族银花图

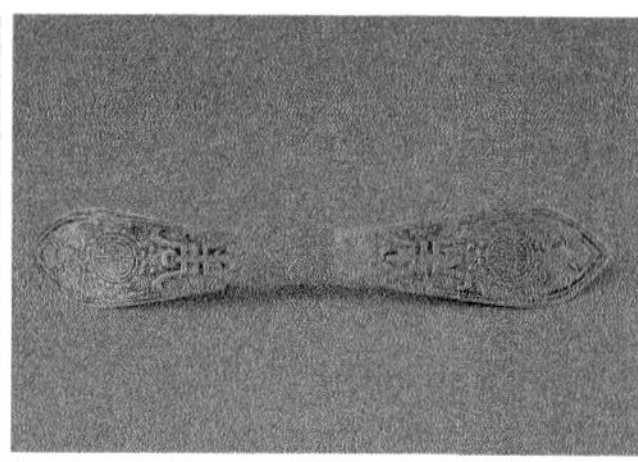

图 4-50　清代福鼎畲族铜簪

图 4-51　清代福鼎畲族银戒指

五、顺昌式畲族服饰

顺昌式畲族服饰主要分布于顺昌县境内，政和县一带的服饰与之类似，人口占全国畲族人口的 1.6%。衣饰质朴，头饰很独特，具有浓厚的地方特色。据记载："在闽北十县市中，畲族总人口 27 556 人，而顺昌县境内畲族人口 6 268 人，是整个闽北地区畲族人口最多的县。"[1]

20 世纪上半叶，顺昌畲族还颇多保留本民族的特色服饰；1949 年后，衣着装饰有很大改变，与汉族差别不大。当地畲汉两族男子穿着无区别，多着蓝布短衣，也有着大襟衫，多为青色短衫阔袖。当地畲族男子只有在结婚时着黑色长衫，系蓝色缀花带，头扎丈余长的裹头巾。女子服饰穿着具有畲族特色，衣饰包括上衣、裙子、绑腿、花鞋等，平时穿裙、打绑腿，这在畲族中是少见的。女式上衣主要有黑、蓝两色，右衽大襟，微领，衣身较宽大，前后裾等长，衣领、袖口和衣衩内缘也滚红边，衣领和大襟角绣简单的纹饰，通身使用布扣（领口 2 粒，右衽襟角 4 粒），部分也用铜纽扣。裙子均为黑色，裙身饰十数褶，但无花饰，裙长过膝，上沿有白边，两侧边缘滚有红绿布边，上面装饰黑色几何纹。有的裙子下缘饰有 2 条平行红线。花鞋、绑腿与福安式、霞浦式相似，绑腿白色，有红色、黄色系带，打好绑腿，呈现红黄白色相间。花鞋为翘头单鼻绣红花布鞋，少穿袜。据记载："政和一带畲族服饰与顺昌相近，其妇女鞋前绣

[1] 丽水学院畲族文化研究所，浙江省畲族文化研究会．畲族文化研究论丛 [M]. 北京：中央民族大学出版社，2007：57.

花的习俗延至20世纪50年代。”[1]

顺昌畲族女子发式主要分为少女头和妇女头两种。少女头的梳法与罗源式类似。妇女头的梳法简单，将头发挽于脑后用红头绳打结，罩上“头旁”[2]，详见附录2。

顺昌畲族女子银饰主要有头簪、耳扒、耳饰、手镯、戒指。手镯、戒指的样式与福安式相同。头簪为长约24厘米的细回形银簪，套着有孔铜钱或直径约2.4厘米的有孔银片，上面有对称的带叶菊花纹饰，极具特色。耳饰为耳环，其头为帽状，环大，直径约3.5厘米，通体无纹饰，为已婚妇女佩戴，少女戴一小环。[3]

六、光泽式畲族服饰

光泽式畲族服饰在福建境内仅分布于光泽县畲族村，人口约占全国畲族人口的0.8%。江西省的铅山、资溪等地部分畲族服饰也属于该样式。由于历史原因，光泽式畲族服饰总体上十分简朴，鲜为外人所知。

妇女服装特点不多。女子上衣简朴，黑色或蓝色，右衽大襟，没有绲边和绣花。平时妇女们喜欢围一条黑色拦腰。图4-52为清代光泽畲族女子上衣，衣长88厘米，两袖通长148厘米，袖口宽21厘米，下摆宽65厘米，为大襟右衽式，蓝色，小矮领，斜角式襟角，两旁深开衩，前后裾正中弧折，襟边月白色装饰，袖口有同色布条状装饰，领口及襟边共有5粒布扣，是目前所见到的所有畲族服饰中款式最为简朴的。据说是因过于贫困所致，服饰上从未绣过花，仅在边缘有花边装饰。《光泽县志》记载，“衣裤都有镶花边，妇女头巾不离”[4]。图4-53为民国时期光泽地区畲族女裙，裙长84厘米，裙腰长53.5厘米，宽9.2厘米，裙摆宽69厘米，黑色布制作，白色裙腰旁钉扣绊，右裙角开衩，裙摆用红白格子斜条纹布贴饰一圈高低不一如城垛式装饰。

图4-54为民国时期光泽畲族女腰带，该腰带长220.5厘米，宽7.2厘米，为蓝色纻布，成细长条状，双层。两头用黄绿色线钉细密的针脚为装饰，呈现五色的效果，是畲族的“好五色”在装饰中的对应体现。光泽绑腿在收集到的实物中有多种样式，不同时代也有所不同，在资料中收集到不同时期的三种样式，有些样式与其他地区的类似。图4-55为清代光泽畲族绑腿，长28厘米，宽

[1] 何绵山 . 福建民族与宗教 [M]. 厦门：厦门大学出版社，2010：79.
[2] 头旁：用丝瓜瓤或厚纸皮做成的环形帽圈，外蒙黑布，直径约17厘米，边高6厘米。
[3] 潘宏立 . 福建畲族服饰研究 [D]. 厦门大学，1985：31-33.
[4] 光泽县地方志编纂委员会 . 光泽县志 [M]. 北京：群众出版社，1994：695.

15.2 厘米，长方形，双层，分上下两截，上方烟色纻布约占三分之一，左右开口，口沿钉铜纽扣，下方红色粗呢，贴机织锦带边饰二组，以蓝色苎麻编织布镶口，此种样式极为罕见。图 4-56 是民国时期光泽畲族绑腿，底 38.6 厘米，高 37.5 厘米，三角形，双面白色布，一斜边上镶一段蓝色，一锐角钉圈形扣眼，其他两角上钉两种不同颜色的细丝带。该样式的绑腿在其他地区的畲族绑腿中有类似形状。在笔者所收集的资料中，光泽式绑腿样式最多，极具特色。如图 4-57 所示的绑腿极有特点，为民国时期光泽畲族绑腿实物，外形整体为红色矩形，边缘有装饰效果，长 33.2 厘米，宽 13.1 厘米，双层，正面红色与蓝色纻布缝制，并于侧缝夹黑色纻布作边框，约宽 1.5 厘米，框内红布区内镶灰白边饰机织布，图案为几何形组成的二方连续花纹图案，大小不一，错落有序，层次分明，素雅的花纹与红蓝布形成对比，精致讲究，另一面为蓝色苎麻编织布。绣花鞋为翘鼻鞋。图 4-58 所示为民国时期光泽畲族女花鞋，通长 25 厘米，通宽 7 厘米，鞋子为黑色面白布底尖头鞋，鞋面尖头上有一中脊，脊顶尖勾，两侧红、黄、绿丝线绣折枝花，金黄色布条绲边，后跟鞋面未封口。

图 4-52　清代光泽畲族女上衣款式图

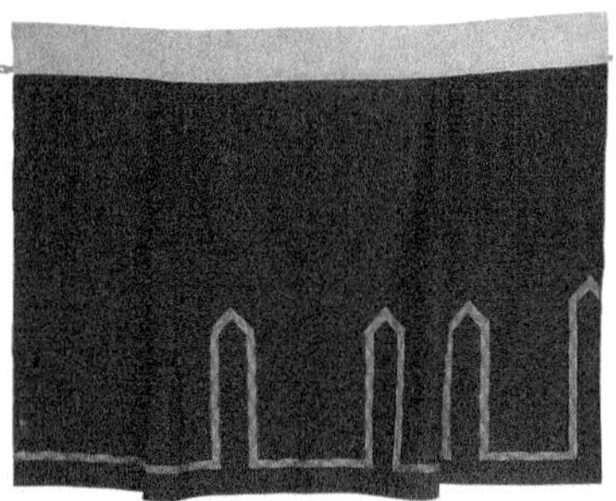
图 4-53　民国时期光泽畲族女裙

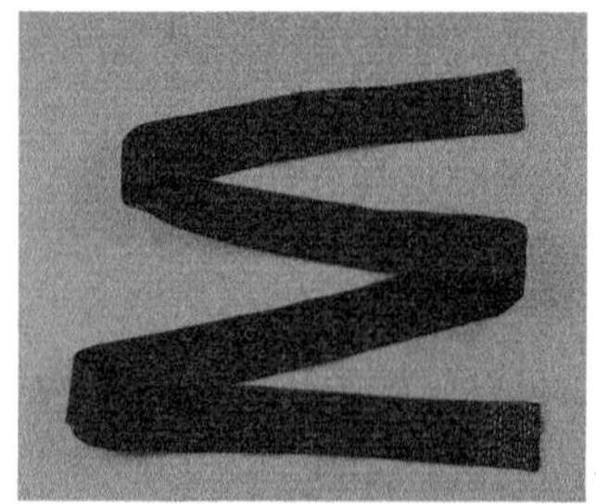
图 4-54　民国时期光泽畲族女腰带

图 4-55　清代光泽畲族绑腿

图 4-56　民国时期光泽畲族绑腿（一）

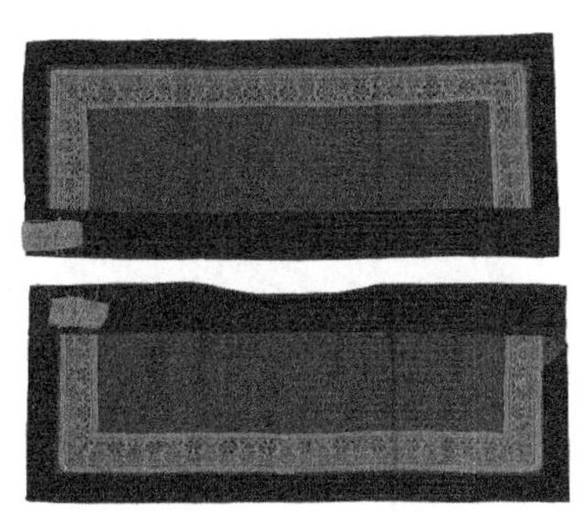

图 4-57　民国时期光泽畲族绑腿（二）

图 4-58　民国时期光泽畲族女花鞋款式图

少女头的梳法颇似汉族姑娘。先将头发梳直，额头留有刘海，脑后梳一长辫，在辫的首尾处各扎一段红头绳。妇女头的梳法则复杂些，一般是把头发先理直，将头顶中间的头发扎起，随后将其余头发梳绕于脑后并束好，再与中束头发合扎，挽成螺髻，插上长约 10 厘米的银簪，蒙上黑色包头巾（也有不戴包头巾的），再用黑白花纹的红色带子缠绕四五圈。

光泽畲族妇女银饰包括头簪、耳饰、手镯、戒指。头簪分为妇女簪和少女簪。妇女簪为弓形，两侧宽中间细，整体较小巧，全长 9 厘米，簪面两端镶精细的带叶菊花纹。少女簪极有特点，为长 5.5 厘米、宽 0.8 厘米的多曲形。图 4-59 为清代光泽畲族凤冠，高 5 厘米，冠檐直径 14.6 厘米。圆形凤冠上圆形，平顶，用竹篾缝制冠圈，外蒙花布，内檐包红布，帽外插满紫红色绒花，冠顶半圈钉红、绿色料珠 24 条，每条约 15 粒，凤冠上插 3 根长 14 厘米的如意头银簪，上钉珠串饰的紫绒花及一根银烧蓝凤鸟簪，鸟喙部垂挂一块银牌，下再挂 3 块小银片。图 4-60 为清代光泽畲族铜耳环，被福建省博物院馆藏。该耳环长 10 厘米，宽 3.3 厘米，铜质，牌状，牌中间镂空，牌长 1.5 厘米，牌宽 3.3 厘米，牌下垂三链，各携两个小铜饰，牌双面阴刻花果兽纹。牌上连两曲铜钩，以穿于耳。手镯式样分为两种：青年女子戴的手镯为环形索状，直径 6 厘米，环中有一缺口，便于调整大小；老妇戴的手镯直径 6 厘米，为缺口环状，边宽 0.7 厘米，上镶简单的花卉草叶纹。戒指也分为两种式样：一种为少女所戴，其环状部分较细，饰面为椭圆形，上铭鹤纹，外形精致；另一种是妇女所戴，其外形似福安式，但环状部分并不交接，而是交叉状，戒面为方形，上铭花卉及几何纹。

图 4-59　清代光泽畲族凤冠

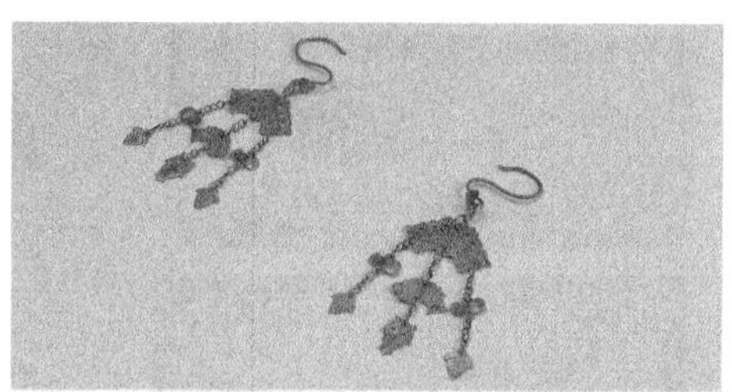
图 4-60　清代光泽畲族铜耳环

七、漳平式畲族服饰

漳平式畲族服饰分布于漳平、华安、长泰、漳浦等县畲族聚居区，人口约占全国畲族人口的 2%。该式样服饰也较朴素，大部分很早就出现涵化。

男子上衣为藏蓝色对襟直领，式样与汉族男子所穿上衣相同。左右襟有两个口袋，有五粒布扣，两侧有开衩。领缘、袖口及襟边均镶有黑底黄点水波纹花边。裤子为无衩宽腰大裤筒式，颜色多为黑、蓝色，式样也与旧式汉装裤相同，仅在裤筒末端镶滚水波纹花边。

女式右衽大襟式，式样与顺昌式相近，色尚蓝、黑，漳浦地区的服装颜色有为棕褐色的[1]。领部、袖端均有花饰，肩部及右襟直至左襟衣衩，包括前后裾边均滚有花边，花饰用色有黑、红、白、绿、黄、橙等颜色，纹饰多为花草及齿状纹（图 4-61）。女裤与旧式汉装裤相同，黑色面料，腰围与裤筒宽大，无衩无扣，但裤管末端滚有齿状及水波纹花边。裙子的特点是宽大及踝，中有开衩，色红，滚黑边和黄色齿状纹边，中间的花边色彩鲜艳，有绿色底深红色蝴蝶花卉纹，红紫色底绿色、白色花纹等。据老人回忆，早一辈畲族人穿着打扮也与后来不同，如女的

图 4-61　漳平畲族老年女子服饰[2]

[1]　漳浦县志记载：服装颜色以蓝、灰、黑为主，唯有沿海渔民，常用染网的荔枝树枝染衣呈棕褐色。
[2]　杨源．中国民族服饰文化图典 [M]. 北京：大众文艺出版社，1999：89.

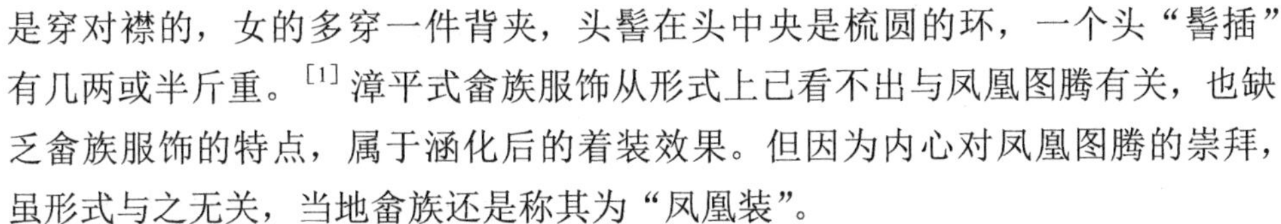

是穿对襟的，女的多穿一件背夹，头髻在头中央是梳圆的环，一个头“髻插”有几两或半斤重。[1] 漳平式畲族服饰从形式上已看不出与凤凰图腾有关，也缺乏畲族服饰的特点，属于涵化后的着装效果。但因为内心对凤凰图腾的崇拜，虽形式与之无关，当地畲族还是称其为“凤凰装”。

少女发式与光泽式少女发式一致，背垂长辫，首尾两端扎红头绳。妇女发式为“龙船髻”，漳平畲歌唱道：十二女人心花花，头发再短要留长，头上盘龙船髻，结个髻子顶楼梁。妇女先将头顶中央的头发集拢用红头绳打结，随后将四周余下的头发梳拢于脑后，并绾成坠壶状，接着再将后束头发向上翻，与头顶的发束联合扎上红头绳，插上银簪，然后把头发绾为螺髻，罩上发网。冬天有的还在此基础上包上四角缀有红绒球的方头巾。头巾包好后，头顶并立两朵红绒球，两肩各垂一朵，分外醒目。[2]

配饰包括耳饰、手镯、戒指等，多为银质。其中以耳饰及九连环戒指最具特色。耳饰顶部有一蝴蝶形银片镶于弧状圈饰上，下面吊着十几串小银链，其尾端挂一细小的柳叶形银片，中间的银链上吊着花瓣形圆环，环上又挂着三串小银链。耳饰通长 6.5 厘米，非常精致，多为老妇佩戴。手镯直径 6 厘米，镯身宽 1 厘米，手镯两头有变形手掌纹，镯面铭花纹。戒指有两种：一种是少妇戴的九连环戒指，是由九个连环互相连接而成，结构精巧；另一种老妇所戴的戒指样式与福安式、光泽式相似，戒面有铭文，如“福”字等。

第二节　浙江省畲族服饰分布及特点

浙江省位于中国东南沿海，地形复杂，山地和丘陵分布较多，平原和盆地较少，固有“七山一水两分田”之说。浙江因与福建、江西、安徽相连，故浙江的畲族多数由广东经福建进入浙江，也有由广东经江西进入浙江的，还有一部分经浙江进入安徽。畲族作为浙江省主要的世居少数民族，分布于全省 40 个县市，主要分布在浙南、浙西南的山区。畲民为了寻找更合适的居住地，在宋元时期就不畏艰险地进行了民族大迁徙，抵达福建中部和北部；明清时期又继续北移，散居在福建东部和浙江南部的山区中。据 2000 年人口普查统计，浙江省

[1] 陈永成 . 福建畲族档案资料选编 [M]. 福州：海峡文艺出版社，2003：66.

[2] 潘宏立 . 福建畲族服饰研究 [D]. 厦门大学，1985：36.

少数民族达53个，少数民族人口39.97万，其中少数民族人口最多的为畲族，现有畲族人口170 993人，人口约占全国畲族的24.3%。畲族主要分布在丽水、温州、金华、衢州，畲族较为集中的市有丽水和温州。[1]浙江的畲族具有代表性的地域是成立于1984年的景宁畲族自治县，是目前我国唯一一个畲族自治县，是浙江省畲族的主要聚居区。该省留存的服饰实物较多，2014年4月上海纺织博物馆与景宁畲族自治县畲族博物馆承办的“绚彩中华——中国畲族服饰文化展”（图4-62）是国内第一次畲族服饰展，所展示的畲族服饰多为浙江地区博物馆的收藏，展品也多为浙江的畲族服饰实物。

图4-62 笔者（中）参观“绚彩中华——中国畲族服饰文化展”时与蒋昌宁馆长（左）及副馆长（右）合影

浙江畲族男子日常上衣穿青色、蓝色的大襟纻布无领布衫，下身着短裤，脚穿草鞋或赤脚，在家穿木屐。寒冷季节的男装为青色、蓝色的大襟棉布衫，或外加穿背心，下身穿棉布长裤，用一根白色布带作为腰带以扎紧裤头，脚穿布鞋或裹棕布。民国时期括苍地区穿对襟单衫，用条状式蓝布或白布缝边，有

[1] 邱国珍.浙江畲族史[M].杭州：杭州出版社，2010：17.

连排七枚布扣。苍南地区寒冷季节的男装为大襟衣衫，开襟处镶有月白色或红色花边，下摆开衩处绣有花朵；炎热季节的男装为大襟短衫，衫长到膝，圆珠铜扣，衣领、袖口镶有花边。[1] 结婚时，新郎头戴便帽，身穿蓝色长衫，脚穿布鞋。蓝色长衫（图 4-63）不仅在结婚时穿，重要的场合如逢年过节或做客时也会穿着。在过去的畲族村，并非人人都有长衫，即使有，也只有逢年过节或到亲戚家做客时穿，平常脱下存放，对其十分珍惜。[2] 男子祭祀时的穿着与日常不同，头系莲花冠或戴仙帽，身穿长袍。据说凡经过祭祖受禄的，即等于受到祖宗的“封官”，可以穿红色长衫；子再祭，父的地位又可提高一步，可戴方巾帽，穿青色长衫，而且死后不会受人欺侮。

浙江省畲族服饰式样自清代后期较为一致，以景宁畲族自治县的式样为代表。浙江畲族女式上衣基本样式是大襟式，圆颈，低领，右开襟。根据其装饰特点可以分为两类。

一类是常见的襟边有装饰的（图 4-64）。景宁畲族自治县彩带传承人蓝延兰回忆父辈描述的传统服饰为：女子上着彩条饰边的大襟衣，多为五条饰边，寓意五谷丰登；腰部饰有拦腰（形似围裙，宽至两侧中缝，长及外衣下摆，两端

图 4-63 泰顺畲族服饰 [2]

图 4-64 景宁畲族女装

资料来源：上海纺织博物馆 笔者摄

[1] 中国人民政治协商会议浙江省苍南县委员会文史资料委员会 . 苍南文史资料：苍南县畲族、回族专辑（内部资料）. 苍南：苍南县文史委，2002（3）：68.

[2] 钟炳文 . 畲族文化：泰顺探秘 [M]. 宁波：宁波出版社，2012：66.

以彩带固定），下装为筒裙。日常穿着长度及膝的短裙以便劳作，节庆时盛装为长及脚面的长裙，裙下（内）着绑腿，中华人民共和国成立前畲民贫苦，多为赤脚或穿草鞋，重大活动着花鞋。[1]这些描述与《浙江景宁敕木山畲民调查记》中的记载基本相符。雷先根在《景宁畲族妇女的高笄凤凰装》中也介绍了景宁畲族妇女的凤凰装为花边衫，畲语称“兰观衫”。女子花边衫都为大襟衫，长度过膝，襟处镶有多种色布条或彩色花边，绣上凤凰图案；领口镶鼠牙式花边，领下四周镶繁多的花边；袖口、摆处镶有一至三种花边。布质以往都为自织的麻布、棉布或生丝绸，布色只有青、蓝两种。与这种上衣相配的裤子，裤脚镶有三条花边。

还有一类与福建福鼎的款式基本相同，为有服斗的，如泰顺的女花衣款式（图 4-65）就与福建福鼎的相似，而且各地的服斗形式还有所差别（如与图 4-63 所示右边老年妇女所穿上衣）。图 4-66 为清代浙江泰顺畲族女花衣，为福建省博物院所藏，该女式上衣衣长 94 厘米，两袖通长 159 厘米，袖口宽 18 厘米，下摆宽 74 厘米，为黑色大襟右衽，小矮领，圆弧角式襟角，两旁深开衩，前后裾正中间为圆弧形，大襟角边沿滚白边，边沿一边钉色线针脚，一边钉细条色编织锦带，领围下钉色线针脚。领口上钉圆形铜饰六片，襟边处钉圆形铜饰七片，共有五粒布扣，带铜扣头。清代泰顺畲族女花衣襟缘的特点与景宁畲族的类似，只是装饰用铜片，比较讲究，应为经济条件好的家庭所有。与有服斗样式的服饰相一致的还有平阳（图 4-67）、瑞安（图 4-68）等地的女式上衣。平阳畲族服饰与福建省福鼎畲族服饰相似，原因与平阳畲族自福鼎迁徙而来有关。资料记载，“该族入闽，迁福安，复徙福鼎。后分三派，分住于福鼎章山及浙江平阳等

图 4-65　清代浙江泰顺畲族女花衣款式图（有服斗）

资料来源：笔者根据《山哈风韵》画册绘制

图 4-66　清代浙江泰顺畲族女花衣款式图

[1] 陈敬玉. 艺术人类学视角下的畲族服饰——调查研究 [J]. 丝绸，2013，50（2）：63-67.

处”[1]。平阳虽不产棉，但买纱自织，且是土货；唯妇女系腰之绿色带子，间有用丝质者。衣多黑色，袖口襟边及鞋面均喜织以红绿花纹，色鲜而纹繁。男女式样，与汉族乡人无异。女衣长及膝，袖口以红、绿相间之布条，作假袖四五层。相传过去内衣袖较外衣长，根据袖口的层数即可知着衣之多少，其后乃作假袖以炫其着衣之多，后来逐渐演变为一种装饰。颌下领口左右系红球两个，相传是昔皇后装饰。鞋有二式，鞋头有方形、六角形，满织花纹。平日无论男女，均赤足不穿鞋袜。妇女之装饰，除衣服外，尚有钗钏之类。顶上有帽，以长约 7 厘米的毛竹管制成，外裹以布，上置以长约 3 ～ 4 厘米的长方小板，板之两端饰珠穗。两旁复赏以长珠串，经耳际垂于两眉。帽下周围，更以银质之花，遍插头上，复有珠串由前额垂及眼际。其余饰品有耳环、戒指。[2] 从记载中可以发现平阳畲族上衣与福鼎式相似，但头戴的凤凰冠与泰顺地区的凤凰冠一致。

图 4-67 民国时期平阳畲族麻布衣款式图
资料来源：笔者根据《山哈风韵》画册绘制

图 4-68 清代瑞安黑绸花边女上衣款式图
资料来源：笔者根据《山哈风韵》画册绘制

服斗的区别在于大襟的角度不同，装饰面积的大小不同。总体而言，其样式属于同一类款式。这种服斗上的不同样式是在传承的过程中各地的制作者对形式美的追求不同或是受顾客需求影响等多种因素而导致的，是畲族服饰在传承过程中表现出的涵化现象。清代浙江泰顺女花衣的不同款式是畲族服饰传承与涵化的极好案例，作为畲族过世后与祖先相认的凤凰装有多种样式，相认的标记就在于服装样式上的畲族特征（服斗或纹样等），如图 4-66 所示的泰顺女花衣样式上已无畲族特征，服装样式已被完全涵化，已不具备“与祖先相认”的作用，该地的畲民还称其为凤凰装，传承的是对凤凰图腾崇拜的精神

[1] 钟炳文 . 浙江畲族调查 [M]. 宁波：宁波出版社，2014：173.
[2] 钟炳文 . 畲族文化：泰顺探秘 [M]. 宁波：宁波出版社，2012：173-175.

内核。

浙江省丽水地区女子上衣是大襟衫，长度过膝，多为青、蓝色，领、袖、襟边处绣有花纹（图 4-69）。女裤为镶腰式，宽裤筒，穿着宽松，裤脚镶花边（图 4-70）。结婚时有的村寨畲族妇女穿白布裙腰蓝布里的红布裙，而丽水市老竹畲族镇上井、沙溪等村畲族女孩出嫁时不穿裙，穿青色裤（裤脚有的有一周绣花）。

图 4-69　丽水畲族黑色花边女上衣
资料来源：笔者根据《山哈风韵》画册绘制

图 4-70　丽水畲族女裤
资料来源：笔者根据《山哈风韵》画册绘制

《浙江畲族史》中对拦腰的描述为："拦腰长一尺至一尺五寸，宽约一尺五寸至两尺，青色或蓝色，拦腰头镶红布，以妇女自织花带做带。丽水、松阳、青田等地畲族妇女的拦腰下端留有约五寸的长须，并结有精细花纹。"[1] 浙江景宁、文成、泰顺等县的拦腰为短式的，都是自织麻布做成的，青色或蓝色，长约 33 厘米、宽约 50 厘米，镶红布拦腰头，两角钉上彩带。其他县的长拦腰多为蓝色土布，长约 67 厘米、宽约 60 厘米。劳动时围着，以防衣服被弄脏和撕破。冬天时经济困难的畲民衣裳单薄，拦腰可当一件衣服作保暖用。

脚穿花鞋，有圆口式和平口式等多种，鞋面以青色、蓝色布料为主。[2] 也有发现景宁一带的花鞋为尖头形，绣较粗的花，尖端有穗；平阳、泰顺一带，方头无穗。花鞋，厚布底，蓝布里，青布面，四周绣有花纹，前头钉上鼻梁系有红缨。旧时结婚、喜庆、访亲走友都穿花鞋，现在只有少数老人做寿鞋用。[3]

景宁畲族的头笄为三角形纵轴（图 4-71），全部银制，一端包黑布，形状如

[1] 邱国珍．浙江畲族史 [M]. 杭州：杭州出版社，2010：105.
[2] 浙江省丽水地区《畲族志》编纂委员会．丽水地区畲族志 [M]. 北京：电子工业出版社，1992：143.
[3] 浙江省民间文艺家协会．浙江民俗大观 [M]. 北京：当代中国出版社，1998：86-87.

动物头式，长袖为身，后上角如尾上竖，以料珠串维系。丽水的头笄以竹筒为身，红布为尾，前端包有银片，上镌刻花纹，再以白色料珠串维系。

括苍畲族的少女发式为用红色绒线与头发缠在一起，编成一条长辫子盘在头上，与罗源畲族的少女发式相似。泰顺畲族妇女将头发拧成一把盘于脑后，形成一个高高的发髻，系上红头绳，称之为凤凰髻，也叫龙髻。1991 年，在温州市泰顺县司前畲族镇左溪村蓝家展家发现的一件头饰，是其母当年嫁来时所戴，称作“gie”，意为凤冠。竹筒直径约 16 厘米，长约 23 厘米，绕红布，两边各有 10 条小珠链，长过膝。正面短珠也是 10 条，末端各系着一个小银片，取意十全十美（图 4-72）。[1] 追求吉祥是受到汉族文化影响的典型结果，求吉祥心理也是畲族服饰涵化的一种表现。图 4-73 为清代光绪年间泰顺畲族的凤冠，为福建省博物院所藏，该凤冠高 16 厘米，直径 9.7 厘米，由圆形凤冠与布做的凤尾两件组成。圆形凤冠用竹笋壳缝制，高冠，前方成弧形，仅前额上方圆筒形，外蒙下黑上红土布，顶部黑土布可收缩。冠顶缝两片葫芦形银片，与长方一边作连弧纹银片，银片下缝白色料珠帘作遮脸，冠前红布上缝一片弧形银片，冠两侧各一排白色料珠串，后脑左右两条竖长方形银片上，下围接长方形红布。银片上捶牒花卉纹、连珠纹等。凤尾由红黑色织布制作，两条飘带上各缝 5 片方形银片，白色料珠串吊小银片。图 4-74 所示为清代泰顺畲族银簪，簪头为细长条状，头部为蝴蝶形，下有小细孔穿勾挂片，挂片形有如意、鱼、蝙蝠等形，取吉祥的意味，此种装饰手法已深受汉族文化影响。

图 4-71　景宁畲族装扮

资料来源：绚彩中华——中国畲族服饰文化展 笔者摄

图 4-72　泰顺畲族凤凰冠 [1]

[1] 钟炳文 . 畲族文化泰顺探秘 [M]. 宁波：宁波出版社，2012：66.

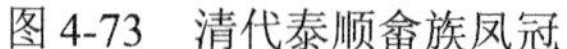
图 4-73　清代泰顺畲族凤冠

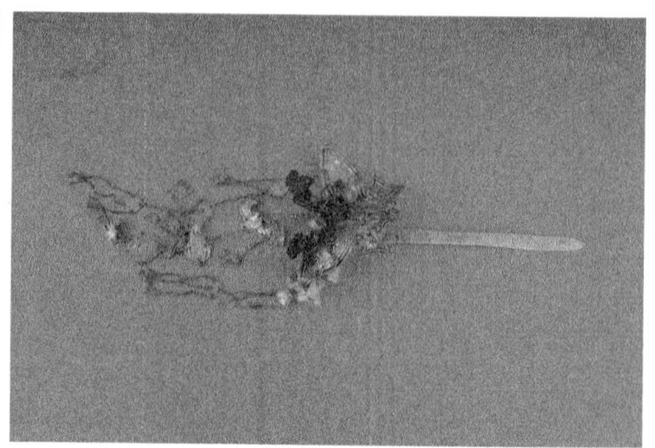

图 4-74　清代泰顺畲族银簪

第三节　广东省畲族服饰分布及特点

广东省的地势走向和福建相似，北部和西部均为海拔较高的山脉，中部为丘陵地带，南部则是平缓的滨海平原。全省地形以山地丘陵为主，约占 60%，台地、平原约占 40%。闽、浙、赣、皖等省畲族都有着“广东路上有祖坟”的传说，各地畲族都有广东潮州凤凰山区是其祖居地的传说。虽后来多迁徙别处，但该地在广大畲族群众心中的重要意义是不言而喻的。广东省的畲族多居住在深山高岭上，在物质生活方面保留的本民族形式已很少，大都和附近的汉族群众相似。

据记载，凤凰山区畲族妇女，其衣领、衣袖、衣边全都绣上各种颜色不同而又艳丽的花纹。腰间束着一条腰带，腰带向后扎，两端向后飘垂，末端缀有各色花纹和丝穗，鲜艳夺目，她们称为“凤衣”。这种衣着装扮，可区分为小凤、大凤和老凤。所谓“小凤”，即未成年和未婚女子，其凤髻圆而小，头发用红头绳扎成发辫盘于头上，状若凤凰，凤衣和腰带上缀的花纹颜色艳丽，但花纹不甚宽；“大凤”是指已婚的女子，其头髻高起，凤衣和腰带上缀的花纹宽又多，色彩较浓；“老凤”是指老年妇女，其头髻低小，凤衣和腰带上缀的花纹色淡而稀少。中老年妇女头髻上插着银簪，盖上各式头帕，戴着银质耳环和手镯。另据记载，早期的服饰样式，“畲民之衣服，喜着红青两色，与猺服同”，“男子原来穿的服装款式为上衣对襟，布扣或铜扣，下穿高裤头宽大的长裤，与当地人没有差别。妇女上衣大襟右衽，襟边袖口缀以数条大小不同颜色花边为饰，衫长及膝，裤宽大，穿船型绣花鞋”。[1]据1982年调查，广东省丰顺县凤坪村的畲族并非早期凤凰山的原住民，其祖先从江西、福建等地迁来。据老人回忆，过去是男耕女织，种苎麻纺线织布，蓝靛染色，手工缝制。清代，男子着长袍马褂，留长辫，有官职者按官阶佩戴帽缨，着马蹄袖长袍。妇女服饰为衫长过膝，大襟无领，以不同颜色的布条缀边为装饰；裤宽阔，鞋为绣花船型，耳戴银坠，手戴银镯，头盖绣花帕巾，四角倒挂鬓。至民国初年后全部着汉装，尚青、蓝、黑三色的粗布为衣，无饰。[2]遗憾的是，笔者始终未能找到与文献记载的服饰相对应的实物。

总的来说，从闽粤边境地区的凤凰山一带至粤中区的罗浮山地区，很多畲族人民的服饰大都和汉族群众一样，男女老幼都穿汉装，甚至连七八十岁的老人家也没穿过与当地汉人有别的服饰。但有的畲族聚居区的当代服饰又借鉴了其他畲族聚居区的特色服饰。从仅有的图像资料（图4-75）中可以看出，当代广东潮安县畲族妇女的穿着与福建罗源式畲族服饰的基本一致；《粤东畲族：族群认同与社会文化变迁研究》一书中广东南山的畲族女子着装也与图4-4中罗源畲族女子的穿着一致。广东省作为畲族的祖居地，畲族服饰在该地基本消失，是当地民族服饰缺乏传承、被完全涵化的表现。因为被涵化而失去民族特色服饰的畲族聚居区，将罗源式畲族服饰重新作为本地民族服饰的现象并不少见，这种民族服饰被汉化后再重新选择体现民族特色的服饰也是另一种形式的涵化。

图4-75　当代广东潮安县畲族妇女的穿着[3]

[1] 广东省地方史志编纂委员会. 广东省志·少数民族志[M]. 广州：广东人民出版社，2000：289.

[2] 广东省民族研究所. 广东省畲族社会历史调查资料汇编（内部资料）.1983：48.

[3] 施连珠. 畲族研究论文集[M]. 北京：民族出版社，1987：85.

第四节　江西省畲族服饰分布及特点

江西省的畲族研究与福建省、浙江省相比较而言，相对较少。最早对江西畲族展开研究的是吴宗慈在《江西通志稿》中的《江西畲族考》，该文指出江西的畲族主要是明代以后从广东潮州凤凰山迁徙而来[1]。2011 年出版的《江西畲族百年实录》对散居在江西的畲民的历史及现状进行了描述，其中对龙冈、南康等地的畲族服饰有相应的介绍。江西畲族居住分布地域较广，且与汉族交错杂居，与江西客家交往紧密，很多习俗都相似，只有偏远山区的部分畲族还有保留本民族文化。江西省畲族服饰整体结构简洁、线条流畅、朴素大方。

男子服装为大襟或对襟的无领青色布短衫，为土织粗布，襟边和袖口还缀有白色边条（图 4-76）。下身穿无腰青色直筒裤，裤口和裤管都比较宽大，不扎巾、不戴帽。有的地区男子头扎头巾（图 4-77）。男子结婚穿礼服，新郎头戴红顶黑缎官帽，穿青色长衫，长衫在襟和胸前有一方绣花龙纹，脚穿黑色布靴。与其他地区畲族男装基本一致。

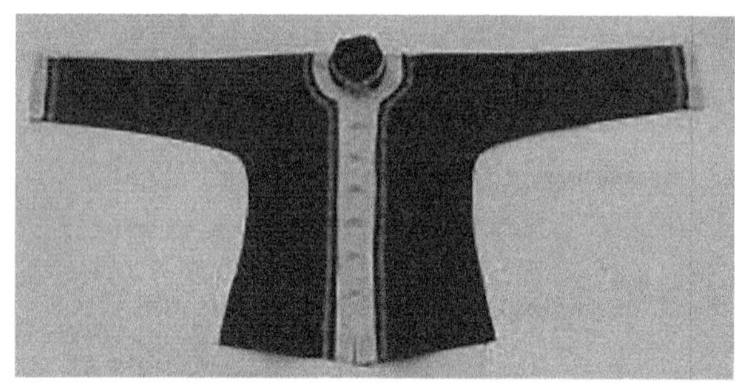

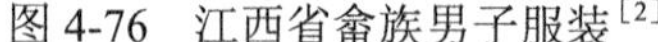
图 4-76　江西省畲族男子服装[2]

图 4-77　江西省畲族男子头巾[2]

妇女的穿着分为两种。一种与罗源式畲族着装样式基本相同，如铅山的畲民多穿家织的青蓝色麻布衣服，袖口和襟缘多有花边装饰，裤子为偏裆裤。有些地区妇女不分季节都穿短裤短裙，裹绑腿。头发从后向前梳成凤凰髻。劳动时，男女腰间都围独幅青蓝色腰裙，打赤脚或穿草鞋，草鞋为稻草和布条混织，结实耐穿，走路咯咯有声。从图片可以看出，铅山畲族女装款式与罗源式款式相同（图 4-78）。江西很多地区的畲族都没有自己的民族服饰，“村民都没怎么

［1］ 吴宗慈 . 江西通志稿・卷三十八：江西畲族考 .[M]. 民国三十六年刊本 .

［2］ 汪华光 . 铅山畲族志 [M]. 北京：方志出版社，1999：彩插 .

见过畲族的衣服，筹办成立畲族乡的活动时，特意去省城南昌的某个服装厂为部分村民量身定做了十几套服装，而服装风格更多偏向于表演性质，与畲族传统服饰并无太大关联。事实上，这些领到衣服的村民在此之后便几乎不穿了，除非有拍摄要求或者检查活动，才会临时性地穿上，帮助宣传也算是配合畲乡的名号”[1]。从这些记载可知有些地区的畲族已无民族服装。有的地区有当地独特民族服饰，如赣南的畲族打扮基本是梳椎髻、系围裙、跣足、戴银饰、穿右侧开襟衫、裹绑腿；上饶横峰的畲族女子则是穿右侧开襟衫配长裙；吉安市永丰县南部龙冈畲族乡的妇女衫长过膝，大襟无领，缀以不同颜色花边的装饰，宽裤筒，穿绣花鞋，下雨天穿木制的圆船型鞋，冬季戴罗帽，腰扎罗布巾，双脚裹花脚裤、额扎绉纱，且喜梳凤凰头，戴耳坠、手镯；赣州市南康区畲族平常穿的服装与汉族无异，重大节日或重要活动时，妇女穿畲族服饰，衣领、袖口和右襟多镶花边，穿短裤，裹绑腿，与图 4-79 所示的样式相似。

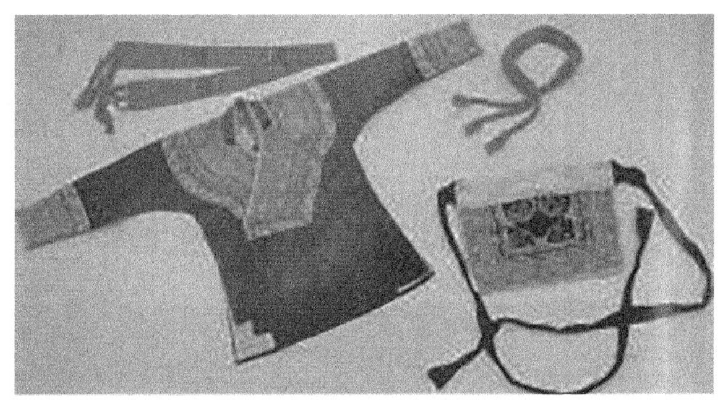

图 4-78 江西省畲族女子服装[2]

图 4-79 江西省畲族女子上衣

资料来源：江西服装学院 笔者摄

在江西贵溪、铅山畲族聚居区，过去少女垂独辫，辫梢系红头绳或彩色布条。有些地方用红色绒线与头发缠在一起，编成长辫子盘在头上（与福建罗源的少女发式一致）。传统的铅山畲族已婚妇女发式较简单，一般是头发向后梳，在后脑勺盘成螺状。老年妇女发髻是梳在头后顶端，还加上一个黑帽。据说过去青年妇女结婚有戴“冠”，也必须这样梳。一些地区的已婚妇女头戴凤冠，即用一根细小精致的竹管，外包红布帕，下悬一条约 33 厘米长、3.31 厘米宽的红绫。老、中、青不同年龄的妇女，发间还分别环束黑色、蓝色或红色绒线。个

[1] 段婷．江西畲族服饰文化的传承与发展 [J]. 江西服装学院学报，2013，(1)：41-45.

[2] 汪华光．铅山畲族志 [M]. 北京：方志出版社，1999：彩插．

别地区的畲族妇女的头饰还有与众不同的装饰。据记载，江西东固畲族妇女有一种“三把刀”的配饰。“三把刀”又叫“三把簪”，她们用三把形似短剑、两面带锋、长可达 23 ～ 27 厘米的金属簪插在头顶发髻上，左右二簪，后脑一簪，髻团则绾结于三簪的会合处。这种风习，据说是明末福建南平畲族妇女发明的武器，在战乱时代为防御遭受敌人的侮辱，她们便用三把短剑插在头上，危急时刻可随手取下进行抵抗。这种配饰仅见于记载，在江西畲族的实物中从未发现，但却在民国福建福州地区汉族妇女的配饰中可以见到。究竟是畲族对汉族的影响，还是汉族对畲族的影响，现在已经无法考证，但这是文化交流所产生的现象，这种涵化现象并不少见。现在，青年妇女绝大多数已改梳两条辫子或剪短发，与汉族发式已无区别。已婚、未婚青年妇女发式都一样，有些妇女还戴耳环。[1] 整体来看，江西畲族服饰未得到较好的传承，被涵化得较严重。

[1]《中国少数民族社会历史调查资料丛刊》修订编辑委员会 . 畲族社会历史调查 [M]. 北京：民族出版社，2009：197.

第五章
畲族服饰的形制分类与凤凰意象的关联

畲族传统服饰是畲族族民穿在身上的“史书”，是其民族文化的“百味箱”，具有多重活化石的意义。畲族传统服饰在近代以来的发展演变中，经历了一个民族审美定势演绎、组合变异的过程，同时又在与其他民族文化互相吸收、借鉴、融合的过程中，形成了畲族服饰涵化后的多样性呈现。随着历史的变迁，畲族服饰形态在不断地演变，对其探索与挖掘，可以使我们了解和认识畲族服饰的发展轨迹，对厘清近代以来畲族服饰的发展脉络意义重大。

畲族服饰的研究角度应该是全方位和多维度的，生态学、历史学、神话学、宗教学、社会学、文化人类学、现象学、符号学、美学、服装学等角度都可切入。民族服饰所蕴含的深层内核与该民族观念、心理、情感、意志、审美等方面息息相关，要全面认识畲族服饰，必须考察其在民俗活动中的应用情况及其内在价值和历史成因。

中国传统服饰的研究架构，大概可分成几个部分，即服饰的形制、材质应用、色彩搭配、服装配饰及哲学思想等。本章主要针对清代以来的畲族服饰特别是女装的形制及缝制方法、材质运用、色彩搭配及装饰等，对其进行分析，以了解畲族服饰的传承与涵化。相关的分析仅以文字叙述无法清晰说明，必须有传世文物或图片辅助才能立体化展示服饰全貌，因此本章以福建省博物院、浙江省博物馆、景宁畲族自治县畲族博物馆所藏部分畲族服饰文物，以及福建省罗源县畲族服饰非物质文化遗产传承人与福安市畲族服饰收藏家收藏的部分畲族服饰实物为研究对象，从中选取具有代表性的服饰实物为分析样本，结合图像资料以及文献资料的记载，来进行近代以来的畲族服饰嬗变的研究。

传统畲族女子着装的整体形象与凤凰相对应，本章专门探讨了头部、颈部、胸前、腰间、手腕部、腿部、脚部的凤凰意象的装饰表现，以更好地理解畲族服饰文化。

第一节　畲族服饰的形制分类

畲族人民在千年历史进程中创造了独具特色、一脉相连的凤凰装。清代后期以来，畲族族群的历史迁徙及与其他民族文化的融合造成了畲族文化的涵化，表现在服饰中即为各地服饰的差异性和多样性。例如，各地畲族凤凰装虽然服装的样式差别较小，但整体装束还是有一定差异，特别是发式差异较大（详见附录 2）。原有畲族服饰的研究多以地域性为标准区分畲族服饰类型，如罗源式、福安式、霞浦式、福鼎式等，但由于畲族迁徙与散居的特点，造成同一地区会有两种甚至多种服装形式，如霞浦东路与霞浦西路的服装形式便不同，浙江泰顺的畲族服饰一种与景宁的相似，一种与福建福鼎的相似，这是畲族服饰受地区影响被涵化的例证。此外，也会出现地理位置相距较远而服饰样式基本相同的情况，如福鼎式服饰的涵盖地域包括福鼎全境和霞浦东路，浙江平阳、泰顺、瑞安等地畲族服饰虽有款式上的微小差别但可以看作是同一类。还存在同一地区不同时期的畲族服饰式样不同的情况，如泰顺近代的畲族服饰与福鼎式相似，但福建省博物院收藏的清代泰顺女子上衣却与光泽、景宁的相似。因此，原有之地域性分类方式存在着一定的不足，难以准确厘清服饰的具体样式。所以，统一学术性分类标准有重要意义。

笔者经过多次的田野调查与博物馆资料收集，发现畲族服饰虽呈现多样性的外在表现以及地域上的服饰差异，但仍有共性可循。例如，从服饰共性角度可以将凤凰装分为两大类：一类是以罗源式为代表的凤凰装，外在呈现上与凤凰意象有直接的对应关系，是凤凰崇拜的外在表征；另一类是以霞浦、福安式为代表，其外在表现上与凤凰形象的直接关联较少。后者的凤凰装更多地表现在凤凰意涵与祖先崇拜，如女上衣服斗处的装饰意义与传说中高辛皇帝有关，在拦腰的刺绣装饰中采用凤凰、盘瓠图案的装饰以体现凤凰装的文化意涵。笔者据此对畲族服装款式的共性进行分析，试图据其款式特性，特别是女装的款式特性将其分类，以便从服饰特点的外在呈现解读畲族服饰。

一、畲族服饰的类型及分布区域[1]

畲族的服饰可以从两大部分着手进行分析，首先是结构装饰（微观部分），

[1] 郑丽莉 . 清代与民国时期闵浙畲族女装类型研究 [J]. 艺苑，2017，(5)：72-74.

其次是整体装束（宏观部分）。闽、浙、粤、赣四地的畲族服饰均是上下分体式，由上衣（花边衫）、拦腰（围裙）、腰带（彩带）、裙（或长裤、短裤）、绑腿、花鞋等几个部件组成。四省的畲族服饰的结构是相近或相同的，表明其在传承和共性方面的密切关系，这也正是进行类型划分的重要前提。根据服饰的结构与外饰（包括上装、拦腰、绑腿等，不含头饰、鞋），畲族服饰可分为交襟装和大襟装两种类型，共 9 种款式。

1. 交襟装

主要特征：上装为交领大襟衣，衣领后倾，穿时左右交襟；下装为裤或裙。衣领、胸前、袖口、襟边饰以花边装饰，有 4 种式样，为同一地区在不同时期、不同场合时穿着。交襟装主要分布在福建罗源、连江、闽侯、古田、福州、宁德，以及广东潮安、浙江景宁、江西铅山等地。

（1）交襟裙装式。上装为右衽交领衣，下装为裙。清代日常穿着，清代《皇清职贡图》记载古田畲族妇女“短衣布带，裙不蔽膝”，即是对该款式的描述。现代为婚礼时所穿着，上装的花边装饰面积宽大，下装为宽大的素面黑色围裙（或红线花边短裙）。

（2）交襟短裤绑腿式。上装为右衽交领衣，下装穿短裤、打绑腿。清代末期直至 20 世纪 70 年代前罗源畲民都习惯终年日常穿着交襟花边衫，下身穿长及膝盖的黑色短裤，打绑腿，着绣花鞋。

（3）交襟长裤式。与上述两式为同一地区，为日常穿着。20 世纪 70 年代以后，绑腿短裤已无人穿着，多改穿长裤。

（4）交襟长裤绑腿式。上装为右衽交领长衣，衣长至膝，下装穿长裤、打绑腿。清代景宁畲民的日常穿着，在《畲客风俗》中的插图中可明显见到此装扮。

2. 大襟装

主要特征：上装有领，左襟加宽，长袖，右衽，下装为裙或裤，衣领、胸前、袖口、襟边饰以刺绣装饰。分布地区众多，共含 5 种式样。

（1）大襟裙装式。上装有领，右衽，下装为长裙。该样式主要分布在漳平、华安、长泰、漳浦、景宁等地，多为婚礼时穿着裙，平时一般穿裤。

（2）大襟短裙绑腿式。上装有领，右衽，下装着短裙、打绑腿。该样式主要分布在顺昌，只有顺昌畲族女子日常穿裙打绑腿，这在畲族服饰中十分罕见。

（3）大襟短裤绑腿式。上装有领，右衽，下装着短裤、打绑腿。在文献记载中江西南康市的畲族妇女中有此装扮。

（4）大襟长裤式。上装有领，右衽，下装为长裤。该样式为多数地区的日常穿着，畲族妇女由穿裙改穿裤是最大的历史性变化，主要分布在福建宁德、福安、霞浦、福鼎、光泽，浙江景宁、平阳、泰顺、瑞安及江西吉安等地。

（5）大襟长裤绑腿式。上装有领右衽，下装为长裤、打绑腿。该样式分布在霞浦，当地畲民历来穿长裤或半长裤。绑腿代替袜子用，起保暖作用。

二、畲族女子服饰的种类

畲族妇女服饰因气候差别大致可分夏、冬两季，款式变化不大，只在材质上有季节之分，其材质多为麻、棉。就穿着场合（用途）而言，有盛装、常服之分，虽并未脱离传统衫、裙或裤两大类别，但因其裁制方式的差异及材质的不同，各有不同的种类、名称（表 5-1）。

表 5-1　畲族女子服饰分类表

	春/夏季	秋/冬季
盛装	衫、拦腰、短裤、 裙（婚礼所穿长裙叫大裙）、绑腿、花鞋	衫、裤、棉裤、拦腰、马甲、花鞋
常服	衫、拦腰、裙、 裤、短裤、半长裤、鞋	衫、拦腰、棉衣、棉裤、裙、绑腿、鞋

1. 上身穿着类

清代晚期至今，畲族妇女上身衣着的基本形式为衫。衫据领的形状又分为交襟衫、大襟衫。马甲在畲族男子的穿着中较多，但在畲族妇女的穿着中很少见，实物中仅有很少的例子。

2. 下身穿着类

从清代晚期到现代，畲族妇女下身衣着的基本形式大致可分为裙、裤两大类。裙子因为制作上的差异，又有围身裙、大裙之分；裤子有长裤、半长裤、短裤之别。下身大部分有打绑腿的装扮。可赤脚或穿鞋。

三、畲族女子上衣形制分析

畲族女子上衣形制为有领、大襟、右衽，上衣衣身宽大，腰部系扎围裙，使得衣服贴合人体，更好地体现女性身体曲线。从服装的结构和装饰来看，装饰易变，因而对其款式的分析着重于服装本身的结构差别，其次才是装饰特点。

交襟装主要分布于福建罗源、连江等地，清代时浙江景宁亦曾见交襟装，但浙江的交襟装清代末期以后消亡，罗源的交襟装直至今日仍保持这种样式（例见图 5-1）。此样式较好地保持了畲族传统服装的特点，是畲族传统服饰保存较为完好的例证。大襟装是除了罗源等地外畲民外的普遍着装形式，清政府的强令改制服装是畲族大襟装出现的直接原因。大襟装可分为两大类：一类是襟角处有不同形式的绣花装饰（有服斗型，例见图 5-2）。对襟角处的图案，畲民将其解释为乃是传说中高辛皇帝赐封的一半御印，御印另一半属于三公主，以此作为相认的印记。该类型根据地区的不同分为三种样式，详见表 5-2，其中福鼎式襟角处的装饰纹样面积最大，区域从襟角处到上衣的正中线，这种襟角的特别之处在于领子是复领以及右边大襟有两条红飘带，红飘带据说是高辛帝送给女儿象征永远幸福平安的护身物。另一类只是顺着襟边有相应的装饰（无服斗型，例见图 5-3），详见表 5-2。该类型所处地区经济较落后，故衣服极为简朴、装饰简单，光泽、泰顺、景宁等一些经济相对不发达地区的女服款式属于这类。此种款式从形式与装饰上已难以发现与凤凰文化符号的关联，然仍被当地畲民称之为凤凰装，因此，这一称呼更多体现的是畲族人民的凤凰情结，凝结着畲族人民对祖先真挚的情感。

图 5-1 民国时期罗源畲族女花衣款式图

图 5-2 民国时期福鼎畲族女花衣款式图

图 5-3 清代浙江泰顺畲族女花衣款式图

表 5-2　畲族女子上衣款式图对照

<table>
<tr><th colspan="2">名称</th><th>形制式样</th><th>流行地域</th><th>收集时间、地点及款式特点</th></tr>
<tr><td colspan="2" rowspan="2">交襟装</td><td></td><td>福建罗源、连江、闽侯、古田、福州及宁德等地及广东潮安、江西铅山等地</td><td>民国时期罗源式，黑色右衽交领，两旁开深衩，后裾长于前裾。现代款式胸襟的花边占据衣服的2/3以上</td></tr>
<tr><td>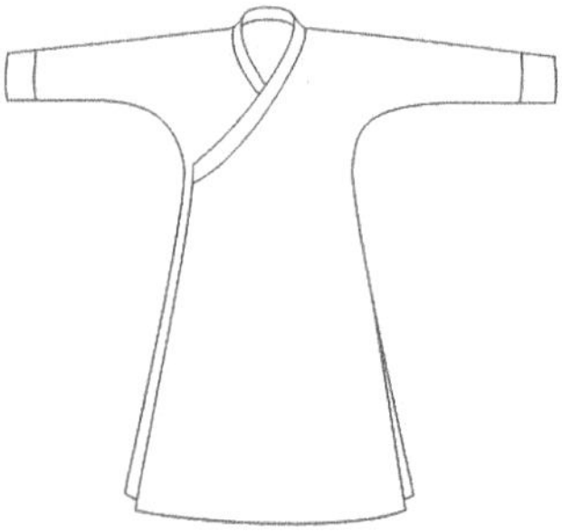</td><td>浙江景宁</td><td>光绪年间，蓝色右衽交领、衣长过膝（据《畲客风俗》魏兰绘图畲民装扮所绘制）</td></tr>
<tr><td rowspan="3">大襟装</td><td rowspan="3">有服斗型</td><td>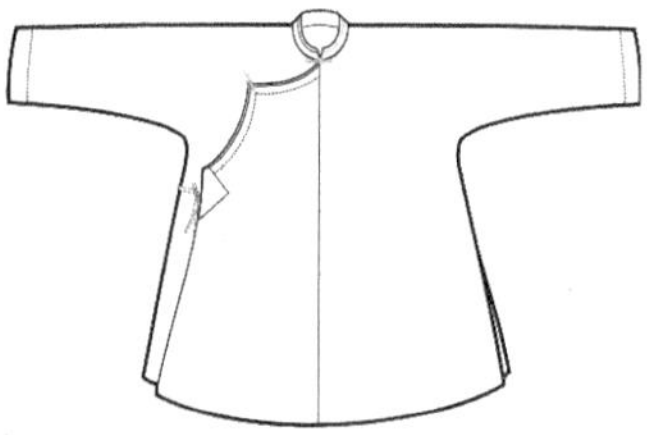</td><td>福建福安、宁德</td><td>清代福安式，大襟右衽，矮领、直角式襟角，襟角绣三角形红布装饰</td></tr>
<tr><td></td><td>福建霞浦西路、福安东部</td><td>民国时期霞浦式礼服，大襟右衽，斜式襟角，前后裾等长，按花纹多少分为“一红衣”“二红衣”“三红衣”，可两面反穿</td></tr>
<tr><td>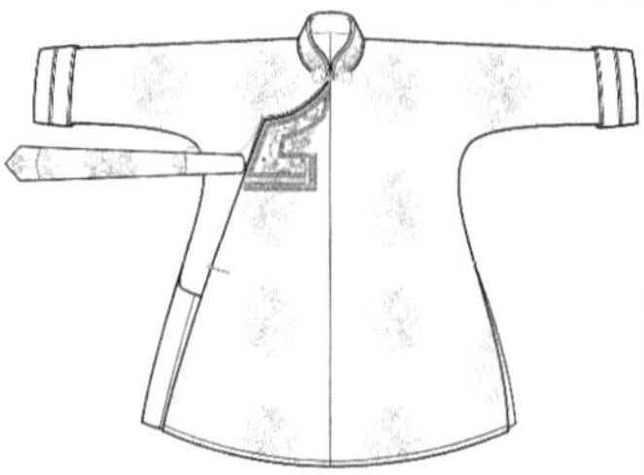</td><td>福建福鼎、霞浦东路、平阳、泰顺、瑞安、苍南</td><td>民国时期福鼎式，款式为高领、大襟、右衽，领口有黑色绲边，前襟短，后襟长，领为复领，有大小领。领口饰两颗红绒球，盛装款右边大襟有红飘带</td></tr>
</table>

续表

名称		形制式样	流行地域	收集时间、地点及款式特点
大襟装	无服斗型		福建光泽	清代光泽式，大襟，右衽，襟边、袖口有配色装饰，无绲边和绣花
			浙江泰顺	清代泰顺式，大襟，右衽，有领子，领部与襟边装饰银制薄片
			浙江景宁	景宁式，大襟，右衽，五彩条饰襟边
			浙江丽水、江西吉安等地	丽水式，大襟，右衽，衣长过膝，月白色饰襟边

畲族服饰样式的变化与畲族的环境变化和历史迁徙密切相关，在时代更迭中，畲族服饰一部分衍生出新的类型，一部分则在历史中消亡。清代与民国时期的文献表明，畲族女子原多着裙装，民国时期有些地区改穿裤装，所以前文中提到的着裤装的式样更多是民国后期才出现的样式。

交襟装是较早的服饰类型，其所包含的4种款式随着历史的变化而有相应嬗变，基本是同一地区不同时期的穿着方式。最早为交襟裙装式，是清代罗源地区畲民的日常穿着。稍后则转变为交襟短裤绑腿式，清代后期与民国时期的日常穿着，而婚服还保留着交襟裙装的方式。交襟长裤式则是后来畲民日常穿着逐渐由裙改裤后的新的穿着方式，婚服也仍然保持交襟裙装式。交襟长裤绑腿式仅在《畲客风俗》中有所载，在田野调查及博物馆的实物中均未查到此种装扮。大襟装是清代产生的服饰类型，分布地域广，迄今畲民分布的大多数地区都是这种形制，多数地区的婚服为大襟裙装式，漳平、华安、长泰、漳浦、景宁等少数地区也作为日常穿着。其中，大襟短裙绑腿式与大襟短裤绑腿式十分罕见，前者仅福建顺昌、后者仅江西南康的畲族妇女中有此装扮。大襟长裤绑腿式仅在早期的福建霞浦有出现，裤子多为半长裤，绑腿做袜子用。大襟长裤式作为后期的样式出现，被广泛穿着，尤其是中华人民共和国成立后，大部分地区都改为此种穿着形式。

在装饰上，畲族女子上衣除服斗外，领部也喜好绣花，这是畲民对历史记载的"衣斑斓""布斑斑"的理解与阐释，是对"衣斑斓"传统的继承。光泽、泰顺、景宁等地的大襟装与汉族的大襟装差别较小，体现畲族文化特色之处在于顺着襟边的彩条饰边，如景宁的襟边装饰就是5条彩色饰边，与历史记载的"好五色服"相对应，是对传统服饰元素的传承。此外，畲族女子上衣的式样基本上是与该地区畲民的经济状况相适应的，经济条件较好的地区服斗处的刺绣装饰相对较多，经济条件较差地区的女子上衣仅顺着襟边进行简单装饰，罕见刺绣。可见，经济因素是畲族服饰产生变化的重要影响因素之一。

综上所述，畲族服饰类型虽存在着一定差异，但从服饰结构及整体呈现角度来看，并不存在根本区别，交襟装与大襟装有着密切的内在联系，也反映了不同地区畲族服饰的内在渊源。时日久远，我们今天所见到的服饰实物已经是受各因素产生的辐射变异所导致的结果，其中服饰的历史演变由于留存实物的稀少更难寻找其演变过程的轨迹。

第二节　畲族服饰结构与工艺分析

畲族服饰结构趋向于中国古代平面式裁剪法的结构，此类服装板型较稳定，具有分割裁剪线简单的特征，服装线条多为直线状，表现出平直方正的外形特征，因此，主要依靠改变服装款式的长短宽窄、上下衣裤（裙）的组合方式及内外穿着层次来变化造型。整体上看，畲族服饰的结构、工艺具有与汉族相似的特点，反映了其在结构、工艺方面受汉族涵化。

一、畲族男子服装结构与工艺分析

1. 清代福安畲族男钱褡

钱褡是畲族男子的着装，据文献记载，霞浦畲族男子出门做客就穿钱褡。这里选取的清代福安畲族钱褡为福建省博物院藏品，品相较好。此清代福安畲族男款钱褡衣长 63.5 厘米，肩宽 38 厘米，下摆宽 64 厘米，全件内衬里布，故衣身厚实平整，耐穿耐磨，无外露缝位，规整且统一。其款式为中间开襟，两边腰间备有口袋，由 12 片面布裁片、与其相应的 12 片里布裁片及 10 粒铜质纽扣组成。

此男款钱褡基于典型背心样式：无领、对襟、圆弧下摆（图 5-4）。钱褡缝片所用面料与衣身一致，型同“口袋”的样式，集功能性与装饰性为一体。该款服装的面布为蓝色土织布，里布为白布，裁片规格基本一致，分别为：前衣身 2 片、后衣身 2 片、侧衣片 4 片、钱褡片 4 片（图 5-5）。侧衣片的运用使服装结构更加贴合人体曲线，衣身轮廓感更强。此款为无领设计，在后领深处下移一定尺寸，使其贴合颈部结构，着装更加服帖、合体。钱褡由 4 片蓝色土织布缝缀而成，面部用刺绣装饰区分块面，还配有圆形铜质纽扣，就如同一个个带袋盖的口袋一般，既有实用价值又有装饰作用。衣身装饰以刺绣为主，用“蝇脚纹”几何纹样装饰于衣襟、袖笼以及钱褡片上，特别是衣身正面的横装饰线

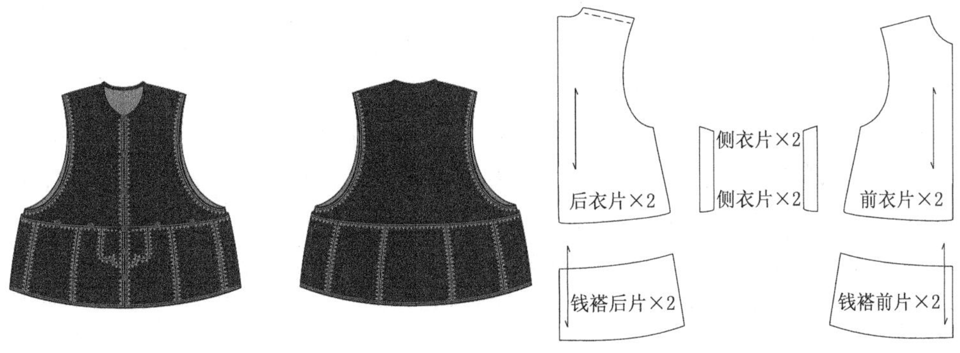

图 5-4 清代福安畲族男钱褡正、背面款式图

图 5-5 清代福安畲族男钱褡板型图

的下方有向下约 5 厘米的纵向与弧形装饰线，形似一个倒的房门造型，起画龙点睛的装饰作用。整体款式造型简洁、质朴，体现了福安畲民巧妙的服饰结构设计。

此款钱褡充分结合平面裁剪与立体裁剪技艺，于平面的衣身结构上外接立体、活动的钱褡片，结构设计新颖且具有很强的实用性，是畲族服饰特色的代表，具有较高的研究价值。其具体缝制工艺如下：分别缝缀好衣身面布与里布，缝缀好面布、里布并完成刺绣装饰的钱褡片；将衣身面布与钱褡片在衣襟前中、侧缝、后中以及下摆处缝缀在一起，再接上衣身里布；衣身在领子处收口，用面布包缝一周，完成完整的衣身制作；最后完善衣身刺绣装饰。由此我们能看出福安畲民在长期的服装制作过程中，在平面制版中融入先进的现代立体裁剪理念，不断积累经验，体现了其不凡的服装制版技艺。

2. 民国时期霞浦畲族男马褂

图 5-6 中的民国时期霞浦畲族男马褂，衣长 50 厘米，两袖通长 145 厘米，袖口宽 21 厘米，下摆宽 61.5 厘米。其板型由 5 片面布裁片、与之相应的里布裁片以及 5 粒盘扣组成。全身面料均为土织布，面布为黑，里布为蓝，裁片规格基本一致，分别为：衣身 2 片、袖口片 2 片以及领片 1 片（图 5-7），共同构成了以肩线为横轴，以前后中线为纵轴的“十”字形平面结构，整体造型均衡匀称、对称规整。其虽呈现典型的“十”字形平面结构，但并非全直线裁剪。侧缝外弧与下摆圆弧形成了燕尾型下摆，基于对襟、立领的庄重服装形制，使其于厚重朴实之中不失灵动，从而增强服装的装饰性。

该马褂为黑色对襟长袖马褂，小立领，前后裾等长，圆弧下摆，蓝色里子。其衣身短小，约及腹部，全身下摆处开三衩于左右衣侧及后中，加之侧缝外弧，以增加腹部活动量。袖口处有明显断缝，或因受限于面料幅宽而采用拼接的方法。其总体样式与汉族马褂基本无二，由此可见畲族男装涵化程度之高，但亦不失民族特色，如蓝色里布的设置就具有显著的霞浦畲族服装特征，且与面布用色不同，通过开衩可呈现服装的色彩对比，增强服饰的美感。全件内衬缝制里布，故衣身厚实平整，耐穿耐磨，无外露缝位，且面布无多余装饰，整体形制规整统一。其具体缝制工艺如下：分别缝缀好衣身面布与衣身里布；将衣身面布与衣身里布缝缀在一起，内收缝位，形成完整的衣身结构；然后接上领子收口，最后缝上扣子即可。

图 5-6 民国时期霞浦畲族男马褂

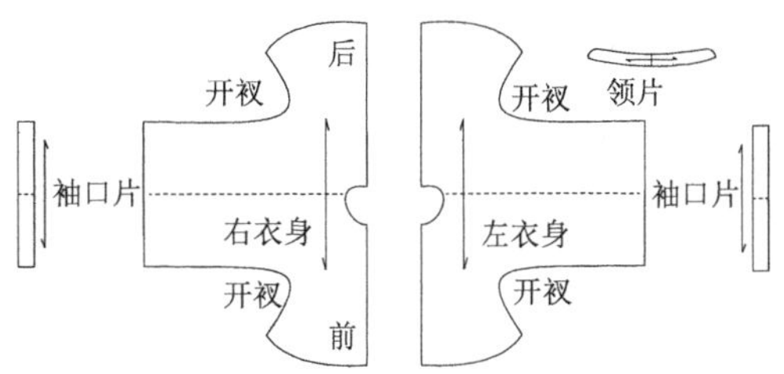

图 5-7 民国时期霞浦畲族男马褂板型图

3. 民国时期霞浦畲族男婚衣

图 5-8 中的民国时期霞浦畲族男婚衣为黑色右衽大襟长褂，窄长袖，小立领，领口有扣，斜式襟角，襟有 5 粒盘扣，两旁深开衩，前后裾等长，里子为湖蓝色。其衣长 123 厘米，两袖通长 179 厘米，袖口宽 17 厘米，下摆宽 82 厘米。其型同汉族长褂，呈现右衽大襟形制的“十”字形平面结构，整体造型规整统一。衣身由 6 片面布裁片、与其相应的里布裁片及 8 枚布纽扣组成，其中面布裁片分别为衣身 2 片、右前襟 1 片、袖口片 2 片以及领片 1 片，共同构成了这款男婚衣的基本衣身结构（图 5-9）。

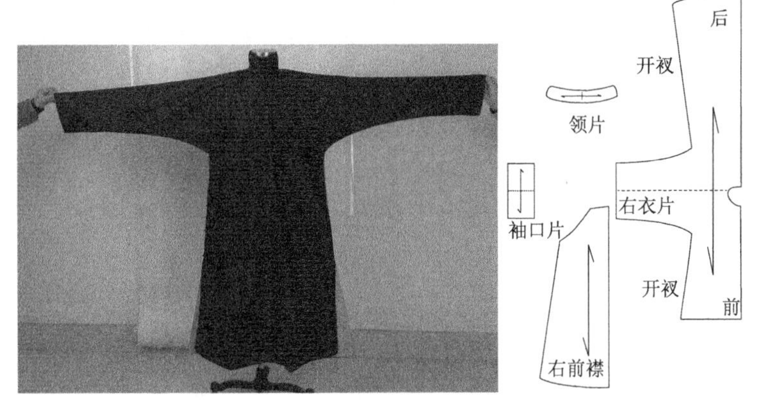

图 5-8 民国时期霞浦畲族男婚衣
资料来源：笔者摄

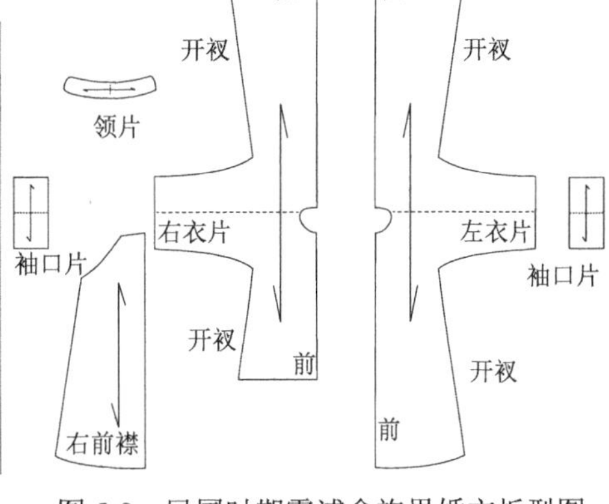

图 5-9 民国时期霞浦畲族男婚衣板型图

该婚衣衣身细长，长约及小腿处，衣侧深开衩，以增加下摆活动量，便于行走。而右侧里襟长度仅及腰腹，此种设置一方面或出于节约面料的考量，另一方面则是出于功能性的考量，以方便行动。袖口处有明显断缝，应是受面料幅宽的限制。全身面料均为土织布，面布为黑色，里布为蓝色，裁片规格基本一致；整件缝制内衬里布，故衣身厚实平整，轮廓造型稳固，耐穿耐磨，无外露缝位，规整且统一。其蓝色里布的设置具有显著的霞浦式畲族服装特征。除此之外，因面布与里布用色不同，通过开衩呈现色彩对比，又具有一定的色彩调节装饰作用。

该男婚衣通身无多余装饰，风格简约质朴。其具体缝制工艺如下：分别缝缀好衣身面布与衣身里布，依次缝合袖口片与衣身，左右衣片前、后襟，最后是袖下与侧缝；再将衣身面布与衣身里布缝缀在一起，内收缝位，形成完整的衣身结构；然后接上领子收口，最后缝上扣子即可。

二、畲族女子服装结构与工艺分析

畲族女子上衣虽然分为交襟衣与大襟衣两种，但畲族聚居的大多数地方，畲族女子上衣都为大襟衣。大襟衣又称斜襟衣，是因为左右两襟大小不一，大襟将小襟掩盖而得名。一般多为左襟大、右襟小，穿时左襟将右襟掩盖上后用纽扣系结于右胸上侧及腋下。[1] 大襟衣的裁剪是采用平面而宽大的裁剪方式，虽然这种平面裁剪无法表现身材线条，不过在折叠收藏方面却很容易。传统的大襟衣因为布幅较窄，所以衣身部分用两幅布的面宽相接，衣袖及下摆两角另外剪接，缺点是缺乏机能性，因为袖子的裁剪形态为连袖，而且在肩膀接缝处无连线，其缝合线是在衣身的前后中心以及肋下处，所以袖子必须十分宽大，否则手臂抬高过肩就非常不便。畲族女子上衣有无领的，也有高领的，但多为 2 ～ 3 厘米高的立领。多在领、襟、袖口等容易磨损或脱纱的地方加以装饰，除了增加牢固度外，也具有突出装饰性及衬托服装的外轮廓等功能。衣身长度至臀部下，也有长至过膝的，衣身宽度较窄。肋边的裁剪，上胸围较合体，下胸围至下摆呈“A”字形展开，肋边及下摆展开的斜度有所不同。

1. 清代浙江泰顺畲族女花衣

图 5-10 中的清代浙江泰顺畲族女花衣由 8 片裁片、9 片贴边、13 块圆形铜饰以及 5 枚铜扣头布纽扣组成。衣身为黑色，装饰主要集中于前襟与领片处，前襟呈现圆弧角式襟角，边缘滚以白边，并向内依次缝缀紫色细条编织锦带、红绿编织条、白色布片、红绿编织条、米黄色细条编织锦带以及点缀红绿色纹样装饰的米白色编织锦带，最后再缝缀 7 片相似纹样的圆形铜饰。领片上缘饰以手缝色线针脚纹样，下缘饰以红绿编织条，中间位置装饰 6 片相似纹样的圆形铜饰。整体风格质朴典雅，用色含蓄又不失美感。

[1] 刘军 . 中国少数民族服饰 [M]. 北京：中央民族大学出版社，2006：32.

衣身分别由左右衣身片、右前襟、左右袖片、左右袖口片及一片独立领片共 8 片裁片构成右衽大襟形制的“十”字形平面结构（图 5-11），整体造型均衡匀称、对称规整。衣身面料以黑色土织布为主，衣侧两旁深开衩，内侧衬以白色贴边，稳固结构。左右袖子各有两处明显断缝，且两侧位置对称，或出于面料幅宽的限制，或巧妙利用边角余料，最大限度地提高面料的使用率，这都体现了泰顺畲民“物尽所用”的“惜物”观。而其右侧里襟约及腰腹的长度设置，一方面或是出于“惜物”观的考量以节约面料；另一方面则是为了行动便利，是出于功能性的考量。

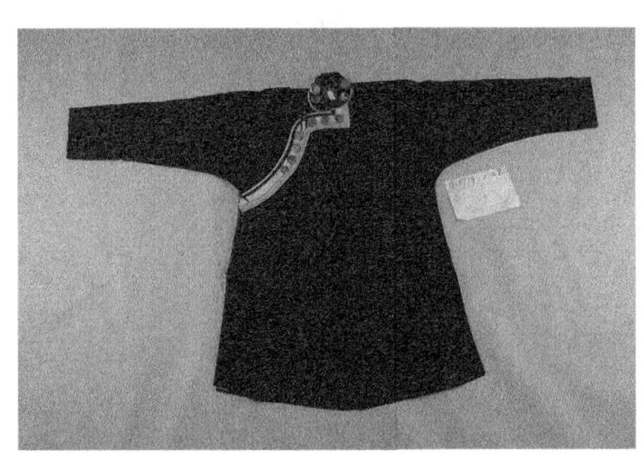

图 5-10 清代浙江泰顺畲族女花衣

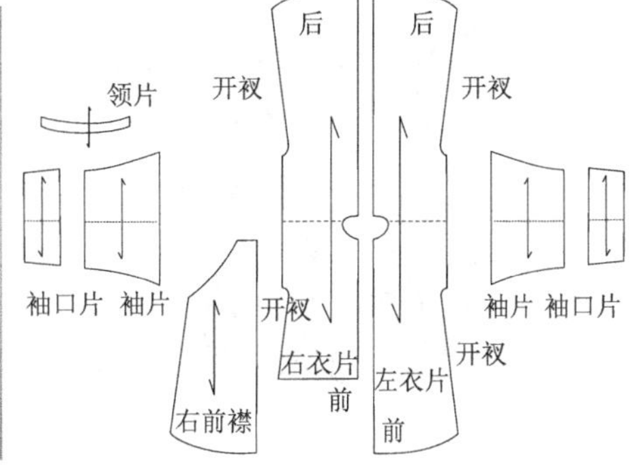

图 5-11 清代浙江泰顺畲族女花衣结构图

全身共使用 9 片贴边，分别为 4 片侧缝贴边（包含开衩）、2 片袖口贴边、2 片袖下贴边以及 1 片肩托。贴边的运用对服装轮廓造型的塑造与稳固亦有着十分重要的作用，既能增加服装造型的稳定性，如侧缝贴边、袖下贴边，又能增加服装的耐磨性，如肩托、袖口贴边。除此之外，还具有一定的装饰作用，如开衩处贴边的运用，即侧缝贴边，穿着时若隐若现，又因色彩与衣身不同而具有一定的色彩调节装饰作用。

女花衣的缝制工艺流程如下：先将 2 片衣片的后襟缝合，再将右前襟与衣片相连；接着缝合袖口片、袖筒以及侧缝，然后将所有贴边缝于对应的位置，将毛边包裹，无法直接内收毛边的边缘多采用手缝藏针法内收毛边；接着安装领子，形成该款女花衣的整体样式；最后再在面上缝上各类编织锦带、圆形铜饰及铜扣头、布纽扣等装饰物即可。

2. 民国时期罗源畲族女花衣

图 5-12 中的民国时期罗源畲族女花衣为黑色大襟交领式，两旁深开衩，后

裾长于前裾，衣衩内缘滚白边，通身无扣，仅在右衽襟角有两条白色系带。胸部左右两襟各有一块半圆形装饰用的扁银片，上捶牒凤纹。前后领口、两襟、袖端饰宽大的花边，由内到外装饰各色机织锦带、黑底各色丝线绣缠枝花卉，宽大的白色蕾丝花边，装饰的花边为黑衣增添绚丽的色彩，再配上与之颜色相近的拦腰，整体穿着效果美观大方（图 5-13）。其板型一共由 7 片裁片、10 片贴边、2 组绑带组成，其中 7 片裁片分别为左右衣片、左右前襟、左右袖片以及 1 片独立后领片（图 5-14）。10 片贴边分别为 2 片斜襟贴边、2 片袖下贴边、2 片开衩贴边、2 片下摆贴边、1 片后领垫片及 1 片肩托。

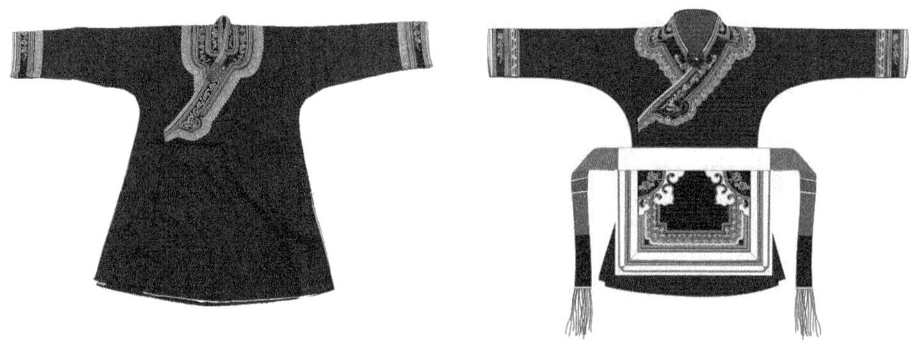

图 5-12　民国时期罗源畲族女花衣　　图 5-13　民国时期罗源畲族女花衣搭配拦腰效果图

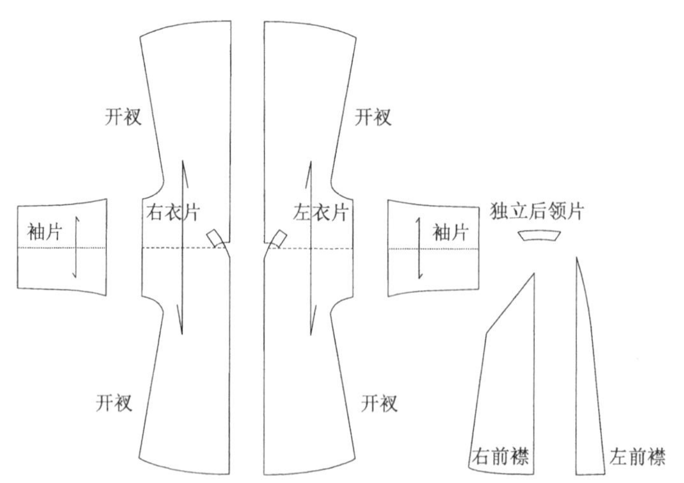

图 5-14　民国时期罗源畲族女花衣板型图

该款女花衣的工艺难点在于交领的裁剪与制作。在裁剪时，先裁出后领底形状与部分前领，各留毛边（图 5-15）；后再垫上一块同款面布，裁出剩余部分

独立后领，留毛边（图 5-16）。该款女花衣的缝制工艺流程为：将 2 片衣片的后襟缝合后，将左右前襟与衣片相连；再缝合上独立后领，完成交领的缝制工作；接着缝合袖片、袖窿以及侧缝，衣片的缝合均使用包缝法，如此，女花衣的整体款式就制作完成；然后在内里缝上各种贴边、绑带以及肩托等，收边采用藏针法；最后再在面上缝上各类刺绣、蕾丝花边以及扁银片等装饰物。

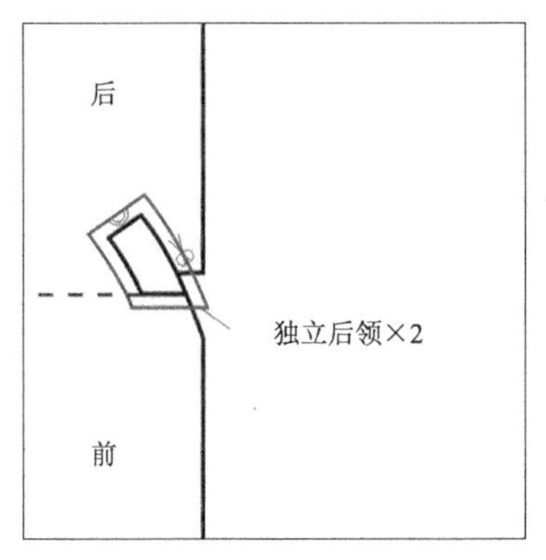
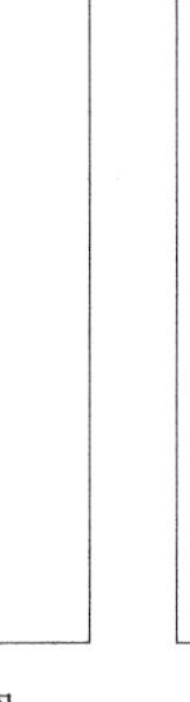

图 5-15　领子细节裁剪图

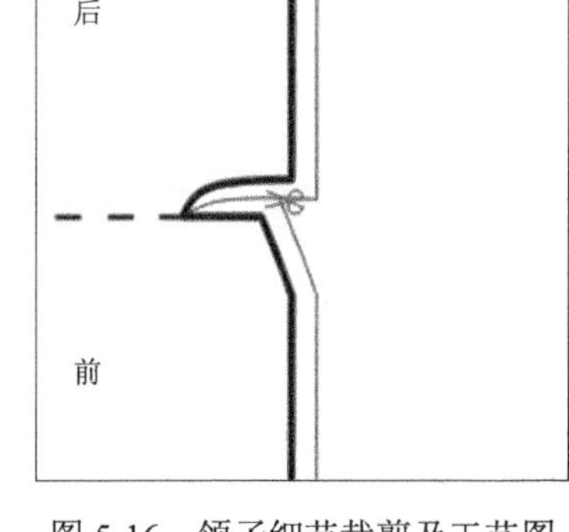

图 5-16　领子细节裁剪及工艺图

3. 民国时期福安畲族夹背心

图 5-17 中的民国时期福安畲族夹背心为黑色织贡缎面、布里子，对襟、小立领、圆弧下摆、两旁开衩。领子一圈绣多层齿状纹间隔彩色条道，中间绣花卉纹，用色丰富。袖笼下方钉扣绊，对襟中间钉方形银片扣，其上下各 2 枚布盘扣，以铜扣作扣头。衣长 76 厘米，肩宽 42 厘米，下摆 65 厘米。板型由 7 片面布裁片、与其对应的里布裁片及 5 粒圆形铜扣头纽扣，外加 1 组方形银片扣组成。面布为黑色织贡缎面，里布为黑布，裁片分别为衣身 4 片、侧衣片 2 片、领片 1 片（图 5-18）。该背心整件缝制内衬里布，故衣身厚实平整，耐穿耐磨，无外露缝位，规整且统一。

该背心整体呈现为小立领、对襟无袖、圆弧下摆、两侧深开衩、前衣长略短于后衣长的款式结构特征。而其最具特色的款式结构是连接前后衣片的矩形侧衣片的运用，此种设计充分考虑了人体的侧面维度，转二维平面结构成三维立体结构。加之侧衣片短小，使得身侧出现了大面积开衩，加大了服装的活动性。其前衣长略短于后衣长的设置亦是同样的道理，以不阻碍双脚活动，方便着装者行走、劳作。衣身装饰主要集中在领子与纽扣处。领子用色丰富绚丽，以刺绣技法在领子上缘绣两圈犬牙纹样，间隔彩色条道；中间主体部分集中绣制各色连续花卉纹，下缘再绣一圈犬牙纹样；并于衣身领围处依次绣一圈彩色条道、一圈立体鳝鱼骨绣及一圈犬牙纹样，色彩与领子用色相似，穿着时就如同颈部装饰一般。而该款背心衣扣的设计亦十分别致，5 粒铜扣头纹样繁复不一，并于布制纽扣上加以刺绣装饰；外加 1 组纹样精细的方形银片扣。整体服装装饰纹样繁多，精致秀美，多于节日庆典之时穿着。

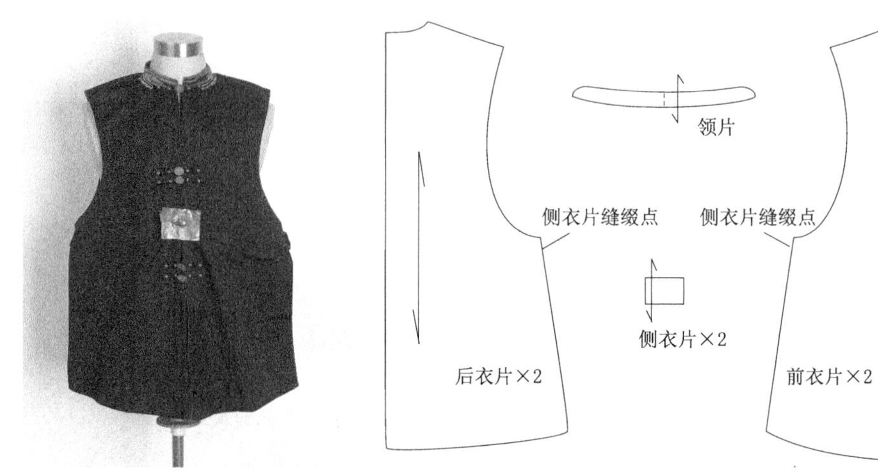

图 5-17　民国时期福安畲族夹背心　　图 5-18　民国时期福安畲族夹背心板型图

该款服装以基本的背心款式为原型，采用基础的矩形侧衣片，进一步深入发展了畲族服饰在服装结构设计上的非凡技艺，使服装造型更加立体，贴合人体结构。其具体缝制工艺步骤如下：分别缝缀好衣身面布、衣身里布及矩形侧衣片，将衣身面布与矩形侧衣片缝缀在一起，再接缝上衣身里布，内收缝位，形成完整的衣身结构；然后接上领子、缝上扣子；最后完成刺绣装饰即可。

4. 民国时期福安畲族女裤

畲族女裤为畲族妇女的日常着装，款式与汉族基本一致，许多地区的畲族群众也把传统女裤称为汉裤，畲族女裤的样式及制作方法和汉裤基本一致，都是深裆阔腿、无门襟、无口袋样式，不分前后裆。[1] 畲族女裤腰头部位常呈现不同颜色，出于节约面料的原因，且上衣长度遮盖住裤腰部位，故用零碎的剩余面料来制作腰头，体现了畲族勤俭节约的民族性格。图 5-19 所示为民国时期福安畲族女裤，现藏福建省博物院，裤长 79.5 厘米，裤腰长 50.3 厘米，宽 12.8

[1] 俞敏. 近现代福建地区汉、畲族传统妇女服饰比较研究 [D]. 江南大学，2011：11.

厘米，裤裆深45.5厘米，裤腿宽29厘米，腰头布为黄色，从图5-20所示的款式图中可以明显看出其结构特点。图5-21所示为民国时期罗源畲族女短裤，比图5-19的裤子长度稍短，且从图片中可以发现其腰头布为蓝色。从这两款女裤可见畲族节约的民族特点。该款裤型总体呈现“拼裆裤”结构样式，由2片裤腿片、各2片的大小裤裆片、2片裤头片共8片裁片组成（图5-22）。裤身无多余装饰，整体风格朴实简洁。

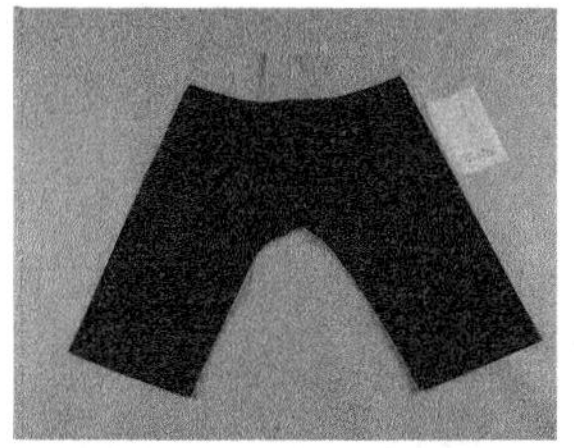

图5-19　民国时期福安畲族女裤

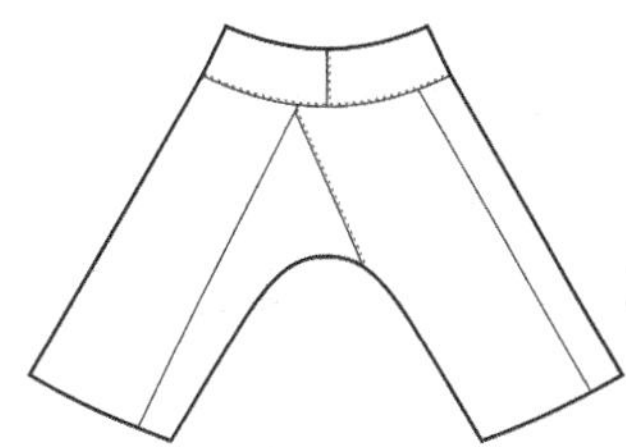

图5-20　民国时期福安畲族女裤款式图

图5-21　民国时期罗源畲族女短裤

该款裤型肥大，穿着时一般将多余面料于腰部两侧向内叠合，并借助独立腰带缠绕、固定于腰部。裤头前后中缝断缝；裤腿宽大，外侧缝连裁，内侧缝断缝与大小裆片依次相连；大小裆片的设置充分考量了人体裆部维度，有足量的裆部活动空间。当裤腿平铺展开时，裤头中间堆积面料，而当穿着时，裤头两边向下，使得裆部堆积大量纵向褶量，获得裆部活动空间，而这取决于其裁片的最宽维度的设置，并通过缝制技法的运用，转直纱为斜纱，利用面料的伸缩性加大裆部活动量。其缝制工艺较为简便，将裤腿片与大小裆片依次缝缀，再缝上腰头即可。

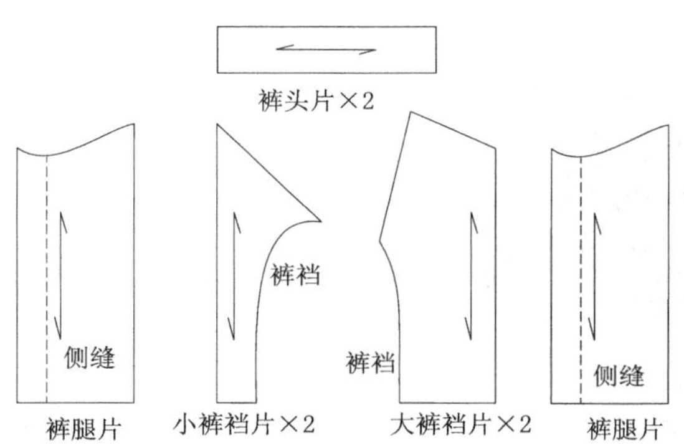

图5-22　民国时期畲族女短裤板型图

5. 民国时期罗源畲族女裙

图5-23中的民国时期罗源畲族女裙为畲族的传统短裙，裙子展开为一片式，窄腰带，两端钉布扣可穿带，前开口可叠压，蓝色土织布缝制，腰带布的色泽微有区别，两边带耳。裙腰围96.3厘米，宽5厘米，裙摆围108厘米，裙长65厘米。裙身从边向里30厘米处左右各打一褶（两侧微弧收打折）。下摆处2厘米宽处绣五色边，五色边上面绣着16条间隔匀称的红色条纹组合，中间一条较长，约9厘米，长条两边各有一条长约7厘米的红色条纹。条纹间刺绣着红白相间的虎牙状花纹，故当地畲民称之为虎牙裙。裙子下摆用红绿色丝线绣织条带花边及三直线与锯齿纹相间装饰。女裙的彩边均为1毫米宽的红色与白、黄、蓝、绿各色相间的压边，裙上的彩边是实线绣成。该款女裙腰头处采用两种布拼接而成，可见是因为布不够而用另外一块布拼接，体现了畲族节俭的特点。

民国时期罗源畲族女裙由8片裁片组成，分别为：裙身4片、腰带2片、布襻2片（图5-24）。裙身由4片等大蓝色土织布依次缝缀形成“一片式”裙身结构，仅在裙身两侧对称位置各打一活褶，类似于收身的功能，缩小臀腰差，使女裙更贴合人体，又具有一定的装饰性，穿着效果符合人体特点（图5-25）。腰带两侧缝以同色布襻，用以承载独立腰带固定系扎裙子之用。裙身装饰主要集中在裙摆下缘处，这也是畲族女裙的普遍共性之一。裙下摆处装饰多组刺绣花边图案，花边上端顺裙周边隔一定间距刺绣中间高、两侧低的3组红色条纹（图5-26），并在红色条纹间刺绣红白相间的几何形虎牙纹，整体造型质朴、典雅。穿着时围绕于腰部，用独立腰带穿过布襻系扎于身后加以固定，右片盖于左片上，呈现类似“H”形的外轮廓造型。

图5-23　民国时期罗源畲族女裙

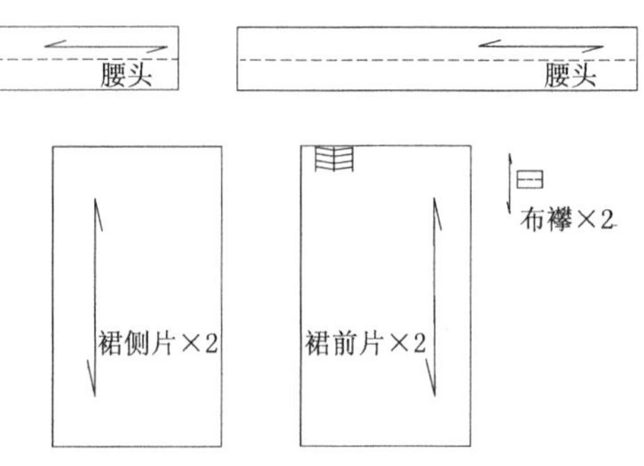

图5-24　民国时期罗源畲族女裙板型图

图 5-25 民国时期罗源畲族女裙穿着效果图

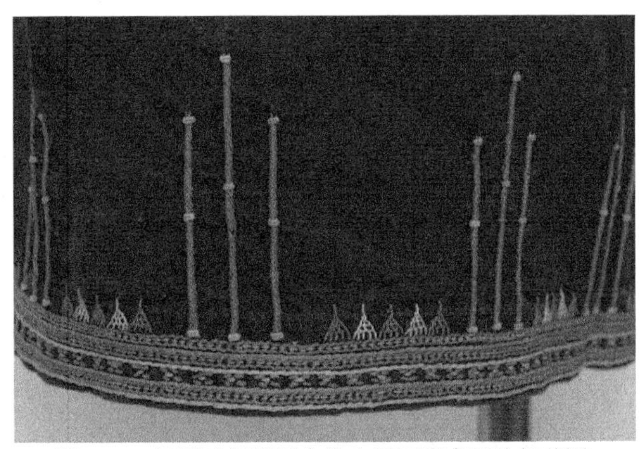
图 5-26 民国时期罗源畲族女裙下摆虎牙纹细节图

该款女裙呈现典型的平面式围裹结构，以平面裁剪为主，缝制工艺也较为简单。取 4 片合适长度的土布，依次缝缀，并于裙身两侧对称位置各打一褶（褶量相等），再接上腰头、布襻，裙下摆向内折边收口，最后再在裙摆处施以刺绣装饰。

6. 清代福鼎畲族女裙

图 5-27 中的清代福鼎畲族女裙，裙身由 6 片黑色土织布与 8 片同面料插片组成，裙长约 90 厘米（含腰头）。根据当时的服装工艺器材发展状况推断，该女裙裙长为整个布幅长度，故可称之为“幅布裙”。幅布裙样式体现了畲民物尽所用的“惜物”观，尽可能地保持面料完整性，提高面料的利用度。而该款式造型的独特之处在于裙前开衩，左片盖右片。此种设计是为了便于行走、劳作，因其裙长及踝，若无开衩则行动十分不便。这也体现了畲民在服装制作之初对服装功能性的考量。裙侧梯形插片的运用亦极具特色，配以身侧收褶，充分考量了人体下肢结构特点及服装穿着效果，缩小臀腰差，扩大下摆活动量，使得服装更加贴合人体，且轮廓造型显著（图 5-28）。裙身装饰以贴绣为主，且集中在裙摆中下方，用湖蓝色布条与白色锦带以贴绣形式缝缀成竖条纹与类似“城垛”的几何形图案装饰，整体造型古朴、雅致。穿着时，用织带于腰部围绕系扎固定于身后（图 5-27 只有一条织带，另一条或因年代久远已脱落），左片盖于右片上，整体呈现扇形轮廓造型，再配以裙前开衩、裙摆装饰，着装者行走起来灵动飘逸。

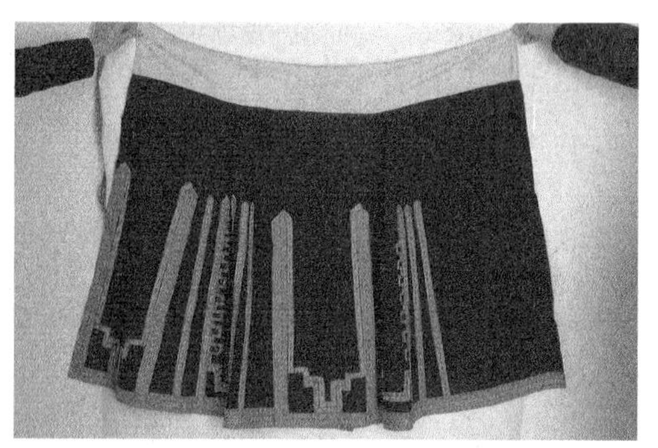

图 5-27　清代福鼎畲族女裙展开图

图 5-28　清代福鼎畲族女裙穿着效果图

该女裙由 16 片面布裁片与若干片里布裁片组成。面布裁片分别为裙身 14 片、腰带 1 片、织带 1 条（图 5-29），里布裁片主要是裙身，板型、裁片数与面布裙身略有出入，但所用面料相同。因裙身由面布与里布组成，故整件女裙无外露缝位，整体且统一。其具体缝制工艺如下：各取 7 片全幅长黑色土织布，依次缝缀，并于裙身两侧对称位置打褶（总褶量相等），再与里布缝缀，形成完整的 2 片左右裙身；然后于裙前开衩起点处将左右完整的裙身片缝缀在一起，左片盖右片；再接上腰头、织带，最后在裙摆处施以贴绣装饰。

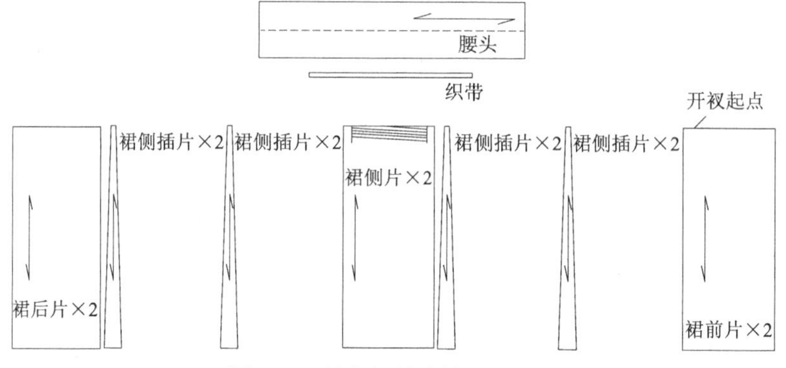

图 5-29　清代福鼎畲族女裙板型图

该幅布式女裙亦呈现平面式围裹结构，其独特之处在于裙侧梯形“插片”的运用，大有平面转立体的理念，亦体现了福鼎畲民杰出的服装设计思维。

7. 民国时期光泽畲族女裙

民国时期光泽畲族女裙整体呈现一片式围身裙样式（图 5-30）。穿着时，围绕于腰部，用独立腰带穿过布襻系扎于身后加以固定，左片盖于右片上，呈现流畅的“H”形外轮廓结构。该女裙呈现典型的平面式围裹结构，以平面裁剪为主，但其充分利用面料自身的性能，通过工艺处理，使女裙结构更加符合人体结构（图 5-31），这是其创新所在。该裙由 7 片裁片组成，分别为裙身 4 片、腰带 1 片、布襻 2 片（图 5-32）。裙身由 4 片等大黑色土织布依次缝缀形成一片式裙身结构，在裙侧缝位两侧各打 4 个规则的细褶，共 8 个，此数量有着"吉祥如意"的寓意，统一倒向侧缝，且在离腰头约 10 厘米处用手缝针加以固定，使褶量规整美观又贴合人体。腰带与布襻为同款白色面料，均以手缝的方式收边缝缀。裙身装饰部位与大多数畲族女裙类似，主要集中在裙摆中下方。该裙采用贴绣技法加以装饰，用红白格子斜条贴饰一圈高低不一的城垛式图案。值得一提的是，城垛式图案中间黑色垫片采用斜纱面料制成，这应是斜纱面料更易塑型的缘故；且有断缝拼接的痕迹，这应是布料短缺或废料再利用的缘故。该裙摆下缘收边亦使用了斜纱包边，而这是利用了斜纱面料自身的伸缩性能与垂度感。

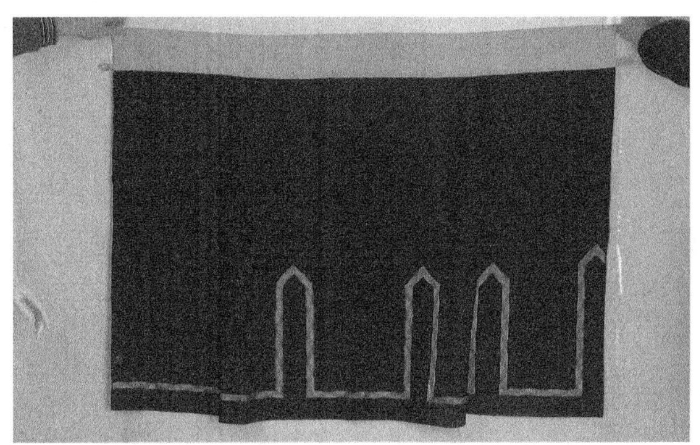

图 5-30 民国时期光泽畲族女裙展开图

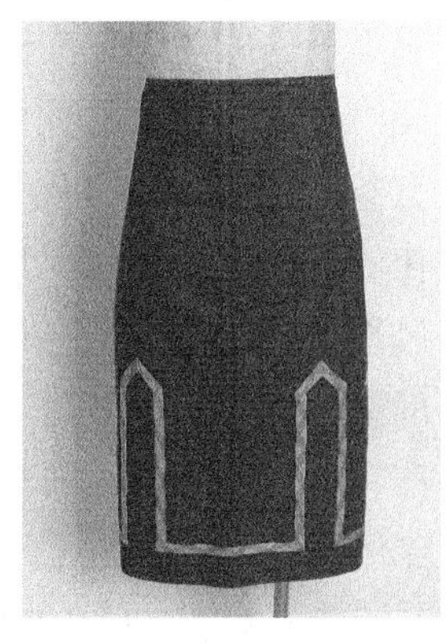

图 5-31 民国时期光泽畲族女裙穿着效果图

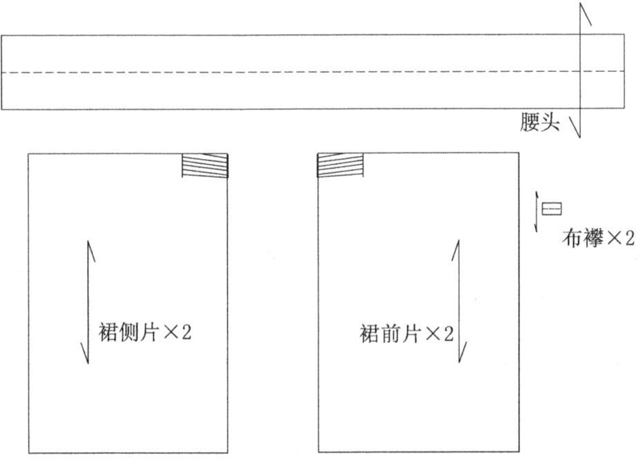

图 5-32 民国时期光泽畲族女裙板型图

第三节　畲族女子服饰中凤凰意象的装饰表现

畲族服饰是畲族自然条件、人文背景、传统观念、意识形态等方面综合作用的结果，它的作用并不停留在蔽体保暖等功能之上，还承载着畲族的历史、文化、习俗、审美等。人类学家早已证明，身体和服装的确是受其内在文化的影响。邓启耀认为，民族服饰“在一切皆可通灵传讯、一切都可以成为文化象征的乡土社会或口承文化圈里，犹如一种穿在身上的史书、一种无声的语言，无时不在透露着人类悠久的文化关系，传播着古老的文化信息，发挥着多重的文化功能”[1]。根据马歇尔·萨林斯的观点，服饰的语义有不同的层次：一套服饰以及它的穿戴场合在较高层次上陈述着社会的文化秩序；在微观层面上，一套服饰的构成决定了其话语的不同意义。[2] 畲族的女子服饰凤凰装凝结着畲族人民对于凤凰意象的图腾崇拜，其着装的整体装饰形象也与凤凰形象对应。凤凰意象是中国传统文化尤其中原汉文化的重要组成部分，清代后期至今，由于文化涵化的强大影响，加之凤凰符号的高贵寓意，使得畲族在图腾崇拜中强化了凤凰崇拜的部分，在服饰中表现为凤凰装视觉形式与凤凰形象的对应。凤凰装的装饰部位主要集中在以下几个部位：头部、颈部、胸前、腰间、手腕部、腿部、脚部。头部装饰对应凤凰的头部形象，颈部装饰与凤凰形象的颈部相仿，女子上衣胸前的襟边装饰类似于凤凰形象的前胸，腰部的拦腰形式装饰复杂，象征凤凰色彩斑斓的腹部，手腕装饰比拟凤凰张开的两翼，腿部和脚部装饰对应凤凰下肢形象。这种独特的凤凰美学意涵影响了畲族服饰的装饰特点。

一、头部

少数民族服饰的整体造型大多“重头轻脚”，畲族亦不例外。畲族大多居住于中国东南部，因天气湿热与经济因素，对足部的装饰重视较少，但对发式、头饰却刻意修饰。发式是从活动装饰到固定装饰的过渡状态，是服饰整体的视觉中心，也是人自身最重要的美化部位。畲族女子发式在装束中最为引人注目，体现出独特的民族风情。有的畲族聚居区的女子婚前把头发绕成圆形，婚后戴凤凰冠，通过发式的变化加以区别。因此，对畲族女子而言，头部的装饰特征

[1] 邓启耀．民族服饰：一种文化符号——中国西南少数民族服饰文化研究 [M]. 昆明：云南人民出版社，1991：3.
[2] 周莹．民族服饰的人类学研究文献综述 [J]. 南京艺术学院学报（美术与设计版），2012，(2)：125-131.

是其人生阶段的重要标识。畲族女子头饰的种类很多，各个聚居区不尽相同，在某种程度上，畲族女子头饰的差异程度甚至超过服装，即使在同一地方，发饰的不同变化也有不同的意味。国外很多学者亦注意到此种独特现象，如盖洛在其著作中就记载了畲族女子的发式，他观察到畲族妇女的头顶有流苏，当地人告诉他这种流苏不可改变，如果改变了就说明这个女人换了丈夫。[1] 武林吉的观察更为细致，他发现福州城区北面黄土岗和莲白洋两个畲族村落的妇女“显眼的头饰十分新奇……发簪由一根微小的木制、银制或牛角制成的锚状物穿过其边缘，顶部一直垂到肩”[2]。凤冠是畲族服饰中民族性最集中的体现之处，畲族凤冠样式多样且各有差异，但都以凤冠扮作凤凰状，是畲族凤凰崇拜的鲜明体现。发式上的多种样式是受到当地文化影响的结果，是发式被涵化的直接证明。这种涵化不仅表现为样式的不同，还表现出称谓的不同，有些样式与称谓已与凤凰崇拜有一定差距，如雄冠式和雌冠式，名称上的差异是畲族服饰涵化的又一例证。

（一）发式

地域不同，畲族传统女子发式亦略有差异。福州和宁德南路飞鸾镇一带的发式为“凤头髻”，福安和宁德大部分区域的发式称为“凤身髻”，福鼎和霞浦西路的发式为“凤尾髻”。闽南、闽西等地畲族女子发式也独具特色，如漳平、华安、漳浦、长泰等地畲族女子发式为“龙船髻”。顺昌畲族妇女以百根银簪或铜簪并配以红绳、料珠，装成“扇形髻”。20 世纪 70 年代后，大部分畲族青年女性都改梳与当地汉族女性相同的发式，只有少数偏远乡村的中老年畲族妇女仍保留传统发式。在重大节日或一些特殊场合，青少年女子也临时梳扎传统发式，或套戴用红绒线缠扎的假发圈，作为民族发式的一种象征性标志参加盛会。

1. 罗源传统发式

罗源传统发式是畲族文化中一道亮丽的风景，是畲族女子凤凰装的代表性发式，其未婚青年女子头（图 5-33）和已婚妇女头（图 5-34）不同。未婚青年女子头的梳法比较简单，先将长头发梳拢于脑后束紧，约往后 10 厘米用一红色毛线束从左往右将发旋扎成股状斜盘于头顶，束发毛线需要 2 个。已婚妇女头

[1] 威廉·埃德加·盖洛．中国十八省府 [M]. 沈弘，郝田虎，姜文涛，译．济南：山东画报出版社，2008：58.
[2] Ohlinger F. A visit to the doghead barbarians of Fukien[J].The Chinese Recorder，1886，(17)：265-266.

的梳扎方法较为复杂（图 5-35），需要先准备一个耸立于发上弯曲的饰物，其内部一般是竹木类或铁丝等细长硬物，全长约 65 厘米，前段三分之一处弯曲，内包红毛线，外扎红布条，尾端有一条作系带用的毛线。梳扎时先把头发拢于脑后分成两部分，并分别按逆时针方向卷成股状，接着把高耸的饰物接于左边发上，然后两股头发交叉缠绕，裹住发饰并扎紧，然后把发饰架于头顶并固定，最后把发饰前端的毛线束绾于额顶成一前突状或圆盘状。此种发式的外在形式模仿中国传统凤凰造型的头部样式，其前额的突状物与凤凰头部凸起的形状相仿。凤凰图案作为中国传统文化的吉祥图案，其形象经历了一个从低级到高级、由简单到复杂的过程，即使是在同一时期不同地域的纹样也不相同。但人们对历代凤凰纹饰进行归纳，总结了一套画凤的口诀与模式，将凤凰描写为，“首如锦鸡、冠似如意、头如腾云、翅如仙鹤”[1]。凤凰头部的粉红色的冠与罗源式妇女发式高耸的由红色毛线组成的饰物有着外形上的相似，是对凤凰图腾在服饰装扮上的形态模仿。

随着年龄的增长，高耸的发式也变得扁小，中老年妇女的发髻与青年妇女图 5-35 中的梳法基本一样，但有的不用高耸弯曲的发饰，直接将毛线团盘于额顶。中老年妇女多用蓝色和黑色毛线（图 5-36）。因年龄的增长，中老年妇女头发变稀疏，毛线髻越来越小，呈扁螺状。青年妇女的发式过去和老妇一样，近代才有所改变，其在头顶的扁螺状形式随着时间的推移也越来越大，造型高耸的幅度也越来越大，装饰风格往夸张程度方向发展。究其原因，应与审美观念的改变和经济条件的变化有关（图 5-37）。头顶上的红髻据说象征凤凰头上的丹冠，故当地畲民称之为“凤头髻”。

图 5-33　罗源畲族少女发式

图 5-34　罗源畲族妇女发式三视图与凤凰头部造型

[1] 濮安国 . 中国传统艺术——凤纹装饰 [M]. 北京：中国轻工业出版社，2000：33.

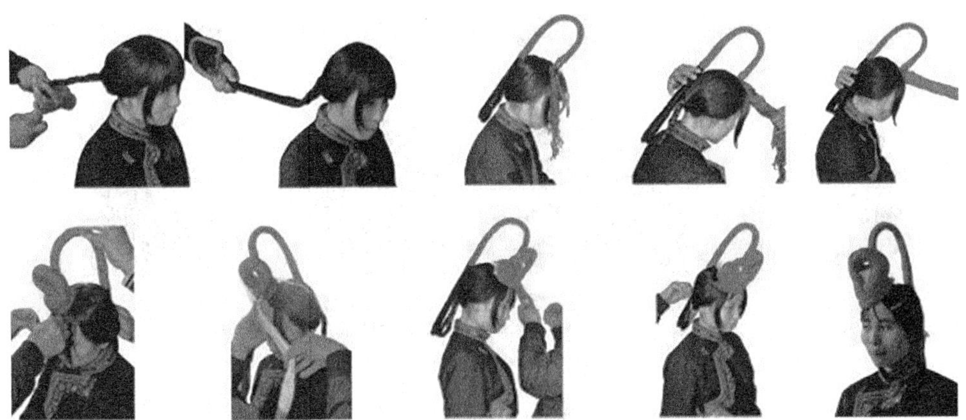

图 5-35　罗源已婚女子发式步骤图
资料来源：罗源县松山镇竹里村 笔者摄

图 5-36　罗源畲族中老年妇女发式年代变化
资料来源：左图摄于林则徐纪念馆，中间摄于景宁畲族博物馆，右图摄于 2014 年海峡两岸民俗文化节

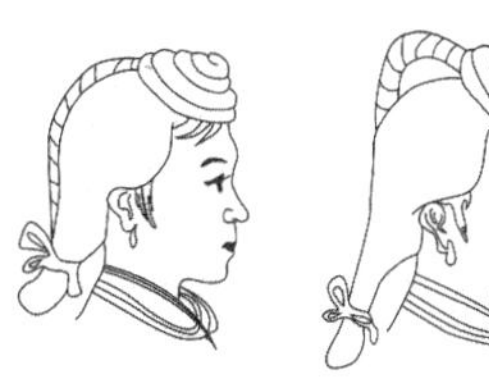

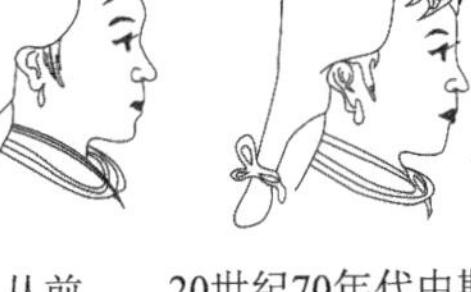

图 5-37　罗源畲族妇女发式年代变化图

2. 霞浦女子发式

图 5-38 所示为福建霞浦未婚少女发式。霞浦畲族女子传统发式有已婚与未婚之分，该发式为未婚少女发式。先将头发分成前后两部分，后部稍少，分别用红绒线束扎后部，使后端头发蓬松成坠壶状在后脑勺突出。后把前部头发分三部分，将中段束扎成扁平状并用红绒线扎紧，往上折，束后与后面的发束汇聚联合缠扎，把两侧剩下的发束从左向右绕过额头与后股头发汇合，用发卡固定，接着将整股头发从左往右盘绕于头顶，用红绒线把头发缠绕成红圈状，并在右脑发上斜插少女簪。已婚妇女发式梳理较为复杂，夹以大量假发梳扎，云髻高鬟，造型独特。其基本梳法为把头发分为前后两部分，后部占三分之一，将外蒙黑纱布的竹笋壳筒扎在后股头发之间，使得头发蓬松，然后往下突出，呈坠壶状，接着再与中央的发束汇合，随后把前面的头发分成前后两部分，分别旋成小股，并从左往右绕过头顶扎于前面发辫上，接着把整股头发从左往右绕于头顶，并不断加入

一些假发，绕为一圈半，用发夹固定并插上大银笄，形成昂扬状高髻（图 5-39）。

1.先把头发分成前后两部分

2.用红绒线将后部的头发扎成坠壶状

3.把前部头发分成三部分，将中束扎成扁平状

4.将中束头发往后覆，与后面头发联合扎起

5.把两侧剩下的头发从左往右绕过额头

6.与后股头发汇合固定并用红绒线束扎

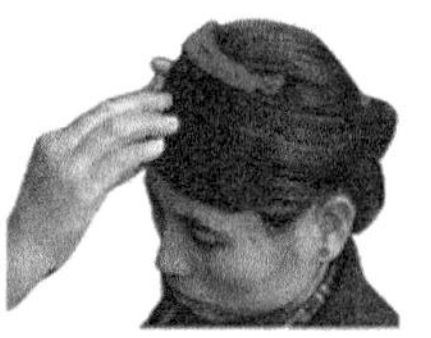

7.再将后股头发从左到右绕于头顶

8.用红绒线把头发缠绕成红圈状

图 5-38　霞浦未婚畲族少女发式梳扎步骤图

资料来源：霞浦县溪南镇半月里村 笔者摄

正面

侧面

背面

图 5-39　霞浦已婚畲族妇女发式三视图

资料来源：霞浦县溪南镇半月里村 笔者摄

（二）凤冠

1. 福安凤冠

图 5-40 中的凤冠采集自福建省福安市松罗乡后垟村，为景宁畲族自治县畲族博物馆藏品。该款凤冠为清代末期制造，总重量 105 克，其中银重 65 克。支架为毛竹笋壳材质，外形呈圆锥形，高 28 厘米，底边直径 18 厘米。帽体表面为自织黑色斜纹土棉布，上系一条长 28 厘米、宽 4 厘米的红色飘带，帽体正面

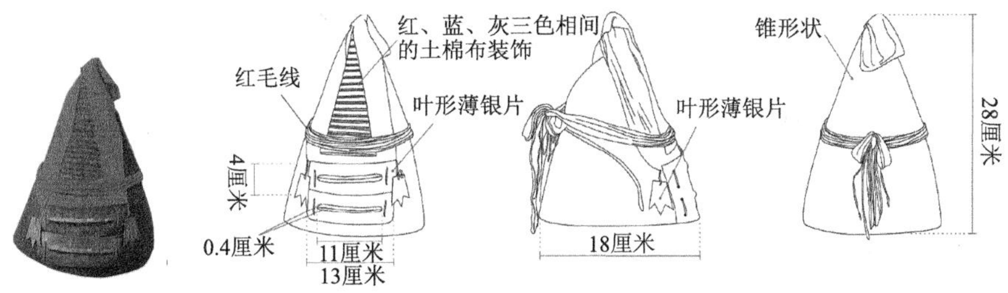

图 5-40　清代末期福安畲族凤冠款式图及三视图

上部三分之二处用 4 厘米宽的红色布条组成一个等腰三角形边框，框内粘贴红、蓝、灰三色相间的条形自织土布；三角形边框的三分之一处系一束玫瑰红毛线。三角形边框下部用蓝丝线固定两片上下排列长 13 厘米、宽 4 厘米的薄银牌。两银牌中间都凸出一条长 11 厘米、宽 0.4 厘米的凸纹，左右两侧饰有梅花纹，下部饰莲花纹，空余部位饰有不规则的如意花草纹样。等腰三角形边框底边系银牌，三角形边框左右两角各系一根长 3.4 厘米的红色丝线，线的末端系一块长 4 厘米、宽 2 厘米饰有牡丹花的叶形薄银片。此凤冠戴在畲族妇女头上，搭配黑色主调的畲族服装，从远处看很像凤凰头冠，十分别致独特。

2. 霞浦凤冠

图 5-41 中为福建博物院馆藏的清代霞浦畲族凤冠。外形类似金字塔，高 40 厘米，宽 16 厘米，前高后低，呈斜面状。冠内由笋壳编制，外蒙黑布，冠顶用竹篾编织，蒙以深红底黑线格纹的自织棉布。凤冠的材质为布和银片，正面系

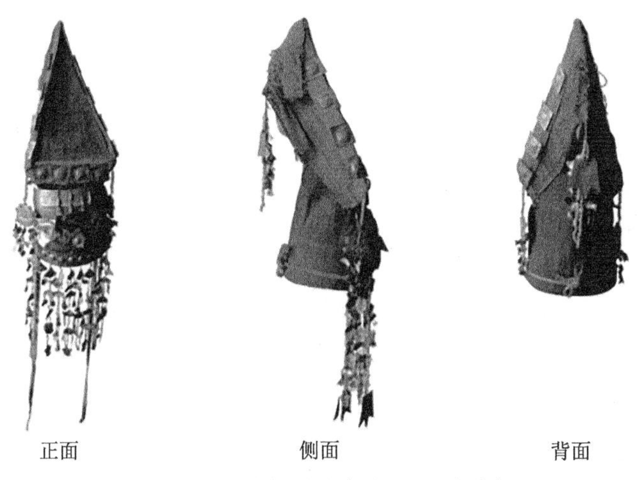

图 5-41　清代霞浦畲族凤冠三视图

有银链，长 15 厘米，链上再系一片片四方形、尖三角形、圆形等形状的轻薄银片，上錾有大大小小的凤凰、蝴蝶、鱼等图案的银片和铃铛。冠体两角连两串珠帘银片，长 45 厘米，整体若帘，从额前垂挂到颌下，银片在风中哗哗作响，状若美丽的凤凰展翅昂首。

3. 景宁凤冠

浙江省近代畲族女子头饰仍保留了先民的“戴竹冠”“垂瓔”及竹制筒状、裹红布、两侧挂琏珠等特色，但由于地区的不同，其构造和复杂程度也有所差异，其中尤以景宁凤冠的构造最为复杂。[1] 据《(同治) 景宁县志》记载，景宁畲族妇女“跣足椎结，断竹为冠。裹以布，布斑斑；饰以珠，珠累累”[2]。畲族姑娘头梳一条长辫子，日常劳动则裹以蓝色方巾，现在只有在接待来访宾客或重大节日时才戴凤冠。

图 5-42 中为浙江景宁畲族凤冠装扮效果图及三视图，该凤冠以银制成，形制大致可以分为黑色缠头纱、凤箍和头抓三个主要部分。其配件细分有钳栏、头面、大奇喜、奇喜牌、奇喜载、钳搭、方牌、头抓、古文钱、牙签、耳挖、蕃蕉叶、银簪、银链、珠子、布料和棉线等，如图 5-43 所示。该款凤冠与历史记载基本一致，据记载，当时的银匠说“头饰一定要按照自古流传下来的方式制作，畲民不能容忍丝毫改变”[3]。这说明此种样式凤冠是按古老样式传承，体现了畲民对传承的坚持，从中可以看出畲民对凤凰图腾的崇拜。凤冠的外观可

装扮效果图

正面

侧面

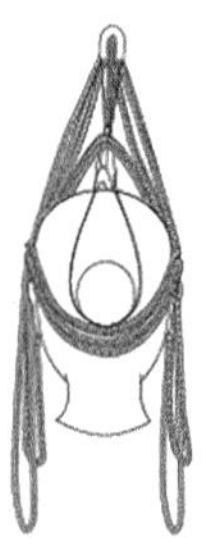
背面

图 5-42　景宁畲族凤冠装扮效果图及三视图
资料来源：景宁县包凤村 笔者摄 笔者绘

[1] 吴薇薇，陈良雨．浙江畲族近代女子盛装文化探析 [J]. 纺织学报，2007，28（9）：99-102.
[2] （清）周杰修，严用光，叶笃贞纂．景宁县志・卷十二：风土・附畲民 [M]. 清同治十二年刊本．
[3] 史图博，李化民．浙江景宁县敕木山畲民调查记 [M]. 周永钊，张世廉，译．武汉：中南民族学院研究所，1984：22.

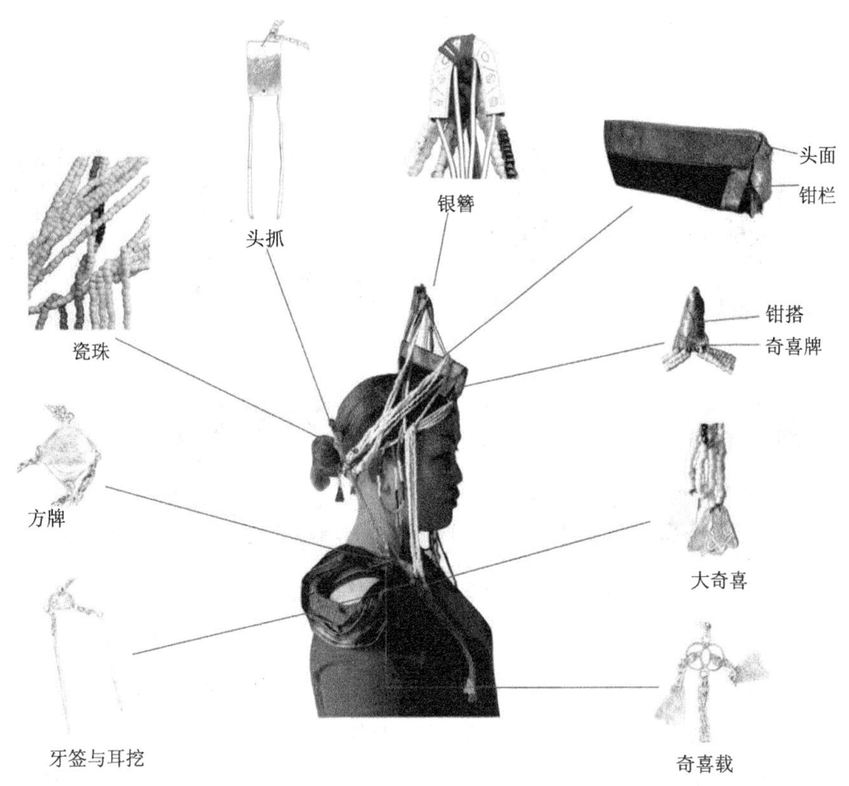

图 5-43 景宁畲族凤冠部件细节图

资料来源：景宁畲族自治县包凤村 笔者摄

以看作畲民对凤凰造型的整体模仿，凤冠上的凤纹则是对凤凰纹样的直接刻画。最为直观和形象地体现凤凰图腾的是凤冠中银饰方牌上的凤纹。凤纹总体显得简单拙朴：有钩嘴、两翎的雀尾、丰满的羽翼、锋利的尖爪，凤纹头上还有三瓣头冠。此外，凤冠中其他的银饰上还装饰有各种凤纹。

浙江景宁畲族成年妇女梳扮的凤凰式发型步骤如下：先将头发梳单辫盘于脑后，梳成发髻，顺头部在发脚四周绕上黑色绉纱，在头顶安放直径约 3.3 厘米、长 10 厘米的银箔包竹筒（筒也有用银制），竹筒外包红布，接着在绉纱上穿 4 串长瓷珠及 1 串黑红相间瓷珠，1 支银簪插于左边，最后在左右各系 4 串尾端结有小银牌的瓷珠，垂于耳旁，飘逸而清秀（图 5-44）。椎髻高钗是模仿凤头；缀在凤冠银链上的银片形如翎羽，是模仿凤羽；盘垂的瓷珠叮咚作响，宛如凤鸣。凤冠形制独特，各地凤冠的材质、工艺各不相同，自成一格。研究者还细心地发现，头饰按不同的氏族略有不同，蓝姓氏族的头饰是由黑布连同银制品和玻璃珠构成，而钟姓氏族的头饰较简单，主要是铜制品，上面罩着红布。[1]

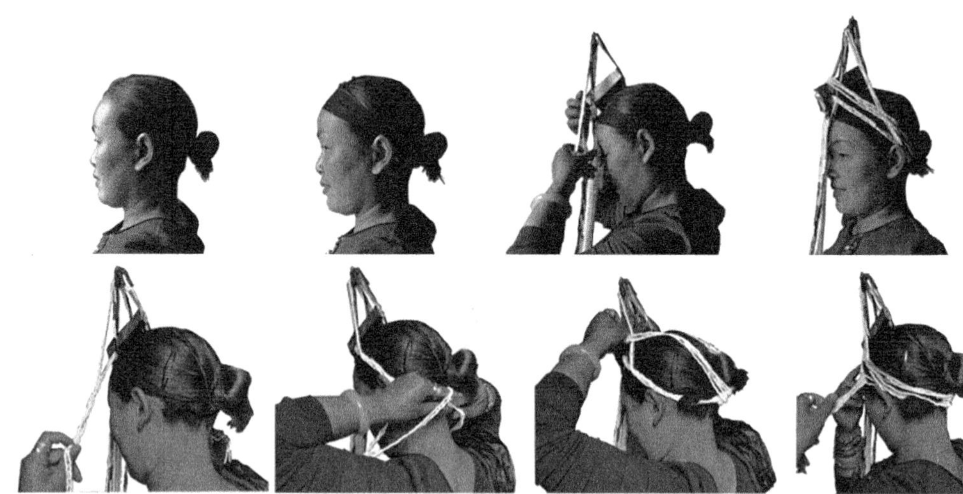

图 5-44　景宁畲族女子发式梳扎步骤图
资料来源：景宁包凤村 笔者摄

畲族的传统观念认为女子结婚之日必戴凤冠，去世时则戴着凤冠入土，可见凤冠在畲族女性生活中的重要意义。但近年来，随着现代化脚步的加快，畲族青年女子结婚戴凤冠者越来越少，过去为各地妇女所常备的凤冠，如今仅在闽东、闽西和浙南少数地区还能见到。

二、颈部

颈部的装饰主要在于领子这一部位，主要表现在领型的变化和领部装饰图案的变化。

1. 领型

畲族妇女服装领型主要在于领子高低的变化，交领的样式有的与浙江景宁的相同，也有的同罗源式相同，罗源式上衣里面往往还穿可显露领子的衣服。交领上衣在颈部位置有专门的装饰图案，用色鲜艳，其用意就是比拟凤凰美丽的颈部，凸显凤凰崇拜的特点（图 5-45）。而《畲客风俗》中的交领就极为简单，缺乏装饰。大襟装领子的高低变化很大，景宁有无领的种类，也有像光泽式那

[1] 史图博，李化民．浙江景宁县敕木山畲民调查记 [M]. 周永钊，张世廉，译．武汉：中南民族学院研究所，1984：23.

样低领的种类，正常高度如福安式一样约 2 厘米，福鼎式的领子高达 4 厘米多，是所有地区中领子高度最高的。大多数衣服的领高不超过 3 厘米，这与畲族妇女的发式有关。如前文所述，畲族妇女的发式普遍较复杂，掺杂大量的假发，领子低可防止头发玷污领子；畲族妇女要从事生产，低领子可以起到通风透气、排汗的作用。总之，各地畲族女装的衣领呈现不同的样式，从表 5-3 中可以看出畲族衣领样式及领座高低的变化。

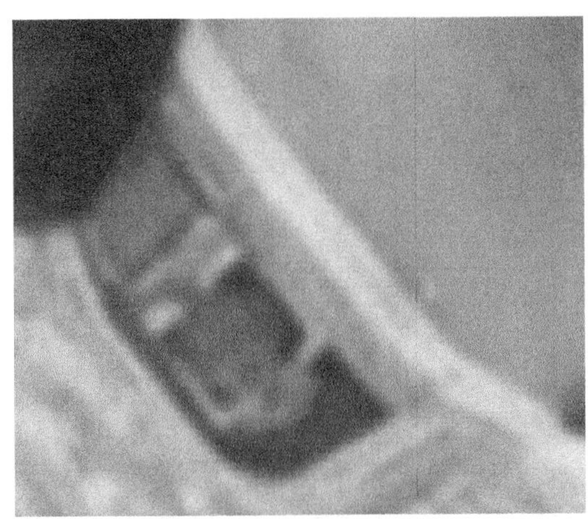
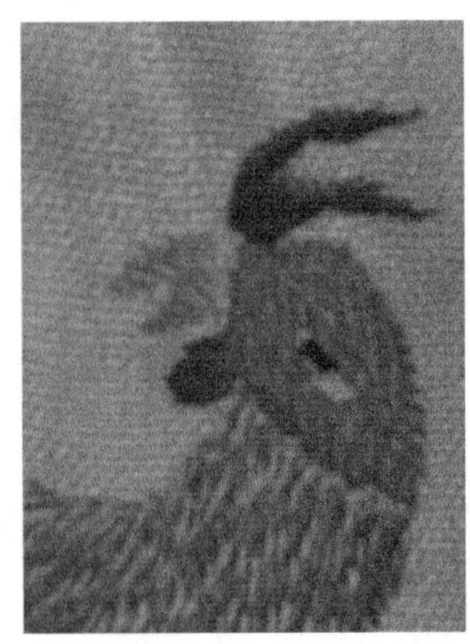

图 5-45　罗源式女子上衣颈部的装饰与凤凰图像的比较

表 5-3　畲族女子上衣的衣领样式表

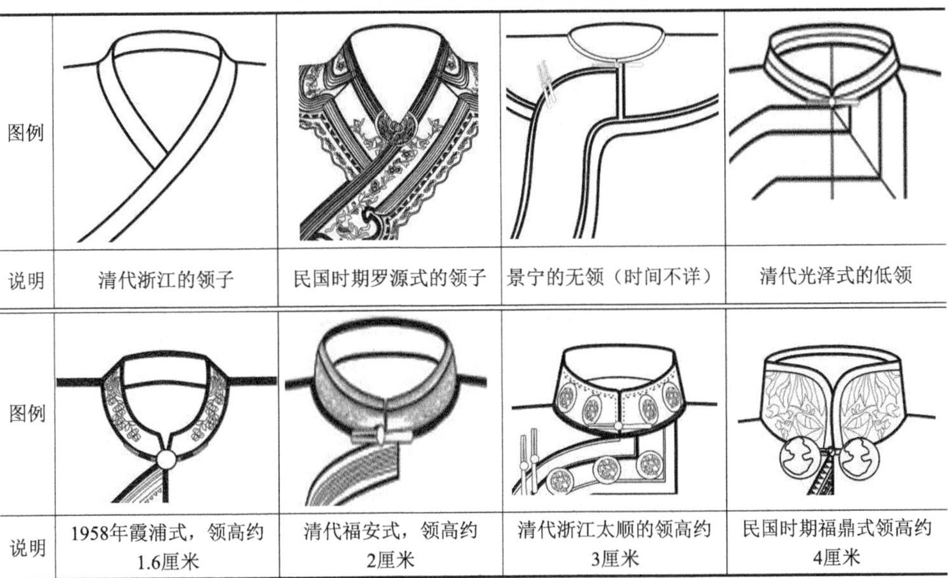

图例				
说明	清代浙江的领子	民国时期罗源式的领子	景宁的无领（时间不详）	清代光泽式的低领
图例				
说明	1958年霞浦式，领高约1.6厘米	清代福安式，领高约2厘米	清代浙江太顺的领高约3厘米	民国时期福鼎式领高约4厘米

资料来源：笔者绘

2. 领子上的装饰图案

不同地区畲族领子的装饰图案会有一定区别，这反映了不同地区畲民的审美认知和审美习惯，表 5-4 中为福安、福鼎、霞浦、光泽畲族女花衣的领子的装饰图案，它们虽各具特色，但总体而言体现了畲族服饰“好五色”的装饰特点。

表 5-4　各地区畲族女花衣领子的装饰

领子装饰	地区
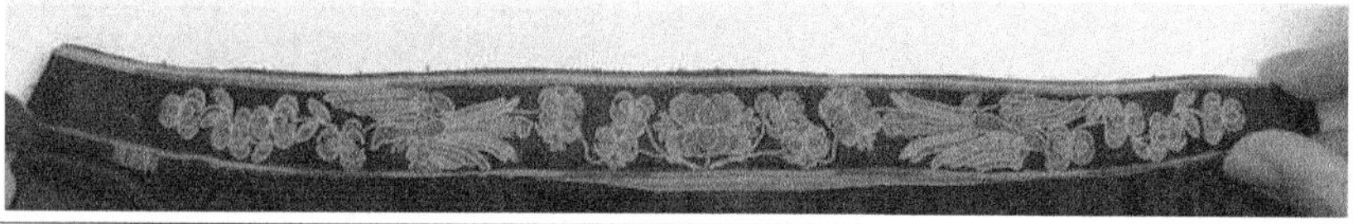	福安
	霞浦
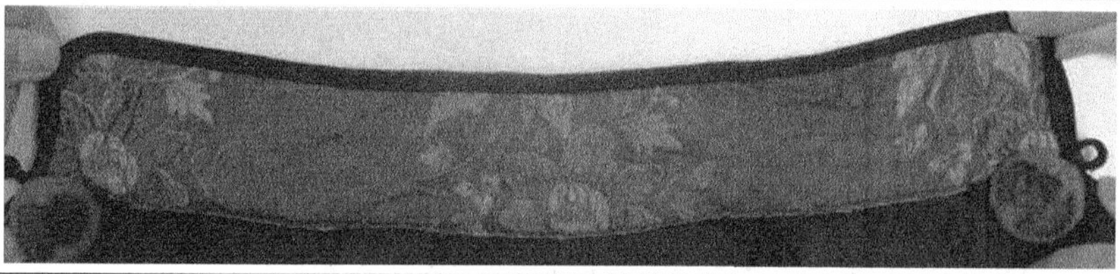	福鼎
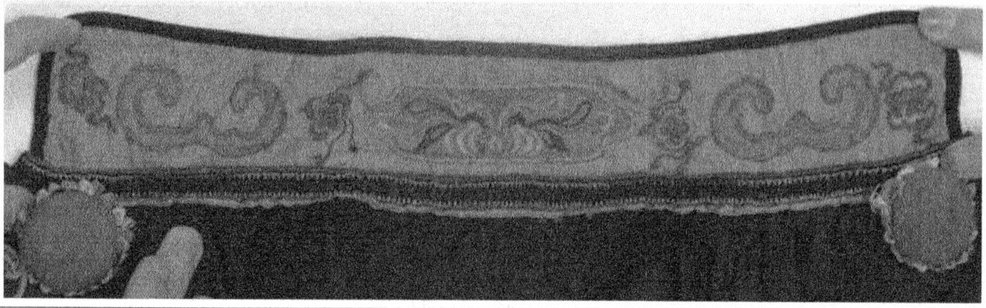	
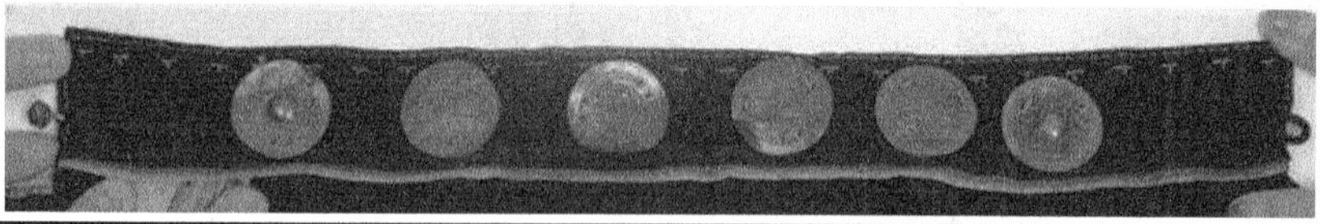	光泽

资料来源：笔者摄

福安畲族女花衣的领子边缘采用畲族常用的犬牙纹（有的也称虎牙纹）图案，且为五种颜色，与历史记载的“好五色服”对应，领子中间的图案是双凤戏花。霞浦畲族女花衣的领子边缘同样采用畲族常用的犬牙纹图案，但领子中间是各种花卉装饰图案，整体色泽更为艳丽，图案构图显得装饰繁复。福鼎畲族女花衣的领部装饰与前两者不尽相同，其领口处有畲族称为杨梅花造型的红色绒球装饰。根据表 5-4 显示，红色绒球装饰有两种样式：一种中间有图案；另外一种是纯色。领子部位既有绣花装饰，也有直接用图案面料来装饰的，表中就显示了两种装饰手法：一种是直接选用有花色的面料；另一种是在花色面料为底的基础上再做绣花装饰。甚至有的畲族女上装领子上并无图案装饰，如景宁的女子上衣样式就极为简单，缺乏相应的装饰。光泽畲族女花衣的领子虽无图案装饰，但用其他的装饰手法来替代，如边缘与领口相接处有彩色装饰，领中间仅采用铜片装饰。

总之，各地的畲族女子上衣的领子虽装饰手法及图案有所差别，但都有一共同点，即都重视领子的装饰，且色彩鲜艳、丰富，多为暖色调，这正是为了从形式上表现凤凰图案鲜艳的颈部，是凤凰崇拜在领子上的体现。

三、胸前衣襟装饰

畲族女子上衣的装饰主要集中在衣襟处，衣襟上的装饰多采用刺绣，此外还采用一些其他的装饰手法，如纽扣、铜片、银片等。因为衣襟在衣服上所占面积较大，故衣服上最重要的装饰基本集中于衣襟处。

各地畲族服饰的衣襟装饰都不尽相同，表 5-5 列出了笔者收集到的不同时代、不同地区畲族女子上衣衣襟处的造型形式，用绘图的形式直观展示。表 5-6 为畲族服饰衣襟上的装饰细节，可发现畲族喜用银、铜等金属材质的装饰材料。

表 5-5　福建、浙江地区畲族女花衣的衣襟图表

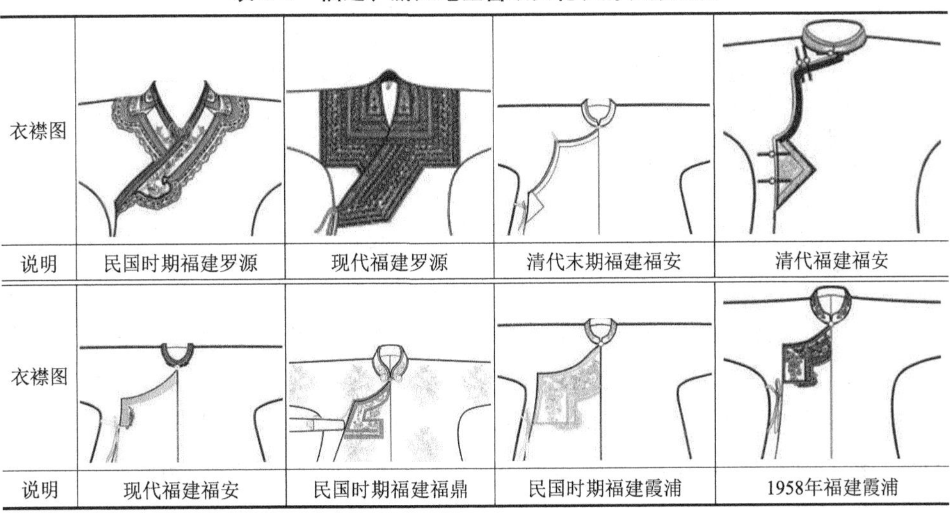

衣襟图				
说明	民国时期福建罗源	现代福建罗源	清代末期福建福安	清代福建福安
衣襟图				
说明	现代福建福安	民国时期福建福鼎	民国时期福建霞浦	1958年福建霞浦

续表

衣襟图	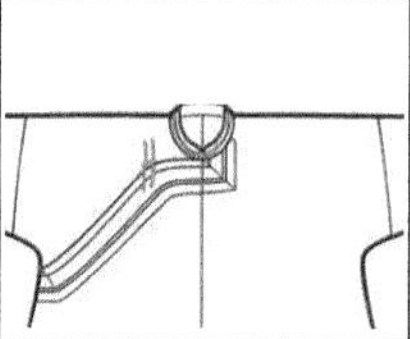	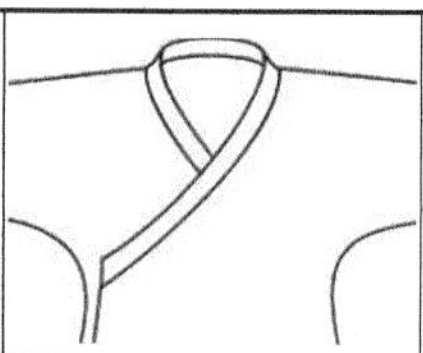	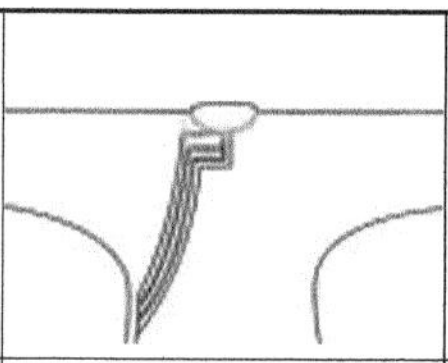	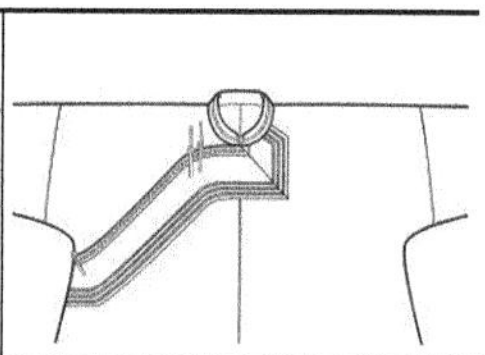
说明	清代福建光泽	清代浙江景宁地区日常穿着	民国时期浙江景宁日常穿着	现代浙江景宁日常穿着
衣襟图	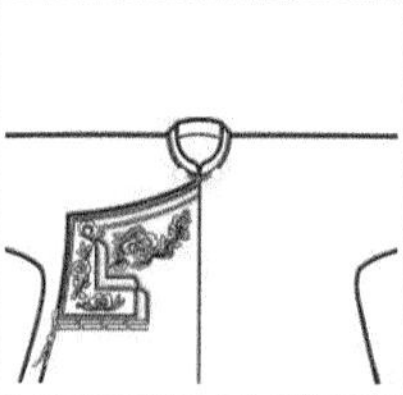	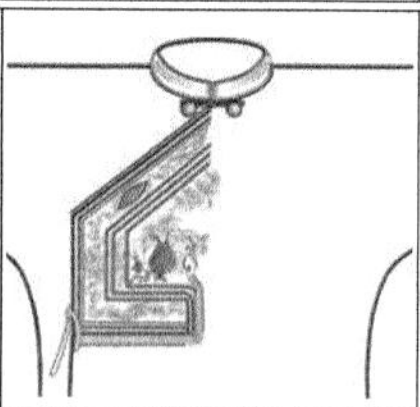		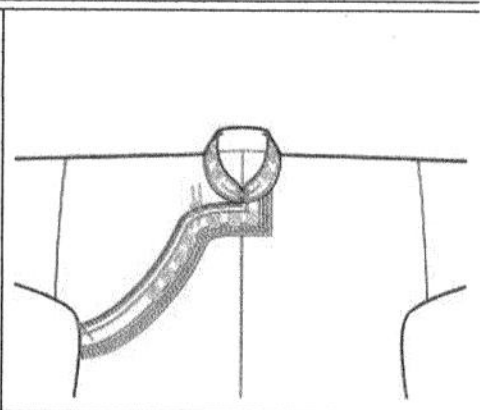
说明	清代末期浙江苍南	清代浙江瑞安	民国时期浙江平阳	清代浙江泰顺
衣襟图	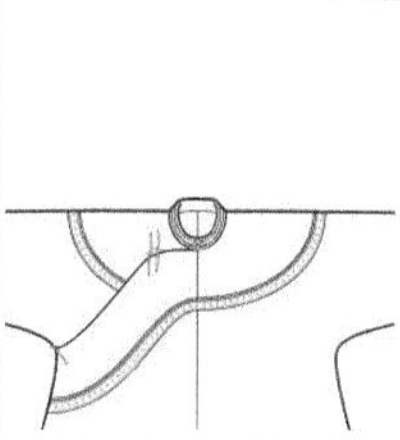			
说明	现代浙江婚衣	现代浙江婚衣		

资料来源：笔者绘

表 5-6　畲族衣襟上的装饰细节

图例	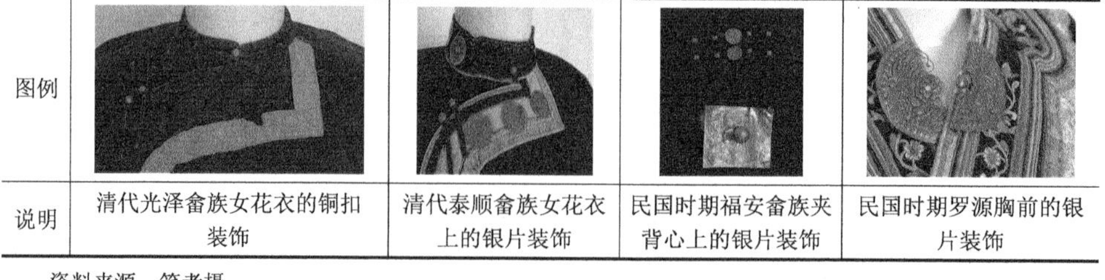			
说明	清代光泽畲族女花衣的铜扣装饰	清代泰顺畲族女花衣上的银片装饰	民国时期福安畲族夹背心上的银片装饰	民国时期罗源胸前的银片装饰

资料来源：笔者摄

即使同一地区的襟边装饰面积与图案也有所差别，下面以罗源畲族的女花衣为例来说明。图 5-46 为 20 世纪 30—40 年代的罗源畲民的图像，其襟边的装饰面积小，与民国时期的装饰面积基本相同；中华人民共和国成立初期，其装饰面积已经有所扩大（图 5-47）；到了 20 世纪 60 年代，装饰面积继续增加；到现代上衣的花边装饰已延伸到肩部，装饰面积已经到无法再扩大的程度（图 5-48）。这种仅装饰面积有变化而非样式的改变反映了畲民对凤凰图腾的传承。

图 5-46 20 世纪 30—40 年代的罗源畲民[1]

图 5-47 中华人民共和国成立初期罗源畲女像[1]

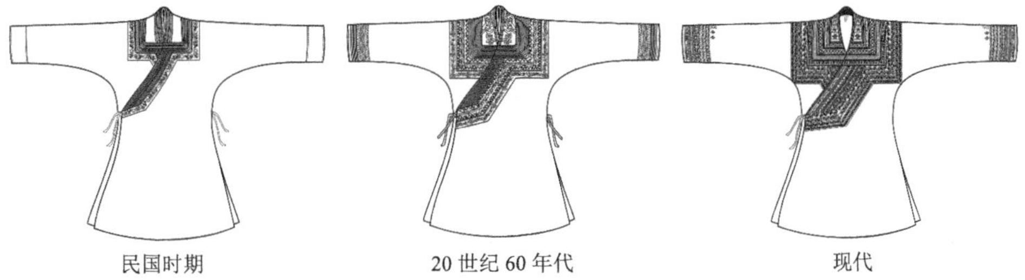

图 5-48 不同时代罗源女子襟边装饰面积的变化

从制作的角度而言，早期刺绣无法快速生产，故装饰面积难以占据大的面积，而随着制作技术的进步，胸前的装饰开始由民国时期的刺绣转变为花边的运用，从经济性的角度而言，装饰面积的扩大不再成为制约因素。但笔者发现，畲民对于襟边的大面积装饰有着独特的喜好，这不能不说是对于凤凰意象追求的结果，因为凤凰的前胸有色彩艳丽的羽毛，因而凤凰装的形式向着衣襟上布满鲜艳装饰的方向发展。从服装审美心理及流行的角度而言，装饰面积扩大到极致后可能会停滞，甚至会逐渐向缩小的方向转变，这是服装变迁的竞进反转规律，即服装的流行总是朝着有特色的方向竞争发展。“如长是特色，则会越来越长；大为特色，则会越来越大。这样愈来愈甚，终于达到了极点，出现了不经济、不卫

［1］《畲族简史》编写组 . 畲族简史 [M]. 福州：福建人民出版社，1980：彩插.

生、不健康、没效率、不自由的状态，于是终于停止了、消失了，或者又转回来，向原来的方向复归。”[1] 罗源畲族女子衣襟上的装饰在其装饰面积达到最大后并没有向装饰面积减少的方向复归，也许畲民认为这种布满鲜艳图案的上衣装饰效果与凤凰的形式更为对应，是畲民对凤凰崇拜内在驱动的结果。

四、腰部装饰

畲族的腰部装饰为拦腰（又称围裙、围兜、拦身裙），为畲族女子凤凰装的重要组成部分，起紧身和装饰作用。它不仅是畲族妇女盛装时的重要装饰部位，在畲族妇女日常劳作时也具有实用的作用，其由裙头、裙身、裙带组成。史书上对畲民的拦腰有多次记载，如《皇清职贡图》载福州的畲民“围裙着履，其服色多为青蓝”，还有“彩布缠腰焚女骑”[2] 的记录；福建古田畲民服饰“短衣布带，裙不蔽膝”，“腰束黑色围身裙，系以花带”[3]，顺昌畲民“腰系蓝色缀花带”[4]；浙江畲民“腰围蓝布带，亦有丝质者”[5]，“男女在劳动时腰间多悬一条围身裙”[6]。从这些历史记载中可以看出不同地区、不同时代的畲族拦腰呈现不同的式样，亦可看出拦腰在畲族日常生活中所起的作用。畲族的拦腰无论是在礼服还是日常穿着中，都是畲族女子装扮中的必备品。而《皇清职贡图》中所绘制的福建罗源、古田畲族妇女的画像，虽是历史上最早关于畲民的图像展示，却难以看清畲族拦腰的样式，难以做准确的分析。笔者对从博物馆及田野调查中收集到的畲族拦腰的实物及早期摄影照片等资料进行分析，发现其样式不尽一致，但能表现出凤凰装的某些共同特点，且畲族拦腰也受年代、地域等因素的影响，表现出相应的时代性、区域性。尽管影响其多样性的因素有很多，但还是有其相应的共性。下文试图根据其样式特点进行分类研究，并尝试找寻影响因素。

畲族拦腰具有两个特点：①不同地区的拦腰虽样式有别，但都有年龄差异。年轻女子的拦腰多色彩鲜艳，年龄大的妇女较简洁朴素。②畲族拦腰有盛装式和简化式两种。盛装式是畲族凤凰装的文化符号组成部分，在重大场合穿着。简化式则为日常劳作时所穿戴，起到保护作用。各地畲族拦腰的形制、功能都不尽相同，详见表 5-7。

---

[1] 李当岐．服装学概论 [M]. 北京：高等教育出版社，1990：142.

[2] （清）傅恒、董诰等纂，门庆安等绘．皇清职贡图・卷三：古田县畲民妇 [M]. 清乾隆十六年刻本．

[3] 陈永成．福建畲族档案选编 [M]. 福州：海峡文艺出版社，2003：85.

[4] 蒋炳钊．畲族史稿 [M]. 厦门：厦门大学出版社，1988：96.

[5] （清）胡寿海修，褚成允纂．遂昌县志・卷十一：风俗 [M]. 光绪二十二年刊本．

[6] 《畲族简史》编写组，《畲族简史》修订本编写组．畲族简史 [M]. 北京：民族出版社，2009：97.

表 5-7 各地畲族拦腰的形制及尺寸

式样	时期	形制式样	尺寸图	款式特点
罗源式	现代		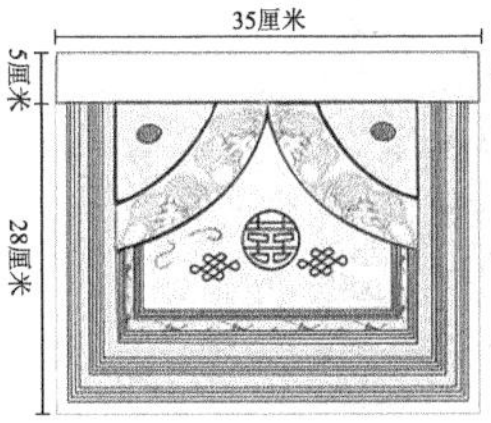 35厘米；5厘米；28厘米	拦腰中央绣左右两组对称的图案，图案多为各种带叶的花卉蔓枝纹，上面两个角的图案为扇形，中心部位留出黑底，中间绣上十二生肖图案。拦腰边缘滚缀3组花卉蔓枝纹，色彩明度高，冷暖色对比鲜明，显得明快清新。用蓝色腰带，系时扎于身后，称之为凤凰尾
霞浦式	现代	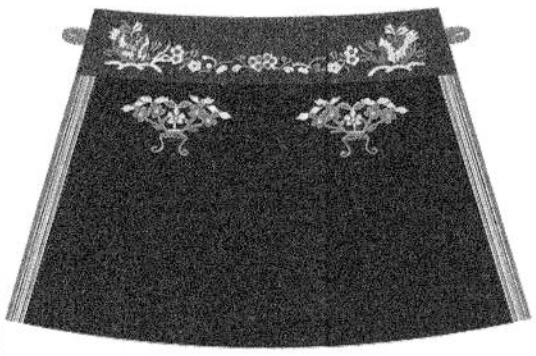	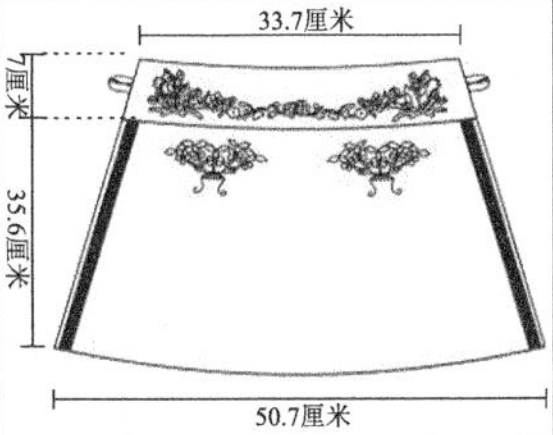 33.7厘米；7厘米；35.6厘米；50.7厘米	腰头为矩形蓝布，裙身为黑色梯形。腰头与裙身有绣花装饰，为日常所围。也有腰头为蓝布，裙身有绣花装饰的。腰带为白色，系时扎紧于腰前
	民国时期		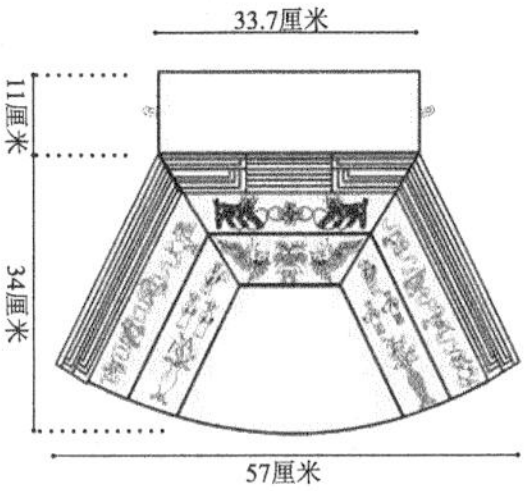 33.7厘米；11厘米；34厘米；57厘米	腰头为矩形蓝布，裙身为黑色梯形。两侧边缘，滚蓝边，两侧和上方均滚红、黄、蓝、白、绿多种颜色相间的嵌条，排列成彩边，有彩虹之意，与凤凰所处的环境相应。裙身上有双狮戏球、凤鸟、暗八仙、瓶花、戏曲人物等吉祥图案。为盛装时所围
福安式	现代		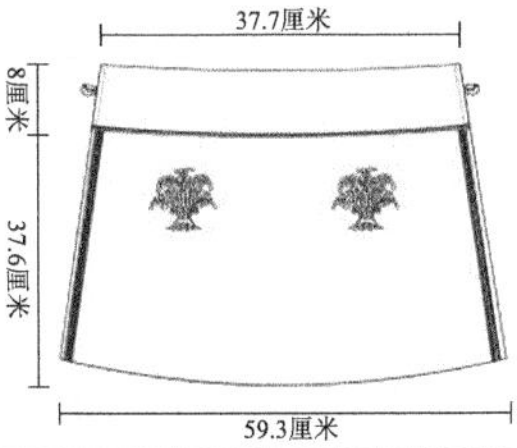 37.7厘米；8厘米；37.6厘米；59.3厘米	布质，腰头为红色，裙身为黑色，上有对称花卉图案，具有典型的福安特色，为畲族妇女农闲时所围，系时扎紧于腰前。上端两边打褶（中间打5～7个0.67厘米宽的褶）打褶的位置再绣花
福鼎式	现代		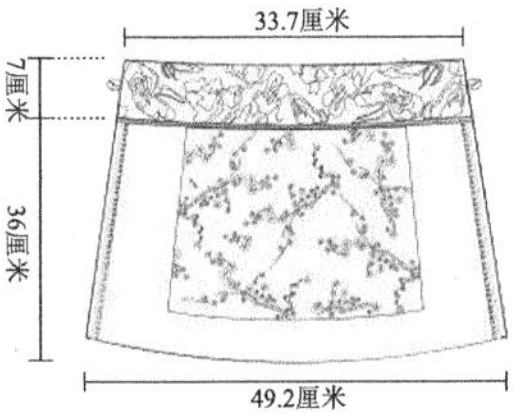 33.7厘米；7厘米；36厘米；49.2厘米	基本形式与其他各式相似，但腰头的装饰已简化为用红底花布代替绣花。裙身亦无刺绣，往往是在黑色拦腰中央加饰一块淡绿色或湖蓝色底印淡紫色的绸布，上沿缝死，另外几边不缝，可飘动。拦腰上方有一宽边，左右两侧则为窄边，系时扎于腰前

续表

式样	时期	形制式样	尺寸图	款式特点
景宁式	现代		46厘米 12厘米 45厘米	长45厘米，腰头宽46厘米，腰部是12厘米宽的红色毛料，下部是长方形黑色土布，手工缝制。系带由黑、白、橙三色线织成，系时扎于腰前

资料来源：笔者绘

（一）畲族拦腰的地域分类

1. 罗源式

罗源式拦腰为矩形，分素面和绣花两种。年轻姑娘的拦腰多色彩鲜艳、装饰多绣花，素面拦腰多为年纪较大妇女穿着。罗源式拦腰穿戴好后还得先系一条腰带，再用一条蓝印花的围布系扎于围裙外面，腰带头垂落于身后。

2. 福安式

福安式拦腰简洁质朴，多为两边及上缘缀红色或多色彩边。黑色拦腰上端两侧绣对称花草图案。拦腰花饰用色丰富，连花草的一瓣一叶都用各种颜色绣成。盛装穿的拦腰在红边内再配有红、黄、白、绿、紫等各种颜色。已婚妇女束红色宽腰带，红腰带外再用两种素色带子交叉而成。腰带可结于拦腰襻上，作为系带使用。拦腰围在身上时，腰带在身后交叉回绕至腰前，打个活结，余下的腰带部分垂于腰前，起装饰作用。

3. 霞浦式

霞浦式拦腰裙身黑色，近似梯形。腰头蓝色，下摆较宽，裙身有褶，边缘滚蓝边，兜带为白色织带。少女穿用的围裙多系粉红色、宽边织花带，也有用小红带系扎的。腰带多织有几何图案或水波纹花带，也有的用蓝印花布制作，束上别有一番风采。拦腰上亦绣有各种花卉、鸟兽及几何图案，系扎时，彩带先往后围，再转前围，在腰部正前方打结，余下部分自然下垂。霞浦式拦腰刺绣最为复杂，是各地拦腰中刺绣最为精美的。

4. 福鼎式

福鼎式拦腰的基本形式与其他各式相似，但装饰已简化，腰头为红色花布加边，下围为青色或黑色布，中间又镶一块方形绿或蓝色绸布，彩带固定于腰头处。

5. 景宁式

景宁式拦腰朴素简洁，是样式最为简单的一种，腰头是 12 厘米宽的红色面料，下部是长方形黑色或深蓝色土布，裙头两角钉黑、白、橙三色线织成的彩带，围绕后系于腰上。《浙江景宁敕木山畲民调查记》中就记载，“裙子外面，还围着一条蓝色的小围裙”[1]。

（二）畲族拦腰的形制分类

畲族拦腰根据其外轮廓造型可以分为矩形与梯形两类。

1. 矩形

罗源式与景宁式的拦腰造型为矩形，区别在于罗源式为横向的矩形，景宁式为纵向的矩形。罗源式拦腰的腰头为白布，景宁式拦腰腰头为红布。

2. 梯形

霞浦式、福安式、福鼎式拦腰的外在造型为梯形或近似梯形。区别在于霞浦式的腰头为蓝色，腰头也分绣花与不绣花两种，裙面绣花，根据穿着场合的不同，其绣花的繁复程度不同；福安式腰头为红色，腰头不绣花，裙面绣简单花纹图案；福鼎式腰头已简化为用花布代替绣花，裙面为黑布，中间加缝一块花卉图案的花布为装饰。

（三）畲族拦腰的功能分类

1. 实用功能

畲族拦腰强调其功能性。畲族妇女要从事生产劳动，拦腰最初是为了满足劳作的需要，起到保护服装的作用。故日常所用拦腰多为素面或简单刺绣装饰，这也体现了重视实用的价值取向。各地的畲族地方志多记载，男女在劳动时腰

---

[1] 史图博，李化民．浙江景宁敕木山畲民调查记 [M]．周永钊，张世廉，译．武汉：中南民族学院民族研究所，1984：5.

间多悬一条围身裙[1]，表现出拦腰的日常保护功能。除此之外，冬季寒冷时拦腰还可起到保暖作用，“冬天时经济困难的畲家衣裳单薄，围腰可当一件衣服作保暖用”[2]，也表明了畲族拦腰的实用功能。

2. 象征功能

畲民崇拜凤凰，凤凰以其高贵寓意起到证明畲民出身高贵的作用，因此凤凰装是畲民大力推广高贵出身形象的心理需求。所以，凤凰装虽历经多年仍然是畲民的传统装扮。历史上畲民的服装式样上虽有所不同，但一直保有凤凰装的文化意涵。拦腰在凤凰装中被赋予了象征凤凰腹的功能，所以盛装时的拦腰要色彩鲜艳、五彩斑斓。罗源式拦腰形式能很好地体现凤凰意象的特点，其拦腰在穿戴后还得系一条腰带，外面再系一条蓝印花布，象征凤凰图像的美丽的腹部，腰带垂落于身后，象征凤凰彩色绚丽的尾巴，当地畲民称其为凤凰尾（图 5-49）。当地畲民选择这样系扎拦腰，是为了更好地从外在上与凤凰的图像相对应，是凤凰图腾崇拜的表现，也是其他地区畲族服装所没有的装扮方式。

图 5-49　罗源式拦腰穿戴过程与凤凰图像

资料来源：笔者摄

3. 审美功能

姑娘出嫁时穿着的凤凰装是畲族女子人生最重要的装扮，自然要体现其装饰的特点，表现在拦腰上就是大量的刺绣装饰。各地畲族都非常重视凤凰装的文化意境，如罗源式、霞浦式的拦腰，上面的装饰图案强调畲族的审美意境。

日常生活中使用的畲族拦腰凸显了实用功能，而在重要场合使用的拦腰注

[1]《畲族简史》编写组，《畲族简史》修订本编写组．畲族简史 [M]. 北京：民族出版社，2009：97.

[2] 钟炳文．畲族文化泰顺探秘 [M]. 宁波：宁波出版社，2012：26.

重象征与审美功能。畲族拦腰的穿着场合以及妇女年龄的不同决定了畲族围裙对于功能性、象征性与审美性的选择。

（四）畲族拦腰的时代演变

服饰的民族特性有相对的独立性、稳定性，但随着社会的发展，不同民族间交流频繁，民族服饰也不可避免地受其他文化的影响，产生创新和变异，带动了民族服饰的多样化发展。如此，在不同的民族服饰中，会出现相同之处；而在同一民族中，不同支系，不同聚居区的人们，其服饰又不完全一样，存在着明显差异。不同民族服饰之间的渗透和相互影响，同一民族不同地区之间的渗透和影响，渗透所需前提和氛围、渗透的深浅、渗透的方式等，是令学者们感兴趣的课题。畲族拦腰表现出多样性，既有经济因素等客观因素的影响，也有人们求新求变心理等主观因素的影响。畲族拦腰作为畲族妇女凤凰装的重要组成部分，虽历经迁徙仍然表现出共性，只因凤凰装的文化内涵及畲族人民的祖先崇拜仍存有许多共同点。畲族拦腰存在式样、形制上的地区差异，既有不同地区人们对凤凰装理解的不同，也有不同制作者技术的差别，更有科技和社会发展的影响。无论如何，畲族拦腰的装饰特点与其所反映的审美喜好都烙上时代的印记，是畲族凤凰崇拜得到传承的表现，其形式上的多样性和变化正是其受涵化影响的结果（例见图 5-50 不同时期罗源式畲族拦腰的发展变化）。

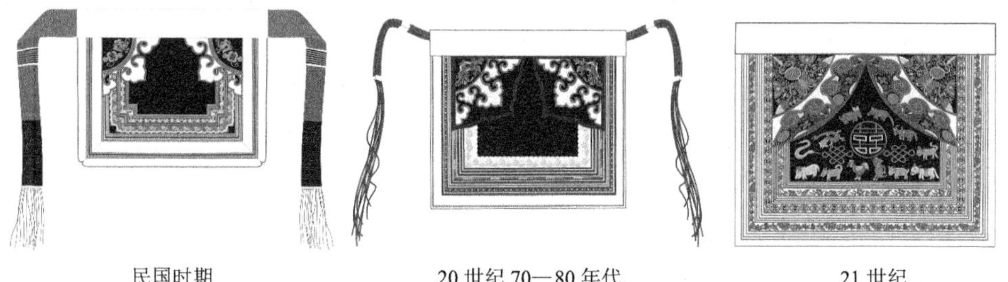

民国时期　　20 世纪 70—80 年代　　21 世纪

图 5-50　不同时期罗源式畲族拦腰款式图

资料来源：笔者绘

五、手腕部装饰

凤凰装的袖子象征凤凰张开的两翅，故畲民也重视袖子的装饰效果。各地的服装在袖口的装饰不同（表 5-8）。罗源式的袖口装饰有较大面积的刺绣。福鼎式的袖口上则为红绿间隔的装饰，为求更加美观可加缝绣花、印花的布条或别色的布条。福安式则以3.3厘米宽的红色布条做装饰，较为简单。无论是福安式的简单装饰还是罗源式的复杂装饰，都强调鲜艳的色彩，这也是凤凰情结在服装上的体现，因为凤凰形象是五彩斑斓的。

表5-8　畲族服装的袖口装饰

图例	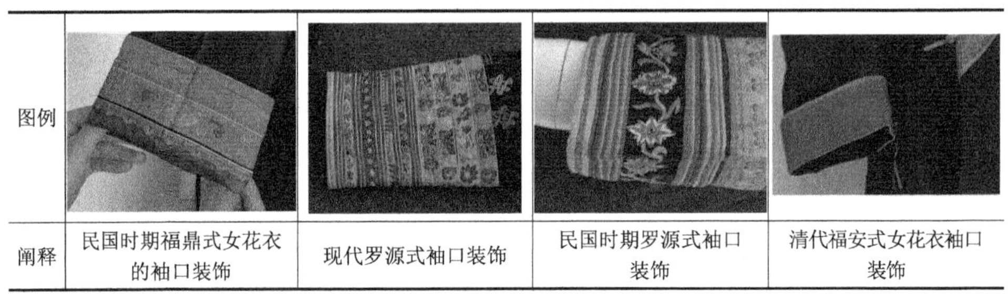			
阐释	民国时期福鼎式女花衣的袖口装饰	现代罗源式袖口装饰	民国时期罗源式袖口装饰	清代福安式女花衣袖口装饰

六、腿部装饰

畲族女子服饰的下装主要是裙子、长裤与半长裤，本节所分析的主要是半长裤所对应的装饰——绑腿（畲族称之为“脚绑”）。畲族的绑腿并非每个地区都有，且早期功能主要是保暖、保护，中华人民共和国成立后其实用性逐渐退化，装饰性成为主要功用。现今畲族服饰中绑腿逐渐少见。

在满足实用功能的前提下，畲族绑腿的装饰功能也迎合了畲族的凤凰崇拜，颜色、形式等方面的相应变化更符合“凤凰装”的内在意涵。绑腿的形状上有三角形与矩形两种，各地的绑腿形状也不一致，材质、颜色、捆扎方式也有所差别，即使同一地区不同一时代的绑腿形式上也有不同。图5-51中的清代光泽畲族绑腿为红色与白色相间，下部有白色花边装饰的纵向矩形状套筒，可以直接套到小腿上，再用带子缚好即可。而民国时期的光泽畲族素面绑腿为白色三角形，需要包裹在小腿上再用带子扎紧（图5-52）。从束缚方式而言，套筒型的穿脱容易，而三角形的就复杂些。就材质而言，图5-51中的绑腿材质较厚，适合于冬季的保暖，图5-52中的绑腿为普通土布，材质薄，适于春秋季节。图5-53中的绑腿形式与前两者都不同，为横向矩形，有花边装饰，材质为蓝色纻布。该款绑腿长33.2厘米，宽13.1厘米，双层，正面红色与蓝色纻布缝制，并于侧缝夹黑色纻布作边框，宽约1.5厘米，框内红布区内镶灰白边饰机织布，图案为几何形组成的二方连续花纹图案，大小不一，错落有序，层次分明，素雅的花纹与红蓝布形成对比，精致讲究，另一面为蓝色纻布（图5-54）。该绑腿与素面绑腿有所不同，色彩鲜艳，与上衣和围裙相呼应，搭配起来体现凤凰装中凤凰脚的色彩特点，起装饰与保护作用。罗源式女下装的穿着样式效果与凤凰图像较为接近，穿着裙子，小腿部缚绑腿，脚部穿着花鞋。图 5-55 中的民国时期罗源畲族绑腿为黑色纻布，形状为梯形。上述几种不同样式的绑腿从形式上看没有关联，是不同绑腿受到不同影响因素而涵化的结果。

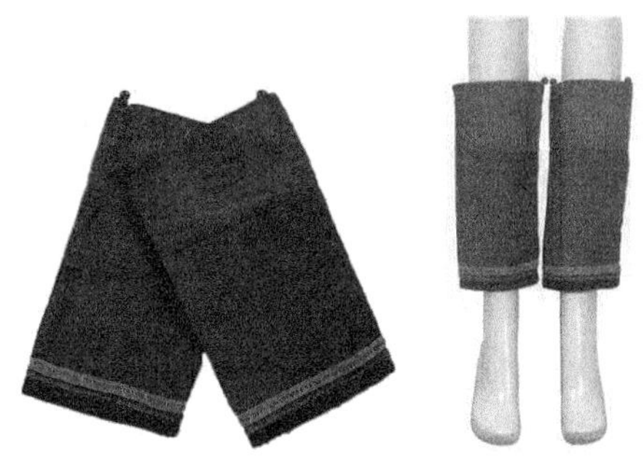

图 5-51　清代光泽畲族绑腿及穿着效果图

图 5-52　民国时期光泽畲族素面绑腿

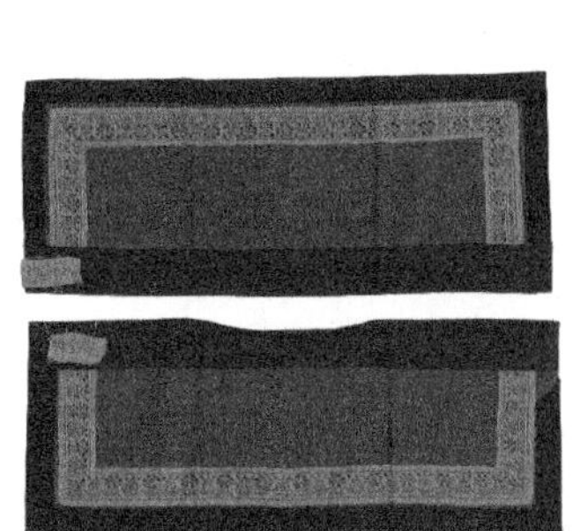

图 5-53　民国时期光泽畲族绑腿

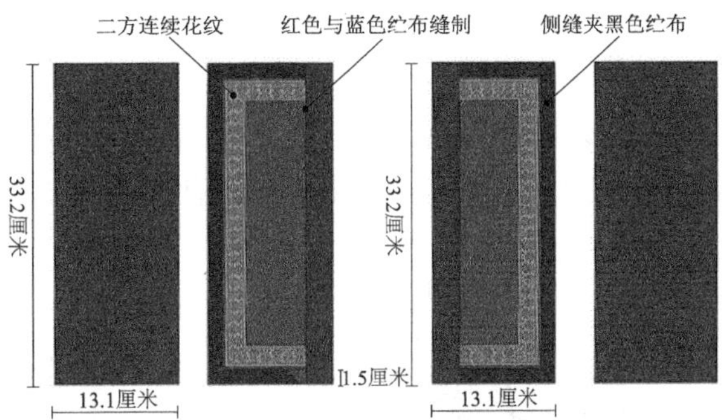

图 5-54　民国时期光泽畲族绑腿分析图

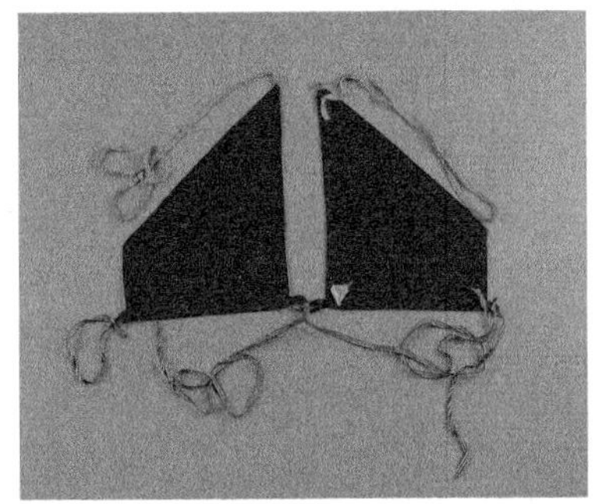

图 5-55　民国时期罗源畲族绑腿及穿着效果图

七、脚部

畲族女子在盛装时脚穿绣花鞋，日常劳作有不穿鞋的现象，或穿简单装饰的布鞋。盛装时穿的花鞋有单鼻鞋。单鼻鞋为方头圆口，鞋头折一条中脊的布鞋。单鼻鞋的鞋底是土布纳的千层底，鞋面为黑色土布，鞋面上有花卉图形的绣花，左右对称，色彩较艳丽，多以粉色、橙色、蓝色为主，在鞋的边缘处有红色绲边，在绲边的下方有齿形装饰。浙江丽水的花鞋则是蓝布里，青布面，四周绣有花纹，前头钉上鼻梁，扎有红缨。[1]

民国时期的罗源畲族女花鞋样式为尖头鞋，鞋面尖头上有一中脊，中脊两侧刺绣图案（图 5-56）。民国时期的福鼎女花鞋（图 5-57）为黑色面、蓝纻布底平头鞋，鞋头上翘如小舟，鞋面上有中脊，中脊两侧以红、绿、黄、白色丝线绣对称的喜鹊登梅图案，鞋口灰布绲边。

民国时期的光泽畲族女花鞋（图 5-58）为黑色面、白布底尖头鞋，鞋面尖头上有一中脊，脊顶尖勾，两侧红、黄、绿丝线绣折枝花，金黄色布绲边，后跟鞋面未封口。民国时期的霞浦畲族女花鞋为平头鞋，样式简朴（图 5-59）。

文献记载畲族为“椎髻跣足”。据考据，最初的畲民不穿鞋子，鞋在畲族中的使用明显受其他民族文化影响。鞋成为畲族凤凰装的组成部分，亦是畲族服饰被涵化的表现之一。

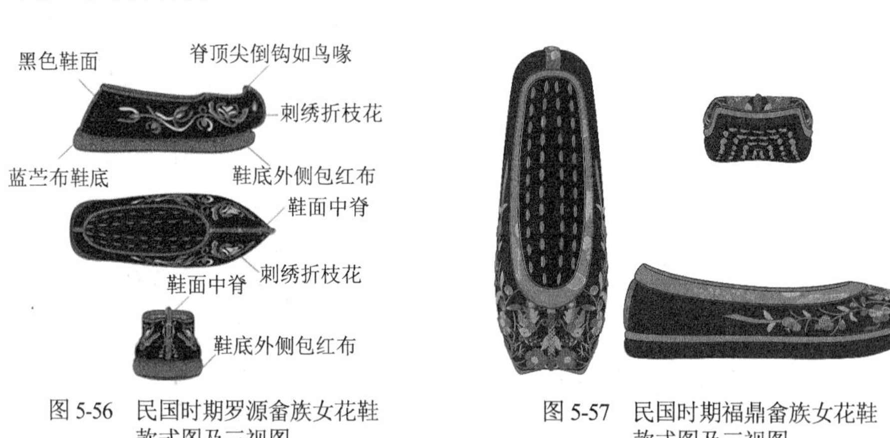

图 5-56　民国时期罗源畲族女花鞋款式图及三视图

图 5-57　民国时期福鼎畲族女花鞋款式图及三视图

[1] 浙江省丽水地区畲族志编撰委员会．丽水地区畲族志 [M]. 北京：电子工业出版社，1992：144.

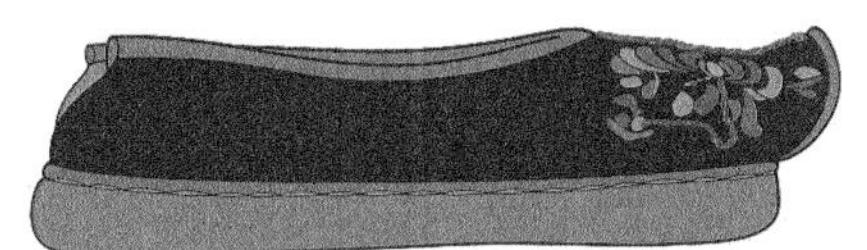

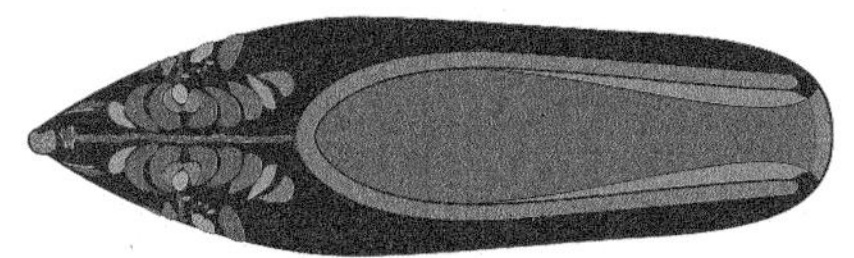

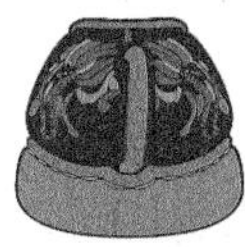

图 5-58　民国时期光泽畲族女花鞋款式图及三视图

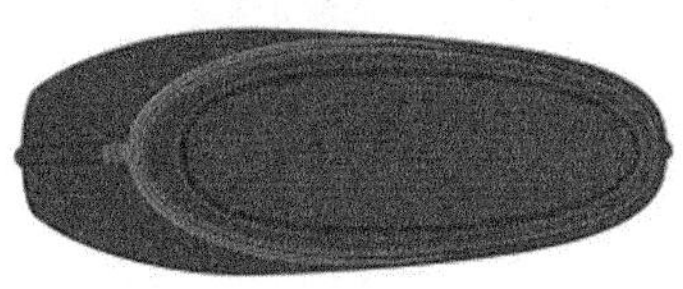

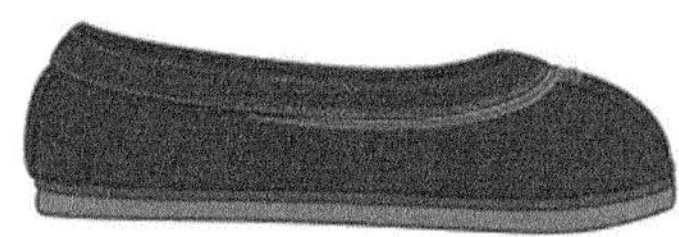

图 5-59　民国时期霞浦畲族女花鞋款式图及三视图

第六章

畲族服饰的历史演变及影响因素

第一节　畲族服饰的嬗变历程

就畲族服饰而言，博物馆馆藏实物中最早的也是清代晚期的。笔者尝试就研究过程中收集到的大量一手畲族服饰的文字、实物及影像资料，对近现代畲族服饰的交襟衣与大襟衣的嬗变做一梳理。

由于畲民散居，加之资料留存完整度差等原因，难以根据存世资料探寻其服饰的演变进度。为了使研究更具有说服力，我们选取在畲族服饰的历史演变进程中最具代表性的福建与浙江两省，对畲族女子的大襟衣和交襟衣的嬗变历程做阐释性分析。福建的畲族服饰样式较多，罗源式最具传承代表性，该地的上衣样式为传统交襟式。浙江的畲族服饰的存世图像与记录较多，该地的上衣样式为大襟式。两地的服装样式各具特色。本节首先对畲族服饰的历史做系统化梳理与分析，以对畲族服饰差异的成因做必要说明。前面章节已列举诸多典型案例来说明各地的畲族服饰多样而统一的现状，但更多的是横向比较，本节重点以时间为纵轴进行纵向比较。畲族服饰差异的成因也可以说是畲族服饰嬗变的涵化表现，畲族服饰的演变历程反映了畲族服饰传承与涵化的历程。

一、罗源畲族女子服饰的历史演变

1. 清代

清代罗源畲族女子所穿传统服饰，材质皆麻，为畲民自家种植的苎麻织布做成的纻布衣服。据记载："男女服装皆用自织的纻布缝制。"[1] 服装为纯手工制作，多为平面结构，体型特征不明显，穿着舒适。上身为交襟式上衣，下身穿长裙，脚穿布鞋。

[1] 石奕龙，张实. 畲族：福建罗源县八井村调查 [M]. 昆明：云南大学出版社，2005：410.

《皇清职贡图》中福建畲民的素材来自福州府古田、罗源两县，其对当地畲族妇女的着装记载为“围裙著履，其服色多为青蓝”[1]。从与之对应的画像（图6-1）中可以发现，罗源畲族女子上衣款式特点基本保持到现在，都为交襟式上衣，区别在于上衣襟边的装饰不同。光绪年间的《畲客风俗》中有浙江景宁畲族女子服装的样式，这种交襟式上衣是比较古老的服装形式（图6-2），笔者仅在《畲客风俗》中的画像中见到，在后期该地区的资料中均未再发现，可见这种着装形式在该地区已经消亡。1925年刊行的《括苍畲民调查记》中的浙江畲族妇女照片中的上衣款式已为大襟式，之后的各种资料都显示浙江省畲族服装皆为大襟式。通过图6-1与图6-2的对比，笔者发现景宁的交襟衣与罗源的十分相像，特别是上衣款式基本相同，皆为交领，衣长过膝。只是头饰的形状不同，下装的穿着亦不同，罗源的畲族妇女穿长裙，景宁的畲族妇女穿长裤、打绑腿。

罗源畲族女子发式为凤头髻，现在所见到的发式与凤凰的外在形象相对应，

图6-1 清代罗源妇女的穿着[2]

图6-2 清代景宁畲族妇女装扮[3]

[1] 蓝炯熹．闽东畲族文化地图——传统文化与现代文明对接的过程[J]. 宁德师专学报（哲学社会科学版），2007（1）：20-30.

[2] （清）傅恒、董诰等纂，门庆安等绘．皇清职贡图·卷三：古田县畲民妇[M]. 清乾隆十六年刻本．

[3] 转引自：钟炳文．浙江畲族调查[M]. 浙江：宁波出版社，2014：46.

但清代资料记载该地畲族女子发式为“狗头冠”。《皇清职贡图》记载罗源地区的畲族“妇挽髻，蒙以花布，间有戴小冠者，贯绿石如数珠垂两鬓间”[1]，但笔者在各种图像资料上都未见到罗源地区有与之对应的头饰记录，却发现其与景宁畲族妇女的头饰相似。《皇清职贡图》记载古田地区（古田畲民即罗源一种）“妇以蓝布裹发，或戴冠状如狗头”[2]。这种头冠具体的形式因为并无直观图绘，因而后世研究者无法想象，但笔者在查找资料时发现1911年美国人盖洛的田野调查中有关于福州畲族女子穿戴的相片（图6-3），其头冠与清代关于该地头冠的记载相似，极有可能就是《皇清职贡图》中所记载的样式。该样式也与凌纯声于1947年发表的《畲民图腾文化的研究》中所记录的福州罗冈式的头冠样式基本一致。

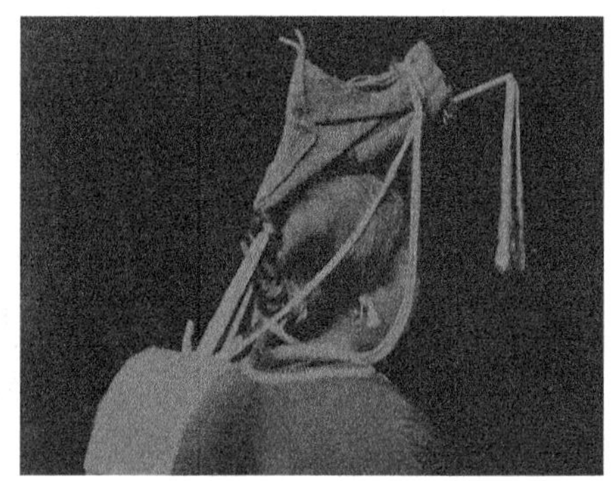

图6-3　福州附近山上戴狗头冠的妇女[3]

2. 民国时期

民国时期是近现代中国的社会文化转型期，畲族社会虽然受到冲击，但传统文化并未受太多影响。该时期畲族服饰变化较大，民国早期的畲族服饰虽受外界社会冲击，畲族仍穿着传统服饰，款式变化不大，服装上衣样式仍为交襟式，但下装开始穿短裤、打绑腿。1937年连江县的调查显示：男子服装与汉人同；女子上衣不用纽扣，而束之以带，状似袈裟，裤短小，下足绑以腿布，发梳凰形，覆于额部。还有资料称罗源“妇女着大领衣，梳凰鸟髻”，闽侯“女人则头戴竹管，长约九寸，缠以红布，衣用花栏杆边”。[4]据地方志记载，民国期

[1]　转引自：蓝炯熹．清代福建畲族山区的社会治理[J].宁德师专学报（哲学社会科学版），2009（3）：13-19.

[2]　转引自：袁燕．福建霞浦畲族女子西路式“凤凰髻”发式考察研究[J].艺术设计研究，2015（3）：39-44.

[3]　[美]盖洛．中国十八省府[M].沈弘，郝田虎，姜文涛，译．济南：山东画报出版社，2008：58.

[4]　谢滨．从档案资料看60年前福建畲族的社会变化[J].宁德师范学院学报（哲学社会科学版），2012,（1）：7.

间福州侯官和闽南德化的畲服与清代并无二致。[1]《畲族简史》中也记载“罗源畲族妇女的服饰花色都集中在领上，由红、黄、绿、红、蓝、红、黑、红、水绿这样有顺序地排列成柳条纹。在上领的黑地上绣一些粗线条的自然花纹，色泽也是水红、黄一类的”[2]。从相关记载来看，可以发现民国时期罗源式畲族妇女服饰材质上变化较大，已有不少地方畲民选用新的材质，如洋布。福建省博物院收藏的民国时期罗源畲族女花衣的材质就是洋布，其厚度比传统土布更薄。民国时期的罗源畲族服饰样式也有相应改变，如上衣长度逐渐变长，下装开始出现半长裤、单布裙子等。

与清末相比，民国时期乃至现代罗源畲族妇女的发式无大的变化（图 6-4）。

图 6-4 现代福州地区的畲族女子头冠[3]

3.1949—1980 年

在这一阶段早期，许多畲民还是穿着传统服饰，1958 年的调查显示多数畲族妇女的日常装扮以民族服装为主，只有极少数女孩改为汉族服装[4]，但随着时间的推移穿着传统服饰的人数在逐渐减少。这一时期，女子服饰的装饰面积开始扩大，纹样更为丰富。福州北峰的黄土岗畲村是盖洛 1911 年做过田野调查的村庄，当地畲族妇女继续保持自己的民族服饰特点，着无领衣，袖有花纹。已婚妇女的上衣袖口处带三圈花纹装饰，头饰成一个隆起的圆髻，已与现

[1] 福建省炎黄文化研究会．畲族文化研究 [M]. 北京：民族出版社，2007：78.

[2] 《畲族简史》编写组，《畲族简史》修订本编写组．畲族简史 [M]. 北京：民族出版社，2009：93.

[3] 福州市地方志编纂委员会．福州市畲族志 [M]. 福州：海潮摄影艺术出版社，2004：彩插．

[4] 福建少数民族社会历史调查组罗源小组．福建省罗源县城关人民公社八井营畲族调查报告 [M]. 福州：福建人民出版社，1968：20.

代所见的凤头髻样式相近。裤短至膝盖，天冷时用一块三角巾扎在小腿上，这是连江、罗源县畲族仍保有的服饰。在制作方式上，1949 年后，特别是 60 年代后，裁缝都会用缝纫机缝制畲族传统服装，并利用买来的花边拼接在服装上作为装饰来替代以前的刺绣装饰。服装材质方面，在 20 世纪 50 年代前还主要是苎麻织的布，50 年代以后开始出现府绸、咔叽布、斜纹、国贡、浙江呢等棉布或涤类等面料。

4.1981 年以后

这一阶段社会文化转型进入了加速期，市场体制逐步建立，社会转型的激变性和复杂性都远远超过前一阶段，该阶段畲族服饰的变迁最为剧烈。20 世纪 80 年代初期，畲族的传统服饰在畲民聚居区还能得到较好留存，该时期民族学研究的升温带动了民族服饰的研究，因此，该阶段学者所做的田野调查极具效果。80 年代后期，畲族服饰消亡程度加快，黄土岗畲族“除少数老妇人外，妇女的服装现在已全部改成汉装，其头饰已为现代所见样式”[1]。20 世纪 90 年代以后，畲族服饰的消亡速度加快，畲文化迈向亚畲文化，此次变迁是畲民的自主性选择。即使还保留畲族服饰的，也并非日常装扮，只在重大节庆时穿着，故畲族传统服饰已成为礼俗化的结果，整体风格更强调装饰效果，款式特点上出现了现代服装款式的特征。例如，罗源式凤凰装外露的白色领子为现代衬衣的领子款式，是对当代服装样式的吸收，这种文化融合体现了畲族服饰的涵化。

表 6-1 为清代至今罗源式畲族女子服饰的大致变化。

表 6-1　清代至今罗源式畲族女子服饰编年排列

时期	拍摄时间	图片来源	图说	图片
清代	1750年前后	《皇清职贡图》	妇挽髻，蒙以花布，间有戴小冠者，贯绿石如数珠垂两鬓间。围裙着履，其服色多为青蓝，上衣为交襟式	羅源縣畲民婦

[1] 施连珠 . 畲族历史与文化 [M]. 北京：中央民族大学出版社，1995：67.

续表

时期	拍摄时间	图片来源	图说	图片
民国时期	约1920—1948年	《畲族文化研究》	民国时期，据地方志记载，福州侯官县和闽南德化县的畲服与清代并无二致。1937年连江县的调查显示：女子上衣不用纽扣，而束之以带，状似袈裟，裤短小，下足绑以腿布	
1949—1980年	2013年	《中国民族服饰文化图典》	与民国时期相似，衣服黑色，上衣为交襟式，很长，下穿半长裤，腰绑拦腰，用黑布打绑腿（结婚时穿短裙）	
1981年以后	20世纪80年代	笔者摄于中央民族大学民族博物馆	短裙绑腿式，上衣为交襟式	

二、浙江畲族女子服饰的演变

1. 清代

清代魏兰所著的《畲客风俗》中对浙江畲族女子装扮有详细记载，“女人皆服青色，大领，与尼僧之衣相似。用带不用纽。袖约五六寸。衣长二尺八寸之许。畲妇无袴，均着青裙，近来亦有改裙为袴者。女人着青裙从无着袴者。

近来云和畲妇仿效土人，均改着袴而不着裙。畲妇腰间围以花带。此带阔二三寸，以赭色土丝织成。畲妇赤足不事包裹。畲妇天足无缠足之病。畲妇做客皆穿青鞋，鞋头绣以红花，并有短须数茎”[1]。结合《畲客风俗》中的文字记载与画像可知，浙江畲族妇女衣服的面料都为纻布，清代末期才开始用棉布，多为土布或细布，景宁一带的畲民服装无论冬夏都是纻布。早期上装穿交襟式上衣，长度及膝，下装穿蓝色裙子，后期上衣变为长度及膝的大襟衣，下装穿长裤、打绑腿，“无论男女，足膝之下必以蓝布绕之”[1]。发式方面，“畲妇之头不髻不鬟，仅旋其发于后焉。畲妇之发旋绕于后，遥视之，仿佛绳索然，但蓬松耳”[1]。凤冠为传统样式，“畲妇额顶戴以竹筒，筒外包以花布，镶以银，筒后又饰红布，其旁缀以石珠。竹筒大寸许，长约二寸有奇。竹筒外以赭色，柳条布包之，又镶以银。筒后又有大红标布一条，长约尺余，阔一寸五分。石珠如绿豆大，其色或白或蓝或绿。以线贯之，每串长约二尺”[1]。到清代末期，有的地区畲民独特的装饰已被完全涵化，如丽水的畲族妇女就不再戴凤凰冠，“丽水畲客亦有去其竹筒改梳为髻者……丽水畲客亦有仿效土民之妆饰，不戴竹筒石珠之属”[1]。

2. 民国时期

民国时期地方志对于浙江畲族服饰的记载与清代基本相同。据 1922 年文献记载：“畲妇素不著裤，惟系青裙，今则惟景宁畲妇仍其故习……其衣用带不用纽，腰间围以二三寸赭色土丝织成之花带。大足，穿青鞋，鞋端绣以红花，工作则穿草履，居家则穿木屐。足膝之下，无论男女，皆裹蓝布。”[2] 由此可知，浙江景宁一带畲族传统女子服饰形制为上衣下裙，腰系拦腰，腿部裹蓝布绑腿，脚穿草鞋或花鞋，这种装扮一直延续至 20 世纪 50 年代。1925 年《括苍畲民调查记》记载，“女装上衣着矮领大襟衫，穿过膝短裤，打绑腿，束绣有花朵、鸟兽之类图案的围裙”[3]。图 6-5 中的这款畲族女子服装收藏于中南民族学院民族学博物馆，因其介绍中无该款服装的详细资料，故无法确认属于何时何地的服装样式，不过据其款式特点分析，具有浙江畲族服装的典型特征，应为民国时期该地畲族女子的服装。其依据有二，其一为其款式特点与图 6-6 所示的民国时期括苍妇女的服装款式极为相似，其二为依据《畲民调查记》的记载，“妇女的

[1]（清）魏兰．畲客风俗 [M]. 光绪三十二年刊本．
[2] 胡先骕．浙江温州、处州间土民畲客述略 [J]. 科学，1923，(7)：280.
[3] 沈作乾．括苍畲民调查记 [J]. 北京大学研究所国学门月刊，1925，(4-5)：84.

衣服多系青色，也有少数用蓝色，镶以白色或月白色缘，唯年轻的妇女，也有用红色做衣缘的”[1]，与图6-5所示的畲族服装基本相同，区别之处仅在于图6-5的袖口处无缘饰。根据图像资料、实物与文献记载三者相互验证的结果，笔者将其确定为民国时期浙江的畲族服装款式。这种样式上的微小差别，具体的缘由已无法考证，但可以说是涵化的表现。

3.1949—1980年

中华人民共和国成立初期，畲族的民族服饰仍为其日常主要穿着，但已有部分地区的畲民开始根据当时流行的装扮有所改变。笔者田野调查时在景宁畲民住处发现一张20世纪50年代畲族妇女的照片，上衣为畲族款式，下穿大裆裤，脚穿军用胶鞋，已经有了少许时代服装特征。有许多地区开始改变穿纻布的习惯，服装的材质与时代接轨，从博物馆的实物中也明显能发现这种材质上的改变。60年代后，有些地方穿本族服饰畲民开始逐渐减少，但穿着本民族服装的畲族妇女其服饰基本保持了传统款式的特点，拦腰上的彩带向前围绕，在身体前方打结后自然下垂。新娘着颜色靓丽的裙装，足蹬同样鲜艳的绣花鞋。

4.1981年以后

这一时期畲族服装发生了较大的改变。一方面传统服饰在削弱，许多地方的畲民日常已不再穿传统服饰。大襟衫、大裆裤不再流行，只有极少数老年人继续穿着。特别是20世纪90年代以后，畲族妇女对服饰的要求提高，传统服饰不再是首选，从市场购买成衣成为主流的服装来源途径。另一方面，民族意识的增强和不同民族文化的融合使畲民在服饰上做了许多创新。例如，将一些原本用于演出性质的畲族改良服饰加以推广，吸纳西方服饰的特点，出现鱼尾裙等新形式，款式上的变化也增多。图6-7为笔者在景宁县城拍摄的宣传海报，上面的3套畲族女子服装款式均为现代改良款，从服装的材质、样式到发式都与传统的畲族服饰有许多差异。畲民的凤冠形式也有新创新，图6-7中畲族女子头饰出现了3种新样式，是当代畲民对凤凰冠进行的设计改良，是涵化的表现。拦腰的变化也较大，其捆扎方式已有人改为向后缠绕打结后下垂，这已不是传统的捆扎方式了。这些改良的款式体现了畲族服饰在现代社会中涵化程度的加深与加快。

---

[1] 转引自：钟炳文．浙江畲族调查[M]．宁波：宁波出版社，2014：59.

图 6-5　畲族女子服装
资料来源：中南民族学院民族学博物馆 笔者摄

图 6-6　民国时期括苍畲族妇女装扮[1]

图 6-7　景宁县城“三月三”节日宣传海报
资料来源：景宁县城 笔者摄

综上，清代以来浙江畲族女子服饰的变迁见表 6-2。

表 6-2　清代至今浙江畲族女子服饰编年排列

时期	拍摄时间	图片来源	图说	图片
清代	约1876年	右图为《畲客风俗》中的绘图 左图笔者摄于景宁畲族自治县畲族博物馆	交襟式，长裤绑腿，从清代晚期或此前浙南的地方志资料来看，浙江南部各地妇女发式一致。《（同治）景宁县志》载：“色尚青，饰以白缘，短其前襟外一短裙围之着长裙，勿裤勿袜。”《畲客风俗》中有“畲妇无袴，均着青裙，近来亦有改裙为袴者”的记载	
民国时期	约1925年	《括苍畲民调查记》	大襟衫，衫长过膝，裤至膝下，膝下裹以蓝布。女的平时不穿裙，传师学师时做过王母娘的死后穿红裙	

[1] 沈作乾．括苍畲民调查记 [J]. 北京大学研究所国学门月刊，1925，(4-5)：84.

续表

时期	拍摄时间	图片来源	图说	图片
1949—1980年	2014年	笔者摄于景宁畲族自治县敕木山畲族村居民家中	大襟衫，长裤，有的地方打绑腿，妇女戴凤冠，女孩留长辫	
1981年以后	2014年	笔者拍摄的景宁畲族博物馆穿畲族服饰的工作人员	开始出现现代改良款式的畲族服饰	

三、畲族服饰的历史演变

1. 涵化速度呈加快趋势

历史上畲族和汉族互动交流频繁，只是不同时期、不同地域在规模和速度上有所不同，因此畲族的文化涵化亦为历史性生成过程，作为文化涵化重要组成部分的畲族服饰嬗变，也历经了持续不断的演变。畲族服饰的涵化速度与该地区畲民的聚居程度有关，畲民人数少的地区，较早被涵化，畲民人数多的地区，较晚被涵化。广东与江西因为畲民人数较少，其服饰较易被涵化，中华人民共和国成立前的许多畲民聚居区就已被涵化。广东“民国时期以后，畲族服饰汉化”[1]。江西铅山的畲民“由于长期与汉族杂居，中华人民共和国成立前夕，畲族的服装样式已与汉族无多少差别”[2]。而诸如福建闽东地区这样全国最大的畲民聚居区，涵化就比较晚，中华人民共和国成立后还保持着穿民族服装的习

[1] 广东省地方史志编纂委员会 . 广东省志 • 少数民族志 [M]. 广州：广东人民出版社，2000：289.

[2] 汪华光 . 铅山畲族志 [M]. 北京：方志出版社，1999：202.

惯，“1949 年以后，随着社会生活水准的提高，畲族男女青年平时服装的选用布质和汉族无大差别，在婚礼和节日喜庆活动场合，仍穿用传统服装”[1]。

但随着时代的发展，畲族服饰的涵化速度逐渐加快。从前述福建罗源、浙江两地的畲族服饰的历史演变过程可以窥见，整体畲族传统服饰演变呈现加快的趋势。主要表现为两大方面：其一，日常穿着传统畲族服饰的畲民越来越少，20 世纪 60 年代起，有些地方完整的传统装束已是少见，80 年代时只在畲族“三月三”歌会、民族运动会、民族会议及影视拍摄时，当地畲族妇女才会穿着传统服饰。20 世纪末期以来，许多畲民在日常生活中都不再穿着民族服饰。这种随时间流逝而表现出的畲族服饰变化是一种鲜明的被涵化的结果，也是不少民族服饰不可避免的进程。其二，随着时间的流逝，畲族服饰款式愈来愈接近现代服饰，传统服饰元素日渐消失，涵化越来越清晰。从清代到民国时期，罗源畲族女子传统服装款式变化很小，仅仅是由裙子转变为短裤打绑腿，到中华人民共和国成立初期变化也不大，仅为装饰面积的变化。在 1958 年的福建罗源县八井村畲族社会调查中就发现中华人民共和国成立后，“畲族妇女的梳妆皆未改变，只有极少数女孩改为汉族服装和梳辫或剪短发”[2]。1978 年以后变化速度加快，大量的现代改良畲族服饰出现。畲族服饰的演变进度证明了服装学中服饰“停滞、残存”演变规律的正确性，服饰在偏僻的地域发展缓慢，越是偏远地区其传统服饰保存越完好，越是经济不发达地区传统服饰的变迁就越小。20 世纪 80 年代后，随着经济的发展，畲族服饰的演变速度与前期相比加快了许多。畲族服饰越接近现代变化越大的特点体现了现代信息传播速度的加快对畲族服饰的影响，也证明了畲族服饰的涵化速度受到现代社会的强烈影响。

2. 涵化程度受时代影响

畲族服饰的演变不可避免地受到时代的影响，包括服装材质、色彩、审美角度等方面的变化。畲族传统服饰颜色较为单调，布质均为棉麻，花纹图案布局固定，服饰款式缺乏变化，传统民族服饰已无法满足畲民日益提高的审美需求，因而畲族服饰逐渐转向花样繁多、价格低廉的汉族服饰。如图 6-8 所示的民国时期福安畲族蒙面巾为长 53.2 厘米、宽 55.7 厘米的印花方形面巾，机织细白布上以红、蓝、紫色单面印花，外围三方框从外到内分别为寿字、小花、折

[1] 蓝运全 . 闽东畲族志 [M]. 北京：民族出版社，2000：409.

[2]《中国少数民族社会历史调查资料丛刊》福建省编辑组 . 畲族社会历史调查 [M]. 福州：福建人民出版社，1986：129.

枝佛手、桃、石榴、花卉等纹饰。正中方框以佛手、蝴蝶、花卉等纹饰为底子，四角圆形开光，印三孩儿共捧大寿桃，中间圆形开光，印一组古装戏曲人物。机织细白布的使用反映了服装材质的变化。蒙面巾上的样式、图案均为典型汉族所用。虽然其来源已不可考证，且博物馆在收藏该蒙面巾时对其用途也没明确的记录，在各地的畲族妇女所用之物中也难以见到类似物品，但该蒙面巾确为从畲族妇女所用之物收集而来，体现了畲民审美的变化。此外，畲族服饰中大量汉族传统喜庆纹样图案的运用反映了畲汉两族文化的融汇，同时也说明畲民对于现代工业文明成果的认同和接受，是畲族服饰涵化的典型例证。如图 6-9 所示为民国时期霞浦畲族拦腰，该拦腰侧面的刺绣中有暗八仙（即八仙手持的八件宝物的总称）的刺绣装饰图案。这种暗八仙的隐喻装饰手法是典型的汉族纹饰，畲族刺绣将其应用于民族服饰的装饰中是典型的受到汉族涵化的例证。

图 6-8　民国时期福安畲族蒙面巾

3. 装饰呈现复杂化

在畲族服饰的演变过程中，服饰上的装饰呈现越来越复杂的特点，这种复杂性表现在许多方面，例如凤凰装中的拦腰、衣襟等装饰部位。畲族拦腰的装饰效果可以体现此演变特点，图 6-10 所示为清代霞浦畲族拦腰，裙长 45.7 厘米，下摆宽 67.5 厘米，腰头长 39.5 厘米、宽 13 厘米，腰于两侧镶蓝色绲边，下摆较宽，兜身有褶，黑色裙身两边及上缘缀红、绿、黄多色彩边，上缘、两侧以红、绿丝线绣两层花纹，内层上缘绣双狮戏球，两侧绣双龙抢珠，外层上缘绣双凤对花，两侧绣杂宝、双龙舟图案，腰上两端扣袢，用于与腰带相连。图 6-9 所示为民国时期霞浦畲族拦腰，裙长 45 厘米，下摆宽 57 厘米，腰头长 33.7 厘

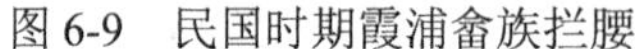
图 6-9　民国时期霞浦畲族拦腰

图 6-10　清代霞浦畲族拦腰

米、宽 11 厘米，腰与两侧镶蓝色绲边，下摆较宽，兜身有褶，黑色兜身两边及上缘缀红、绿、黄多色彩边，上缘、两侧以红、绿丝线绣两层花纹，内层上缘为双狮戏球，两侧为暗八仙等杂宝图案，外层上缘为双凤对花，两侧为福禄寿三星与瓶花图案，腰上两端有扣袢，用于与腰带相连。两拦腰均为霞浦地区畲族妇女所用，分别为清代与民国时期，时间上有延续性。从两图对比中可以发现民国时期的拦腰与清代相比，装饰面积明显扩大，刺绣图案有所增加，装饰图案更加精美，体现出装饰复杂化的特点。此外，畲族服饰的装饰性表现出地域差异，福建罗源畲族服饰的装饰性超过浙江，说明经济越发达就越有财力用在衣着上，所以衣服选用材质较好，装饰较多。前文所述的随时代变迁罗源女花衣衣襟处装饰面积的不断扩大也是一个很好的例证。

人类学家认为，文化变迁是人类社会的永恒主题。作为承载民族文化的畲族服饰，经历了从古代的“织绩木皮，染以草实”到清代的“围裙著履，其服色多为青蓝”，再到现代的改良畲族服饰的巨大演变；服饰制作面料也经历了古代的植物皮、果、茎到清代的纻布，再到现代的高档面料，制作方法也从手工制作变为机械编织缝制。从植物原料到人工原料，从手工工艺到机械工艺，畲族服饰的变迁也在一定程度上反映了畲族的社会发展历史。因为畲族对传统文化的坚持，故清代以来畲族服饰的样式变化相对较小。近现代畲族妇女服饰的发展简况见表 6-3。总体而言，畲族服饰的嬗变历程除个别地区存在（如浙江景宁）交襟式向大襟式的演变外，更多地表现为交襟式与大襟式在细节处的演变。交襟式的演变以福建罗源式女子上衣为代表，虽出现装饰面积的扩大、装饰图案的复杂化以及材质的现代化等特征，总体仍然是对交襟式的传承，这种传承是对凤凰意象的传承。浙江大襟式的涵化特征明显，虽外在称谓依然以“凤凰装”为名，然而在外观呈现中与凤凰意象并不具强烈而直接的视觉关联。大襟衣服装样式也有两种类型：一种为无服斗的大襟衣；另一种为有服斗的大襟衣。如景宁畲族服饰与凤凰的关联体现在凤凰意象的传承，但大襟的样式与凤凰意象无直接关联，这种凤凰装与祖先的关系更多体现于名称之中，是意义上的传承；福安畲族有服斗的大襟衣，服斗是与高辛皇帝相关联的涵化结果，体现了畲族的祖先崇拜，是一种意义上的传承、形式上的涵化。

表 6-3　近现代畲族妇女服饰的发展简况

时期	形制结构	缝制工艺	色彩特点	装饰特点
清乾隆至清代末期	多数地区上衣大襟右衽，部分地区为交领式，下装着长裙、长裤	纯手工制作	青色、蓝色为主，装饰色彩鲜艳	装饰较简单，以棉麻为主，重要场合丝绸
清代末期至民国时期	上衣的长度逐渐变长，厚度变薄，裤装开始出现半长裤，单布做裙。丽水地区大襟短衫，衫长过膝，襟边、右襟镶以1～3条彩色花边，裤至膝下，男女膝下均裹以蓝布，女的平时不穿裙	手工制作为主，开始出现机械制作	出现褐色等，青色、蓝色为主，镶以白色，月色花缘。年轻女性红色做衣缘	装饰变化不大，盘扣简单，多为布扣，少数用铜扣。饰品材质简单，主要以银饰为主
1949—1980年	与民国时期基本相同，半长裤增多，60年代后许多地区服装样式与汉人相同	机械制作为主，少量手工	青色、蓝色为主	以简单合身为主，整体造型多以T字形呈现，开始增加不同材质装饰，如塑料扣等
1981年以后	长裤与裙装增多，款式变化增多，凤凰装意义保持，但有变化	基本已无纯手工制作，机械制作加少量手工制作	青色、蓝色开始不为年轻妇女接受，色彩开始丰富，多姿多彩	装饰逐渐增多，装饰越发夸张，增加很多新的装饰变化，如花边的运用

第二节　畲族服饰涵化的影响因素

畲族是中国东南部的一个古老民族，清代后期以来畲汉的互动与融合较为频繁，这种互动和融合是畲汉双向的，既有通婚、收养等血缘上的混化，也有互相隐匿等地缘上的融合，更有国家外力的推进作用，因此历史上既存在畲融于汉的可能，也有汉融于畲的可能。[1] 这种畲汉之间的相互融合是畲族服饰涵化的基础。杨鹓在《背景与方法——中国少数民族服饰文化研究导论》中说道：“从文化艺术史和文化艺术论的角度，也许首要的是对少数民族服饰视觉样式特

[1] 温春香. “他者”的消失：文化表述中的畲汉融合 [J]. 贵州民族研究，2008，(6)：59.

征的总体把握。当然，这种把握首先是在不同风格样式的比较中形成的。因为这样才有可能进一步探寻每件独立服饰艺术品所赖以创造的基本原则，它的艺术追求倾向及其动因。说少数民族服饰类型众多，作为一种表象大家都有目共睹，但它们的成因似乎没有人去深究过。”[1] 虽然这是学者多年前提出的问题，但畲族服饰多样性的成因研究并未得到足够的重视，这是本书对此问题进行重点分析的原因。畲族服饰样式多样性的成因即畲族服饰涵化的影响因素，这些因素对畲族服饰涵化过程的影响程度不尽相同，传承与涵化是此消彼长、相互影响的辩证关系，因此，畲族服饰的涵化程度亦与传承程度相对应。

目前，人类学研究者普遍认为文化变迁的原因有：一是社会内部的变化；二是自然环境的变化和社会环境的变化，如迁徙、与其他民族的接触、政治制度的改变。[2] 这从一定程度上解释了畲族服饰不同地区款式不同的原因，但不能解释畲族服饰变迁的所有现象，更不能解释畲族服饰同中存异的现象。笔者以为，闽、浙、粤、赣四地的畲族服饰因地区不同而样式不同，单就福建而言有罗源式、霞浦式、福鼎式、福安式等，不同地区的畲族服饰款式及形制亦存在差别，但却又具有某些明显的共性。譬如女子发式，少女头大多是盘扎大圈的红毛线或红头绳，无高髻，妇女则多盘高髻；头冠形式极为多样，但多为结婚时所戴。再如服装的结构、装饰也类似。从整体装束看，一般畲族女子着花衣、系拦腰、着长裤、穿花鞋，配饰中的银饰种类及样式也多有相同、相近者。这表明各式畲族服饰具有密切的内在联系，有着共同的渊源。畲族服饰虽样式有差别，但又有其民族的文化基因凝结其中，无论何地的畲民都称呼其女装为凤凰装，其文化内因构成了畲族服饰的密码，是畲族的凤凰图腾崇拜在服饰上的体现。畲族服饰差异是畲族迁徙散居后基于地理、文化隔离，以及心理、政治等诸多因素的影响而产生的辐射、变异现象，畲族服饰在传承的过程中所产生的差异化导致其涵化程度的不同，呈现出同一文化基因、同一凤凰意象的不同表现方式，传承与涵化过程中多种因素的影响导致畲族服饰出现多种样式。

一、畲族族源的多元论

畲族族源的多元论是畲族服饰多样性的历史因素。有关畲族族源的问题，长期以来有“外来说”和“土著说”两种说法。“外来说”主张畲族是由武陵蛮、

[1] 杨鹓.背景与方法——中国少数民族服饰文化研究导论[J].贵州民族学院学报（社会科学版），1997，(4)：33.
[2] 吴灵芝.建国以来中国共产党的民族政策对蒙古族文化变迁的影响[D].内蒙古师范大学，2005：2.

长沙蛮或古代“东夷族”靠西南的一支“徐夷”南迁发展演变而形成的；“土著说”主张畲族是由古代闽、粤、赣边的土著居民发展形成的，对于土著居民的认定，又有百越人后裔、闽族后裔和南蛮的一支等不同派别。这两大派别争论不休，莫衷一是。由于彼此都有理论上和论据上的不足，谁也不能说服谁。[1]畲族和苗族、瑶族的关系也是学术界研究的问题之一，吴永章在《畲族与瑶苗比较研究》一书中就对畲、苗、瑶三族的族源做过研究。在历史上，就有畲与瑶、苗混称的记载，如“畲瑶”合称畲。《(康熙）广东通志》卷十四载：明成化间，杨昱为饶平县令，取“驱畲瑶”之策；《(光绪）嘉应州志》卷三二也有“畲瑶”之词。把“畲”称为“瑶”或“畲瑶”，说明畲、瑶两族的社会与习俗有许多相似之处，以致人们难以分辨。这既是“畲瑶”同源的重要根据之一，也是畲族族源多元论的依据之一。[2]

关于畲族服饰的描述，一般将畲族先民多描述为“椎髻跣足”或“椎结跣足”，意思是把头发束起来盘在脑后成为一个高髻，同时打着一双赤脚。但也有史料显示，有些畲民却是“断发文身”，如元朝至元年间在闽浙边区起兵抗元的畲族领袖黄华，他领导的就是一支断发文身的队伍，号头陀军。按断发文身是百越人的身体特征，而头陀本指佛教中带发修行的行者，把头顶头发剃净，周围留一圈短发，与百越人的断发相似，故把具有断发特征的黄华畲军号为头陀军。[3]“椎髻跣足”与“断发文身”是两种完全不同的服饰特点，很难用同一族源的观点来解释，故谢重光认为畲族有多种来源，指出“畲族族源主要包含百越后裔、南迁武陵蛮和入畲而被畲化了的汉人三大部分，畲族是多元一体的民族”[4]。这种说法可以较好地解释史书上有关畲族服饰的不同记载。正因为畲族多元一体的民族格局，作为其文化的外在表象的服饰也表现出多样化的特征，这是近现代不同地区畲族服饰在款式上产生变化的原因。

二、环境因素

环境因素是形成畲族服式多样性的自然因素。畲族主要散居于我国东南山区的山腰地带，属亚热带湿润季风气候。一方水土养一方人，南方湿热的自

[1] 谢重光．畲族与客家福佬关系史略 [M]. 福州：福建人民出版社，2002：4.
[2] 吴永章．畲族与瑶苗比较研究 [M]. 福州：福建人民出版社，2002：41.
[3] 谢重光．畲族与客家福佬关系史略 [M]. 福州：福建人民出版社，2002：6.
[4] 谢重光．畲族文化研究的新收获—— 2009 年全国畲族文化学术研讨会综述 [J]. 宁德师专学报（哲学社会科学版），2010，(1)：13.

然地理环境，对畲族服饰的形制亦产生相应的影响，服饰要适应气候和地理环境。

1. 气候影响

畲族居住地区多属于亚热带气候，这种气候对服饰的影响是显而易见的。束髻可使头部最大限度地散热；头巾缠头，可以加强发髻的稳固性，达到散热效果，也可避免阳光直射头部，有遮阳降温的作用。跣足的原因一是南方天气炎热，二是贫困的山居生活条件有限。无领无扣长衣方便随意解脱散热，是对湿热气候的一种适应。因为气候的原因，畲族妇女的款式及材质的变化较少，故服装的地区差异主要表现为襟边、缘边、扣饰等方面的小变化。畲族自古存在的“皆衣麻”，显示其面料的材质为纻布，适宜畲族生活环境的气候条件。苎麻的茎皮纤维洁白有光泽，拉力和耐热力强，是纺纱织布的上好原料。服装面料采用苎麻韧皮纤维，干湿强度高，吸湿透气性好，排湿快，非常适应南方的潮湿和炎热。畲族服饰的色彩选用蓝、黑等深色，具有耐脏、隐蔽等特性，与山居的周边环境相互适应。畲族女子的上衣款式虽受到汉族等民族的影响，但并不像汉族那样宽大，而是相对修身，腰间再配以拦腰，腿部配上绑腿，适合于山间劳作与生活。此外，装饰多样、形式美丽的畲族服装的款式多来源于气温较高的地区，如罗源式服装就因为地处气温较高的福建省福州地区，故其服装款式的装饰就比温度较低的地区相对更复杂些。

2. 地理影响

地理环境因素对服饰的形制、用料、饰物、图案和色彩均有影响。闽、浙、粤、赣的山区都位于中国的东南地区，四省的交界地区属于丘陵地带，境内山峦起伏，丘陵密布。闽东地区海拔 1000 米下的山地、丘陵占 90% 以上；浙南的丘陵山地也很多，有“八山一水一分田”之称，景宁更是“九山半水半分田”。面对这样的生活环境，畲族不论男女，人人辛勤耕作，为求得生活温饱而奋斗。在服饰方面，第一要务以蔽体御寒为原则，以实用为出发点，故畲族服饰的实用性大于装饰性，在服饰美学上表现出朴素实用的审美特点。畲族烧山种畲的传统生产方式决定了畲族多循山脉走向居住的特点。除烧山种畲外，为弥补生活资源的不足，畲民多有打猎的习俗，为防止山区的枝条刺伤和蚊虫叮咬，以“打绑腿”的形式适应区域气候特征，故而绑腿在畲族服饰中得以广泛应用。地理环境的影响还表现在不同地区的畲民对服装材质的选用上。

福建古田的畲族主要聚居在平坝，以种植棉花为主，故其制作服装选用的衣料以棉布为主，该地“妇以蓝布裹发……短衣布带”[1]；而福建闽东及浙江景宁等大多数畲民聚居区的畲民因为主要生活在山区，当地盛产苎麻，加之气候温暖，温差较小，故畲民的服装材质“皆衣麻”。这说明不同地区对不同面料材质的选择是受当地物产的影响，与地理环境有着密切的关联。环境因素对畲族服饰的影响由此可见一斑。

三、居住特点

畲族自古以来保持着迁徙的习俗，是历史上迁徙路线较长、迁徙频率较高的民族。小规模的迁徙是畲族服饰多样性的重要原因。

迁徙路线的影响。宋、元时期大量畲民迁徙至福建中部和北部，明、清两代继续北移，进入福建东部和浙江南部山地，其中有一部分抵达安徽。《平阳畲民调查》记载“该族入闽，迁福安，复徙福鼎。后分三派，分住于福鼎章山及浙江平阳等处”[2]，从中可以看出平阳畲族是从福鼎迁徙而来，平阳畲族妇女的服饰与福鼎的基本相同（图 6-11），而与景宁等地的不尽相同。江西的畲族服饰既有与福建罗源式相同的，也有与浙江景宁式相同的。从原住地迁徙过去的畲民所穿着的民族服饰与原住地的畲族服饰一脉相承，所以不同地区的畲族服饰可能因为来自同一个原住地而呈现一致性，同一地区的畲族服饰也可能因来自不同原住地而呈现多样性。

图 6-11　浙江平阳畲族服饰

资料来源：厦门大学人类学博物馆 笔者摄

迁徙规模的影响。畲族迁徙多为小部分的移动，少有大规模的迁徙，这就导致其大分散、小聚居的居住特点，这是形成畲族服饰差别性的现实因素。大分散、小聚居的格局使得畲民的生活习俗、服饰也深受迁入地文化的影响。例如，“畲族还常把自己编织的带子拿

[1]（清）傅恒、董诰等纂，门庆安等绘．皇清职贡图·卷三：古田县畲民妇 [M]. 清乾隆十六年刻本．

[2] 钟炳文．浙江畲族调查 [M]. 浙江：宁波出版社，2014：173.

到县城里印染铺去镂印汉族的花纹”[1]，畲族妇女编织的花腰带用“百年好合”“五世其昌”等汉族的吉利话装饰，畲族拦腰上的图案出现祥龙戏珠、凤凰牡丹、鸳鸯戏水等典型的汉族吉祥图案，甚至有不少地方的畲民平时改穿与当地汉人一样的服饰，“饮食衣服起居往来多与人同，瑶僮而化为齐民，亦相与忘其所自来矣”[2]。各地畲族受当地文化影响的程度不同，其服饰涵化的程度也不同。总体而言，越是畲民聚居的地方畲族的传统服饰保留得越好，越分散保留得越差。

四、政治因素

政治也是畲族服饰涵化的重要因素。在不同的历史时期，统治者采用强迫、劝诫等方式，导致畲民传统服饰的涵化。有史可查的中央政权对畲族文化变迁的干预始于唐高宗总章二年（669 年），陈政、陈元光父子奉命入闽镇压“蛮獠啸乱”，将起义的畲族男子大量杀死，将畲族女子强行嫁给麾下士兵。为了纪念死去的亲人，有的畲族妇女结婚时会在凤凰装里穿白色素衣，表示对先民的祭祀。演变到今日，罗源畲族妇女的凤凰装仍然有这种风俗的遗留，其上衣露出来的领子依然是白色的，只是如今的白色领子已成为现代的衬衣领款式（图 4-4）。白色领子的保留是畲族服饰传承性的一面，反映了民族的苦难历史，其在后来的涵化过程中仍然被保存并与时俱进，成为畲族服饰中的无字史书。

自唐代以后，国家运用政治手段干预畲族文化变迁的记载屡见史端。南宋中后期湘赣闽粤的大规模畲民抗争运动，可说是畲族汉化的正式启动时期，明代中期王阳明巡抚南赣导致大批畲民汉化为客家人与福佬人，是畲族汉化结出硕果时期。[3]王阳明于 1516 年始为巡抚南赣都御史，此时，该地正发生“輋寇”之乱，在试图熄灭熊熊燃烧的“輋寇”反抗之火的军事行动中，王阳明采取了一系列策略，其中最具影响的成功之作便是设立《南赣乡约》。《南赣乡约》劝谕乡民曰：“自今凡尔等同约之民，皆宜孝尔父母，敬尔兄长，教训尔子孙，和顺尔乡里，死丧相助，患难相恤，善相劝勉，恶相告诫，息讼罢争，讲信修睦，务为良善之民，共成仁厚之俗。”[4]《南赣乡约》以政治制度和社会伦理来整合南赣乡民（包括畲民）的文化心理和行为规范。随着王阳明镇压“輋寇”之乱的

[1] 雷志良 . 畲族服饰的特点及其内涵 [J]. 中南民族学院学报（哲学社会科学版），1996，（5）：129-132.
[2] （清）王相修，昌天锦等纂 . 平和县志 • 卷十二：杂览 [M]. 康熙五十八年刻本 .
[3] 谢重光 . 宋代畲族史的几个关键问题——刘克庄《漳州谕畲》新解 [J]. 福建师范大学学报（哲学社会科学版），2006，（4）：13.
[4] （明）王守仁撰 . 王阳明全集 [M]. 吴光等编校 . 上海 ：上海古籍出版社，1992：600.

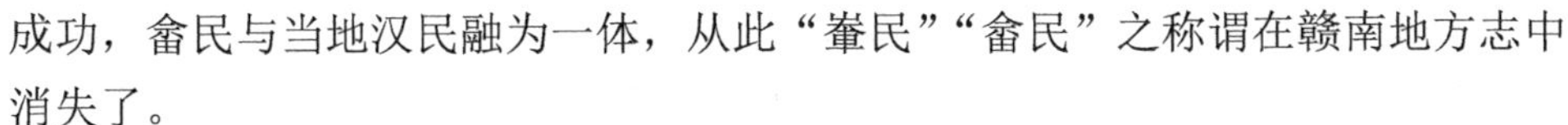

成功，畲民与当地汉民融为一体，从此“輋民”“畲民”之称谓在赣南地方志中消失了。

近现代的政治因素对畲族服饰文化的影响也是巨大的。

1. 清代时期的劝诫

1898年，刑部主事钟大琨到福宁府各县修谱，他途经各县钟姓畲族乡村，“见有一山民，纳粮考试与百姓无异，唯装束不同，群呼为‘畲’。山民不服，时起争端”，于是便“向山民劝改妆束”。钟大琨考虑“山民散处甚多”，特呈请福建按察使司发布文告，令畲民改装。告示刊载于清光绪二十五年（1899年）四月的福州《华美报》，文告云：“本署司查，薄海苍生，莫非天朝赤子……但其装束诡异，未免动人惊疑。且因僻处山陬，罔知体制，于仪节亦多僭越……自示之后，该山民男妇人等，务将服式改从民俗，不得稍涉奇裳，所有冠丧婚嫁应遵通礼，及朱子家礼为法，均勿稍有僭逾，授人口实。百姓亦屏除畛殄域，等类齐观，勿仍以畲民相诟病，喁喁向化，耦俱无猜，以成大同之治。本署司有厚望焉，其各凛遵毋违，特示！”[1]

钟大琨为了避免闽东一带的畲民因服饰之异而被视作异类，以文告广布于天下，规劝畲民“改装”。

2. 民国时期的政治强迫

民国时期一度推行大汉族主义，歧视压迫少数民族，不少地方畲民外出时穿着民族服饰，可能遭到嘲笑、侮辱甚至殴打。20世纪30年代后期，政府提倡新生活运动，禁止妇女戴笄。少数民族妇女进城、上街时取下头上的笄等，回去时再戴上，恢复原来的装扮。这种“强行同化”使一些地方引人注目的畲族妇女服饰逐渐消失。对此，有研究者进行过评价：“在欧洲国家，人们正全力以赴地保持服装旧风俗，以便保持并加强与乡土的联系和民族感情，而中国在这方面却被一些令人疑虑的极端主义所支配。许多事物被毁坏了，从中没有得到一点点好处，其结果只会使子孙后代抱怨。民族特点受到了无可挽回的损失。”[2]

五、经济因素

经济因素对畲族服饰多样性的影响表现为三个方面。

[1] 蓝炯熹．清代福建畲族的社会治理 [J]．宁德师专学报（哲学社会科学版），2009，(3)：13-19.

[2] 史图博，李化民．浙江景宁敕木山畲民调查记 [M]．周永钊，张世廉，译．武汉：中南民族学院民族研究所，1984：5.

烧山种畲的生产方式。开山种树，掘烧乱草，乘土暖种之，是畲族人民早期就发展起来的一种生产技术。明代万历年间的进士谢肇淛在游览福建太姥山过湖坪时，就目睹“畲人纵火焚山，西风急甚，竹木迸爆如霹雳，舆者犯烈焰而驰下山，回望十里为灰矣”[1]，并写下“畲人烧草过春分”的诗句。顾炎武在《天下郡国利病书》亦提到畲民“随山散处，刀耕火种，采实猎毛，食尽一山则他徙”。可见，早期畲民由于不懂得犁耙、施肥、灌溉、深耕、细作等较先进的生产技术，生产力低下。因此，他们不得不大力发展狩猎来弥补食物的不足。在狩猎的前期准备工作时，猎手们在出发前先要校验枪弹，备好刀器和干粮，扎好腰带绑腿。[2] 由此记载可见，绑腿对狩猎的重要实用价值。此外，“食尽一山则他徙”，频繁的迁徙也要求服饰简便实用，而不太强调其审美功能，这也是一些地区畲族服饰装饰性削弱的原因之一。

自给自足的自然经济。畲民聚居区商品经济不发达，畲族文化中缺乏商业意识，以物易物的交换习俗在畲民中具有广泛性与长期性。除了自己制作外，畲族服饰的来源还有畲族裁缝制作、以物易物交换等方式。受到各地裁缝师傅能力的影响，畲族服饰本来就会有款式上的差别。而畲民与当地汉族以物易物换来的服装，其款式基本上都是当地汉族的服装样式，畲民难以对此有更多要求，故不同地区畲族的服装款式也会因此而不同。

畲族女子与男子同样从事劳动。畲族生活的环境艰苦，生产力低下，需要妇女也参与劳动才能解决基本生存问题，故畲族女子有与男子共同从事生产的习俗。“无论男女，黎明即起，早饭后携其工具或背其婴孩赴田间工作，或入山砍柴、采茶、挑担、拔草。妇女之耐劳，尤胜男子。”[3] 因为从事生产，畲族妇女的拦腰是其日常生活的必需品，这是拦腰成为凤凰装中重要装饰的原因之一。

六、科技因素

人的物质生产与精神活动构成了社会活动。物质财富的生产方式制约着整个社会生活，主要包括精神生活与社团生活。也就是说，反映在精神生活和为了维持某种群体秩序的事务中的物化了的意识形态，直接标示着社会生产力的水平。服装与配饰既属于物质产品又属于精神产品，在这一点上表现得尤为鲜明。畲族人民的诸如服装与配饰等物质生活资料，是从自然界获取后制作完成

[1] 卓建舟．太姥山全志・卷十三：艺文・题咏四 [M]．周瑞光点校．福州：福建人民出版社，2008：166

[2] 邱国珍．浙江畲族史 [M]．杭州：杭州出版社，2010：98.

[3] 王虞辅．平阳畲民调查 [M]．浙江省第三特区行政督察专员公署编印调查丛书第一种．

的。因此，服装的产生和发展与社会生产力有关，社会生产力的发展速度、整体工艺水平会决定服装的质料与制作的实际水平。

制作蓝靛的菁是早年畲族聚居区种植的主要经济作物，明清时期，“福建菁”名闻全国，有“福州西南，蓝甲天下”的说法。菁民遍布八闽，畲族中不乏种植加工菁靛者。闽西汀州畲区菁民“刀耕火耨，艺蓝为生，编至各邑结寮而居”。闽中兴化畲族聚居区“擅蓝靛之利”。闽东宁德畲族聚居区“西乡几都菁客盈千”。福建大宗菁靛染料的种植和加工均出于畲民之手，于是“菁寮”成为畲族聚居区的代名词。“箐客”生产的箐靛品质极佳，其染色曾被盛誉“为天下之最”。畲族制箐技术的发展直接导致明清之际其服饰色彩由“五彩”“卉服”向“皆服青色”的转变。[1]

技术的进步带来了畲族服饰的变化，这种变化表现在材质的运用上。中国的服装，早期都是手工制作，因此，畲族的服饰刺绣运用很多。随着现代技术的进步，机制花边在罗源式女装中大量出现，上衣的花边几乎占满整件衣服，而早期的罗源装花边面积较小。布料来源的变化对畲族妇女的服装风格有较大影响，甚至有的地区直接用印花面料取代了绣花装饰。以浙江畲族女子上衣为例，民国时期丽水畲族花边女上衣（图 6-12）的襟边装饰明显比清代景宁畲族女婚服（图 6-13）面积大了很多，很重要的原因就在于其装饰用的是机制花边。

图 6-12　民国时期丽水畲族花边女上衣

资料来源：山哈风韵——浙江畲族文物展 笔者摄

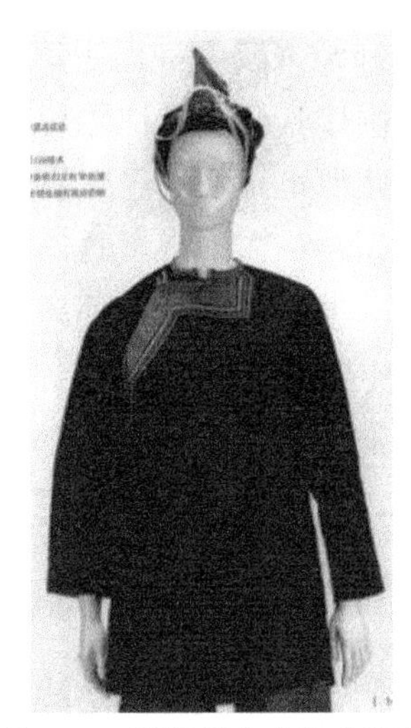

图 6-13　清代景宁畲族女婚服

资料来源：笔者翻拍自《山哈风韵》画册

[1] 闫晶，范雪荣，陈良雨．文化变迁视野下的畲族古代服饰演变动因 [J]. 纺织学报，2012，33（1）：111-115.

七、服饰制作方式

畲族服饰制作方式是导致其服饰多样性的现实因素。畲族服饰的制作方式有两种：一为畲族裁缝制作；二是由畲族妇女自己动手制作，或是在裁缝制作的基础上加刺绣进行二次加工。这两种制作方式都会对畲族服饰的多样性产生影响。

畲族服饰多是由畲族的裁缝来制作的。在过去，每个畲族村都有畲服的裁缝，有些是全职的，有些是兼职的。裁缝的技艺传承靠的是师傅带徒弟的方式，师傅教徒弟是口传心授，衣服怎么做，图案怎么绣，全凭记忆，畲服的制作就不可避免受到裁缝师傅个人因素的影响。各地的裁缝师傅由于个人审美水平及工艺能力的不同，自然导致各地的畲族服饰会有所不同。畲族裁缝制作服饰时还受到客户要求的影响。作为客户的畲族妇女，在不影响其凤凰装文化意涵的前提条件下，会有加入个人特殊需求的现象，要求裁缝师傅按照个人审美喜好制作畲族服饰，这也导致畲族服饰的差别。据畲族服饰的福建省非物质文化遗产传承人蓝曲钗叙述，他在制作畲族服饰时，除了要按照传统的式样制作畲族服饰外，也会根据客户的要求做适当改变，这种适应现代社会的需要进行的创作是畲族服饰得到群众喜爱和传承的重要条件，也会导致畲族服饰的外在形式呈现多样化。蓝曲钗师傅还说，现在能手工刺绣的师傅已经很少，因为罗源式的畲族服饰装饰较多，而手工刺绣的成本太高，很多畲民又要求华丽的装饰，所以他在制作时会大量地运用花边，而以前罗源县城到处可见的花边店正渐渐消失，因此他不得不去厂家定制针对个人要求的花边样式。早年的畲族裁缝师傅大多不识字，也不会画画，纹样的创造很多是受戏曲人物服装纹样或其他图案的启发，再根据自己的理解改造成畲族的风格。因此，畲族裁缝的知识结构也使得制作出来的畲族服饰带有个人的印记，从而各具特点。

畲族服饰的装饰有许多都是由畲族妇女自己手工刺绣完成，因每个畲族妇女的认识、喜好、能力、悟性、技术等多方面的差异，在刺绣时有一定程度上自我发挥，所以配色、绣法、图案等便成为创作者个人驰骋的疆场，也造就了畲族服饰的多样性。

服装制作由传统的作坊式量身定做的生产方式向流水线批量生产的工业模式转换，使得传统畲族服饰的传承变得越来越难，无法适应现代化的生产模式也是现代社会畲族传统服饰难以传承的主要原因之一。

八、文化因素

何叔涛认为，“一个民族能够保持本民族的文化特征而不被别的民族同化，除了政治、经济、文化发展的差异和人口多寡的对比之外，最重要的则取决于聚居的程度和本民族传统文化的传承”[1]。畲族服饰文化的核心为凤凰装。前文已对凤凰装做了阐释，循着这一定义不难发现，畲族服饰传承的内因是畲族文化的存留。受到各种因素条件的影响，畲族服饰的形式愈来愈多样，从何种角度可以保证畲族服饰仍为本民族的传统服饰呢？文化因素对畲族服饰的传承作用尤为重要，它是畲族服饰在受到涵化后仍保持凤凰装称谓的最重要保证，是畲民识别民族服饰文化符号的依据。凤凰装之所以是畲民的凤凰装，就在于凤凰图腾崇拜在服饰中体现，这是畲族文化在服饰中的精神传承。畲民对于自身文化的坚守也是畲族服饰得以留存的重要因素，按照畲民自己的说法，在穿衣戴帽上，“老祖宗定下的规矩不能变”。对本民族传统文化的坚持是畲族服饰仍然保持民族性的重要因素，但畲族服饰的变迁也不可避免地受到其他文化的影响。

1. 凤凰崇拜是其相似性的文化基因

畲族服饰的最大共同特点就是凤凰装，其本源就在于畲族的凤凰崇拜，是畲族服饰的文化基因，是畲族服饰经历了多年传承下来的文化符号，其样式虽根据时代有所变化，但根据凤凰图腾来诠释女子服饰的方式并未改变。例如，拦腰作为腰部的服饰，都被畲民认为是凤凰身的组成部分，其装饰都体现出和凤凰有关的演绎。霞浦式拦腰身上多种颜色、排列成彩边的装饰，就象征着彩虹，对应凤凰所处的环境；罗源式的拦腰在系扎时要用蓝色的腰带，垂于腰后，称为凤凰尾。正因为畲族的凤凰崇拜文化，各地的凤凰装在流传的过程中虽然经过各种演变呈现出多种风貌，但凤凰装的民族内涵与文化内涵始终保存在各地畲族的民族精神中，是畲族最重要的服饰符号。

从凌纯声的《畲民图腾文化的研究》中可以发现，畲族妇女的“凤凰冠”在畲族各地有不一样的称谓，“狗头冠”是早期许多地方的称谓，现在大多称之为“凤凰冠”。其实所谓的“凤凰冠”与“狗头冠”在有些地区是不同的形制，在有些地区则是同一事物的不同称谓而已。而现今所见的各式各样的凤凰冠为各地在历史的演变中受地域文化的影响而产生的形制上的变化，是畲民根据自

[1] 何叔涛．民族过程中的同化与认同 [J]. 云南民族大学学报（哲学社会科学版），2005，(1)：160.

己的理解而做的改变，这可以解释为何不同地区畲民的发式与凤冠样式多样且形制上不存在相应关系。

2. 只有语言没有文字是造成服饰差别的重要因素

畲族有本民族的语言，但没有本民族的文字，文字的统一使用对一个民族服饰的统一作用不能低估。以畲族的《高皇歌》为例，口口相传的方式导致其在流传过程中形成了多个版本，从而使得有着浓重怀祖意识的畲族对祖先的怀念也就衍生出多个版本，如福安女子上衣襟角的三角形被畲民解释为高辛皇帝的赐印，福鼎女子上衣襟角处的角隅纹样也被解释为高辛皇帝的赐印。三公主的凤凰形象被广泛应用于畲族女子服饰各个位置中也受到《高皇歌》的影响。

畲族在文化传承中采用口口相传的方式，这种传承方式有着极大的不确定性，表现之一是其后代出现各种因个人理解而对凤凰装进行的演绎。当然，也有的地区严格地按照老一辈传下来的款式制作，如《浙江景宁敕木山畲民调查记》就记载，“头饰一定要按照自古流传下来的方式制作，畲民不能容忍丝毫改变”[1]。

3. 其他文化的影响

文化涵化产生的前提条件是文化接触与文化传播，与接触各方的文化差异程度以及变迁一方文化内部的选择有关联。畲族的大分散、小聚居的特点使得其不可避免地与居住地文化接触，迁徙过程中畲族服饰不可避免会受到迁徙所经过地域的文化影响。

对其他文化的内化过程。畲族大分散、小聚居的居住特点以及长期以来畲汉民间的友好关系，使得畲族不可避免地受到汉族文化影响，这种影响是潜移默化的。畲族受汉文化的影响表现在许多方面，其中之一就是有的畲民开始学儒学文化并参与科考，例如福鼎市单桥村畲族童生钟良弼通过参加乡试并最终获中第二十名秀才。据文献所记载，畲族服饰受汉族文化影响，“近亦渐摩向化，小康之家，其妇女服色亦与本地相同”[2]。

对其他文化的适应过程，包括融合和同化。明清以后，畲汉通婚渐多，这从各地畲族、客家调查及地方志的记载中可以看到。畲汉通婚使得汉文化深刻地融入畲族文化中，以至畲族文化潜移默化中发生变化。正如美国人类学家英

[1] 史图博，李化民．浙江景宁县敕木山畲民调查记 [M]. 周永钊，张世廉，译．武汉：中南民族学院研究所，1984：22.

[2]（清）胡寿海修，褚成允纂．遂昌县志・卷十一：风俗 [M]. 光绪二十二年刊本．

菲所说："一个文化项目是外来渗透的结果，还是自然独立发明的产物，这个问题对于那些注重历史遗产的人来说是非常关键的，对于那些运用比较研究方法的人来说也是很重要的。我们可以肯定地说，在所有文化中，百分之九十以上的内容，最先都是以文化渗透的形式出现的。"[1]

对自身文化的坚守，对其他文化的抗拒。畲族古老的《开山公据》规定"不与庶民交婚"，畲族《高皇歌》也屡屡唱到"女大莫去嫁阜老"、"蓝雷三姓好结亲"[2]，等等。各地的地方文献也多有畲族实行族内婚的记载，如福建长汀畲民"以盘、蓝、雷为姓，三族自相配偶，不与乡人通"。蓝炯熹在《畲民家族文化》中根据宗谱资料对清代宁德猴墩畲族村清末民初畲汉通婚的状况做了列表统计、数理分析，得出结论是畲民族内婚所占的比重约为96%，而畲汉通婚的比重约为4%。由此可知，畲民坚持与本族的通婚对于畲族民族性的保留极为重要，对于本民族文化的认同有着先天的优势。由于对自身文化的坚持，畲族妇女服饰虽受到各居住地文化的影响，但基本能保持凤凰装的共同文化属性，并在样式上保持一定的相似之处。

上文所述的这三种文化影响，不同程度地对畲族服饰的涵化产生影响，这可以很好地解释不同地区的畲族服饰在保持畲族凤凰意象的前提下既相似又不同的状况。

九、心理因素

就诱发畲族服饰变化的动因来说，如果说前文提到的地域环境因素是畲族对自然环境的适应，那么政治、经济、技术、文化、宗教等因素就是畲族服饰对社会环境的适应。自然环境与社会环境的影响皆为外因，心理因素的影响则是内因。有学者认为："畲族是一个杂散居的少数民族，与作为中国主体民族文化的汉族传统文化相对而言，畲族文化是一种弱势文化，文化上的弱势地位使畲族形成既自尊又自卑，对汉文化具有既模仿又抵御的民族心理，这种文化上的弱势地位导致的文化心理的矛盾也是畲族传统文化的一个基本特征。"[3] 具体来讲，影响畲族服饰变化的心理因素如下。

---

[1] 丁莺．论汉族服饰文化的发展趋势 [J]. 大观周刊，2012，(47)：58.

[2]《中国少数民族社会历史调查资料丛刊》修订编辑委员会．畲族社会历史调查 [M]. 北京：民族出版社出版，1986：26.

[3] 樊祖荫．畲族"双条落"的规律及其偶然因素 [J]. 中国音乐，1985，(1)：365.

1. 心理上的自我封闭

畲族在历史上从未形成过统一的政权，长期经受封建统治和民族压迫，使得部分畲民处于自我封闭的状态，不愿与他人相争。清代的文献就记载畲民“入市贸布易丝，率俯首不敢睥睨”，反映了畲民进城将其副业生产的作物、山禽、竹器等物与汉人交换生活所需时所表现出的自卑心理。此外，封建统治者对于畲民的一些民族习俗，如崇拜始祖画像、歌谣等进行种种的侮辱和攻击，百般丑化，甚至下令要求畲族改变服饰和民族风俗习惯。这样的文化歧视和政治压迫自然会对畲民的心理产生一定的影响，使其不自信甚至自我封闭，在行为上会采取逃避的方法。山野自足、与世无求、与人无争的生活状态使得畲民的生活变化随时间的流逝而相对更新较慢，也在一定程度上较好地保存了畲族的传统服饰。

2. 反抗心理

畲族在历史上是一个相对较小的民族，长期受中央集权的封建王朝统治，虽有过反抗，但多以失败告终，不得不依附中央皇朝以求生存。历史记载的畲民反抗很多，刘淑欣在《试论畲族的民族性格》一文中就提到畲民富有反抗精神，勇于斗争。畲族有反抗的传统，据记载，从唐代以来，历经宋元明清，畲族人民的反抗始终没有停止过，历史上的唐代蓝奉高起义、元代陈吊眼的抗元斗争都是反抗规模较大的斗争，还有潮州许夫人起义、闽北黄华起义、闽粤赣交界处的钟明亮起义等，虽然最后的结局都是失败，但是畲族人民富于反抗、顽强斗争的民族性格逐渐形成。[1] 长期残酷的封建压迫激发了畲民内心不屈的反抗意识和民族情绪，并作为文化符号在服饰上表现出来，罗源畲族新娘“内穿白色素衣，据说是为了纪念被唐军杀害的父母亲人而流传下来”[2] 的着装习俗，就是这种反抗心理在服饰上的表现之一。

3. 民族凝聚力

畲族多居于深山之中，以血缘关系为纽带，盘、蓝、雷、钟四大姓是其传说的重要组成部分，历史上就记载畲族喜欢“族处”。畲族以血统关系和族缘关系为基础，顾炎武在《天下郡国利病书》中说其“不冠不履，三姓自为婚”，《高

[1] 刘淑欣．试论畲族的民族性格 [J]. 中南民族大学学报（人文社会科学版），2009，(6)：62-65.

[2] 方清云．论畲族的民族特征及原因——以江西省贵溪市樟坪乡为例 [J]. 中南民族大学学报（人文社会科学版），2000，29（3）：85.

皇歌》中有，“盘蓝雷钟一宗亲，都是广东一路人”的歌句，直白地表述了族群团结的重要理念。[1] 畲民日常相处，均相亲相爱，无论盘、蓝、雷、钟均亲如骨肉，因为其人数少，而所处环境又常常处于弱势，所以在受外力压迫时，一同抵御外辱是一种自然趋势。顾炎武说畲民“族处喜仇杀，或侵负之，一人讼，则众人同；一山讼，则众山同”[2]，可见畲民对于族群利益的重视和维护。这种民族凝聚力也体现在对畲族传统服饰的坚持和传承上，他们通过穿着本民族的服饰来加强民族凝聚力。笔者在景宁畲族自治县敕木山村调研时，一位畲族男子坚持日常都穿着改良的畲族男装。虽然改良的民族服饰并未被多数畲民认可，但他说：“本民族的服装本民族的人都不穿那谁会穿？虽然该款式是后人设计的，未必大家都喜欢，但买不到更满意的民族服装就只能穿它了（指身上所穿的服装）。”这一回答映射出着装对畲民的民族凝聚力作用。

4. 模仿心理

畲民在面对其他强势文化的影响时，不可避免地会在某些方面出现追随和模仿，如参与科举考试和修族谱。编修族谱与建祠、祭祖同列为畲民家族的三件大事，而编修族谱为三件大事中之第一件大事。畲族并无本民族的文字，自古也无修家谱族谱的传统，畲族最早的族谱只能追溯到明代，应该是仿效汉人所为，有的甚至是请汉族读书人帮助修成的。模仿心理在畲族服饰表现中也有许多的例子，凤凰装中的刺绣图案，许多是受汉族影响用图案或文字表达吉祥意境，如在刺绣时就直接采用具有良好寓意的汉字“五世其昌”“吉祥如意”等；也有用八宝纹、八吉纹、暗八仙等汉族常用的吉祥图案为纹饰表达畲民求吉的心理。可以说模仿心理也是畲族服饰产生涵化的原因之一。

5. 矛盾心理

作为大散居的民族，与汉族传统文化相比，畲族传统文化属于相对弱势文化。文化上的相对弱势地位使畲族形成了既自尊又自卑，对汉文化既模仿又抗拒的民族文化心理。[3] 一方面，畲族人民有极强的民族自尊心，形成了强烈的民族认同意识，他们竭力维系自己的民族文化认同，以此抗拒其他民族的文化渗透，保存自己的民族传统文化。另一方面，长期以来封建社会的阶级压迫和民族歧视，又使畲族族群产生民族自卑感，不自觉地把自己封闭起来，维持着

[1] 蓝延锋．畲族传统文化的向心意识 [J]. 宁德师专学报（哲学社会科学版），2004，（1）：41-42.
[2] （清）顾炎武撰．顾炎武全集（卷 5）．黄坤校点．上海：上海古籍出版社，2012：2991.
[3] 施联珠，宇晓．畲族传统文化的基本特征 [J]. 福建论坛 .1991，（1）：59-66.

静态的平衡。[1]

这种矛盾心理在畲族文化方面有许多表现，在服饰方面的表现有两点。

（1）对民族服饰的坚持。凤凰装作为畲族女性神圣的吉祥物，是畲族女子服饰的文化象征符号，凤凰装不仅是畲族女子的结婚礼服，而且在重大节日都要穿戴，死后也要穿戴着入棺，以与祖先相认。这种对凤凰装的坚持不仅反映了畲族女子对祖先的崇拜，也是对自身民族文化的坚持，是畲族民族自尊心理在服饰方面的体现。

（2）畲族对具有歧视性装饰的隐晦心理。部分畲民将“盘瓠图腾”认为是某些汉族文人对畲族进行诬蔑的说法，从而将先前的“狗头冠”从称呼上加以美化，称为“凤冠”，就反映了他们的隐晦心理；而有些地区的畲民却能直面祖先传说，并不避讳“狗头冠”的称呼。这两种不同的处理方式体现了畲民自尊又自卑的矛盾心理，也反映了畲族对汉文化既模仿又抗拒的矛盾现象，从而使畲族服饰的传承与涵化也产生了既模仿又抗拒的现象。

总之，畲族服饰文化的嬗变来自于多种外力，其中影响最大的因素就是经济因素，生产力与生产关系的特点决定了畲族的迁徙特点，迁徙成为畲族服饰多样性表现的直接起因。在迁徙而来的畲族地区，其服饰表现出适应当地环境的涵化特点，其样式受到当地文化影响。迁徙后地理位置的阻隔，使得不同地区的畲族服饰受当地文化的影响，表现出地域特点，呈现多样化。也正是基于畲族凤凰文化的内在基因，才使得畲民虽散居各地，但文化特征仍能表现在服饰文化中，这也正是畲族服饰既多样又相似的重要原因。畲族文化多元而复杂，他们既有对盘瓠的崇拜，又有对凤凰的崇拜；他们既对汉族存在一定程度的排斥，又对汉文化存有相当的依赖；他们虽然深受汉文化的影响，却又保持着本民族文化的自立。这种文化存在的复合性，是与其文化形成的复杂性有关联，表现在服饰文化上为凤凰装外在样式的多样性与相似性并存。

其实，无论是汉族还是畲族，任何一个民族或族群的形成都不是孤立的，它的发展和演化会受到错综复杂的社会环境及民族关系的影响，一个民族就是在这种动态的融合与分化中不断演化和变迁的。在畲族服饰传承与涵化的过程中，其影响因素众多，不同地区的凤凰装其传承程度与涵化效果表现不同，就算同一地区的畲族服饰也呈现不同部位传承与涵化程度的差异。

服饰的民族特色有其相对的独立性、稳定性，但随着社会的发展，不同民

[1] 施联珠．畲族历史与文化 [M]. 北京：中央民族大学出版社，1995：28.

族的频繁交往，民族服饰也不可避免地受到影响，相互取长补短，产生创新和变异，带动了民族服饰的多样化和发展。如是方能解释在不同的民族服饰中，为什么会出现相同之处；而在同一民族中，不同支系或住在不同地区地域的人们，为什么他们的服饰却不完全一致，存在着明显差异。对于不同民族服饰之间的渗透和相互影响，其渗透所需具备的前提条件和氛围、渗透的深浅程度、渗透的方式和渗透后的正负效应等，是令人感兴趣的课题，都是值得进一步研究的。畲族服饰表现出的多样性，既有经济因素等客观因素的影响，也有模仿心理等主观因素的影响。畲族妇女的凤凰装虽然表现出各地的地域特征，但仍然表现出共性，只因凤凰装的文化内涵虽存在地区、形制上的不同，但其功能与审美属性仍存有许多共同点。但无论有多少影响因素及影响程度如何，畲族服饰都将以自己的轨迹继续演绎自己的历史。

第七章 畲族服饰传承的现实困境与现代化发展策略

畲族村小、人少，经济文化相对落后，却能够在不断迁徙的漫长历史进程中，传承并保持民族传统，表明畲族传统文化具有很强的生命力和内聚力。中华人民共和国成立前，畲民很少有识字的，其民族的历史、宗教、村史及道德规范、礼仪习俗，主要是通过祭祀、歌会、节会等形式，以歌舞、口头文学等口耳相传的原始方式来传承，通过日常生活潜移默化地保留下来。畲族辗转迁徙，对本族人有着天生的亲近感，对于身着相同服饰的人格外亲切，特征鲜明的民族服饰无疑是相互识别的重要依据。独具特色的民族服饰对于畲族而言，其特殊的文化意义不言而喻，服饰中的特殊美学代码展示着畲民特有的审美意识，这种审美意识的形成既与畲族的文化传承有关，也与其所处的地理环境和所掌握的服饰制作技术等客观因素息息相关。可以说，畲族特有的审美意识是历史发展进程中综合因素相互作用的结果。不仅是审美意识，今天畲族服饰所面临的困境也是多种因素综合造成的，诸如经济社会的发展带来的生产力的提高，原有畲族服饰制作模式的无法适应；年轻人外出打拼造成的畲村的空心化，进而失去服饰展示所依赖的文化土壤；畲族服饰的现代化改良没有跟上，传统的凤凰装已不太适应现代化的审美需求，时尚的现代凤凰装尚未得到畲民的认可；等等。诸如此类的影响因素，不一而足，这些综合因素有许多是共同的，既导致了畲族各地的凤凰装极为相似却又不同，又是畲族审美意识形成的影响因素，更是造成畲族服饰目前困境的部分原因。在文化架构中去探寻畲族服饰的特点及美学特质，再进一步追寻造成畲族服饰所面临困境的成因，对于畲族服饰的发展与保护具有极其重要的现实性意义。

第一节 畲族服饰的美学特质及成因

畲族服饰与畲族文化的心理结构、民族审美、民族风格、生活习俗甚至民族的经济、历史等都存在一定的内在联系。通过特定的畲族服饰的形体语言和形式特征，人们可以品读出其中的舒适美观和隐喻的民族传统、文化意蕴和民族审美习惯。民族服饰美感本身是无形的抽象的概念，只有将其转化成具象形态才能被认同或感知，且情感的视觉化、形象化表述只能依附于具体的形态。民族服饰语言的造型传达是多层面的复合结构，可概括为内在本质和外在表象两大方面。外在表象是根据民族传统理念、民族习俗、民族事项等选择的恰当艺术组成方式、造型元素，如外形、色彩、装饰、材质等，为揭示民族服饰主体本身服务，是真实的客观具体存在，是依附载体体现出来的具体形态和形式特征。而内在本质的表达则通过外在表象发生作用，在很大程度上是其内在性格、精神、本质通过色彩及纹样等外在造型形式反映出来，传达物化于其中的人的思想感情、精神追求、审美观念、文化传统等，将造型语言形式化、人格化，抒发人的情感，形、意交融于一体，展现实用功能和审美意念的和谐统一，满足人们的物质文化和精神生活更高层次需求。[1] 服饰展示的不仅是形体语言，而是通过形体语言延伸了审美心理空间和审美心理感应，传达出隐藏的情感语汇。

从畲族服装的整体装束来看，各地的畲族装扮具有相似性，一般都头戴凤凰冠，身穿花衣，系拦腰，着裤或裙，穿花鞋，打绑腿，其服饰的美学特质有一定的共性。纵观民族服饰的审美研究，学者多以各个民族的服饰为研究对象，缺少对民族服饰的审美内涵进行总体概括和系统分类，对民族群众审美意识的形成过程、审美追求的共性表现和个性表现、审美观念的改变等方面的研究十分薄弱。[2] 故本章对畲族服饰的美学特质进行了解读，以探索影响其美学特质的成因。

一、畲族服饰的美学特质

（一）具有传统美学的意涵

形式美是指生活、自然中各种形式因素（色彩、线条、形体、声音等）的有规律的组合。[3] 畲族服饰的美学特质表现为符合形式美法则。

---

［1］ 李春莲，张馨文．论土家族服饰视觉信息符号的情感传达 [J]. 湖北民族学院学报（哲学社会科学版），2008，26（6）：23-25.

［2］ 邓文婷．民族服饰审美内涵研究文献综述 [J]. 美与时代・城市，2014，（3）：52.

［3］ 吴晔．城市色彩规划与设计研究 [D]. 湖南师范大学，2007：12.

1. 对称与均衡

畲族的凤凰装无论在造型结构、局部装饰上，还是在平面和立体效果中，都体现了对称与均衡的美学原则。对称具有天然的美感，均衡能产生协调，并且在生活中极为常见。凤凰装中头部的发式、拦腰、绑腿、绣花鞋，银饰中的耳饰、手镯等，就是以对称原理进行设计的。在整体造型和局部图案上，甚至是袖口绣片的拼接上，都很容易找到一条中轴线，对称性表现得很突出。均衡也称平衡，是视觉形象在位置安排上的量与力在心理上的平衡，它所体现的是内在的统一美，体现了力学的原则，是同量不同形的组合形成的稳定和平衡的状态，不受中轴线和中心点的限制，没有对称的结构，但有对称式的重心。罗源拦腰中的刺绣图案就多为左右对称，这些图案并不一定凸显主题，多采用满地花的形式，或花中藏花，或虫鸟组花，或以角花与团花互为呼应，从整体的造型上体现了和谐均衡之美。均衡还表现在罗源式凤凰装样式中，发式是高耸的红色的凤凰髻。上衣是颜色鲜艳、胸前布满装饰的花边衫，腰间的拦腰的装饰也很饱满，而下身是长及膝盖的短裤，这很容易产生头重脚轻的视觉感觉，加上绑腿就很好地起到了平衡的视觉效果，达到了对称与均衡的美。

2. 统一与变化

统一与变化是装饰图案中表现形式美的两个最基本的构成要素，也是装饰图案变化的基本准则。在人的潜意识中，求变求新求异从某种意义上讲是社会进步的动力，社会在变化中进步，装饰纹样的发展也是如此。在装饰艺术上，人的艺术感受具有变化统一性。统一与变化在畲族服饰的审美中运用得很多。霞浦等地的畲族女上衣的装饰统一在服斗上，其变化也在于服斗处，根据年龄的区别以及场合的需要可对装饰面积的大小进行区分，按襟边的装饰花纹的多少分为“一红衣”“二红衣”“三红衣”（图 7-1）。年纪大的穿“一红衣”，年轻女子可以穿得花哨些，所以穿“三红衣”，既统一又有变化，符合形式美法则。再例如霞浦、福安、福鼎三地的畲族女子上衣襟边的造型线与服斗处的造型既相似却又不同，这都是统一与变化的极好实例。这些衣服既具备了畲族服饰的外在款式特点，又有能区分不同地区的细微差别，很好地体现了统一与变化的关系。统一与变化法则就是在统一中求变化，在变化中找统一，在整体与局部之间周旋协调。

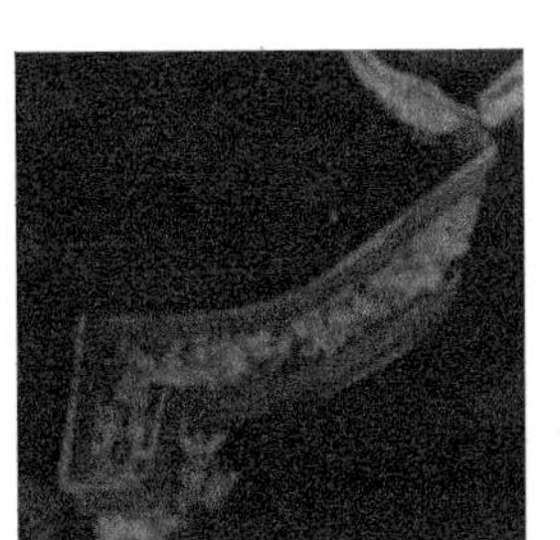

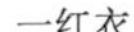

一红衣

二红衣

三红衣

图 7-1　霞浦畲族女子上衣的服斗装饰

资料来源：霞浦县溪南镇半月里村 笔者摄

3. 对比与协调

对比与协调在畲族服饰中的运用很多，图 7-2 中该款女子上衣的门襟处就是对比与协调的极佳例子。门襟的左边上折角处黄色为外边线，红色为内边线，在角度处做内勾的变化，形成装饰效果。右边的装饰则反过来，红色线为外边线，黄色线为内边线，在下边的角度处做内勾的变化，恰恰形成了对比与统一的美学关系。在色彩的运用上，内圈的深蓝色面积较小，外围的蓝色面积较大，中间采用紫色的花边为过渡，形成了协调的色彩平衡。黄色的细线条装饰，黄色系与蓝色系色彩对比强，但面积小，很好地运用了对比与协调的美学意涵。畲族的歌谣有“青衫五色红艳艳”的唱词，是对畲族祖先“好五彩衣”的古老服装形制在色彩上的沿袭，是畲族独具民族特色的色彩概括。在古朴的黑、蓝色的衣料底色上饰以大红色、橘红色、黄色、天蓝色、绿色五种颜色的布条，采用镶边的工艺手段，层次分明、鲜艳醒目，象征着凤凰的五彩羽毛的颜色。盛装上的刺绣纹样色调一般以红色为基调，穿插运用了小面积的蓝、黄、紫、绿等鲜艳的色彩，显得既有色彩对比，又色彩和谐，即统一又富有变化。

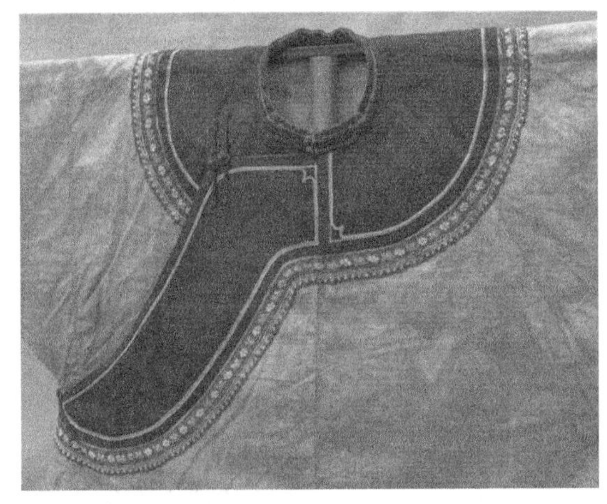

图 7-2　畲族女子上衣

资料来源：景宁畲族博物馆 笔者摄

（二）反映了文化接触导致的审美变迁

1. 文化符号的统一性

畲族的文化符号是凤凰崇拜和盘瓠信仰。畲族服饰的凤凰崇拜最鲜明地表现在妇女服饰方面。虽然各地服饰不尽相同，但共同点在于都称之为凤凰装，喜好以凤凰的形象为装饰的原型，并在细致入微处模拟凤鸟的风采，将女性形象幻化为凤凰的化身。凤凰意涵体现在服饰的方方面面，无论是面料材质、色彩搭配还是图案花纹等方面无不体现着这一点。凤鸟纹是畲族女子凤凰装中最为常见的纹饰，也是其主要表现题材和审美特质。畲族的凤鸟纹受到汉族的凤凰图案的影响，借鉴了汉族凤凰的形象，结合本民族的文化特色，形成畲族特有的凤凰纹饰。凤凰纹饰的装饰主要分布在畲族女子服饰的上衣衣领、衣襟和围兜的两角，呈单独纹样或角隅纹样。[1]

此外，盘瓠信仰也是畲族的文化符号之一，盘瓠的图案随着人们的愿望、追求、传说、信仰等各种因素综合而日趋完美，其形象在畲族服饰的装饰中经常可以看到。如图 7-3 所示的盘瓠图案，是绣在畲族儿童童帽中间的纹样。畲族女子服装的领子、衣襟上的犬牙（或称虎牙）纹饰是将盘瓠的具象图案演绎为抽象的几何纹饰，是对盘瓠图案的提炼概括。犬牙纹用简单的线条、面等几何形式，运用反复、韵律等构成方法，将图腾崇拜与抽象概括相结合，起到双重的文化内涵作用。

凤凰崇拜和盘瓠信仰无论对于身处何处的畲民而言，都具有深厚的心理和文化基础，它们作为承载祖先历史记忆的图腾标志，具有文化符号的统一性。畲族服饰不仅是形象化展示艺术的载体、人们情感意念的寄托物，而且具有文化概念和历史属性，具有承载历史文化、记录历史文化、反映历史文化和标示历史文化等多重功能，这也正是畲族服饰存在和发展的历史价值和文化价值。

图 7-3　童帽上的盘瓠图案

资料来源：景宁畲族博物馆 笔者绘

[1] 陈栩，陈东生．福建宁德霞浦地区畲族女性服饰图案探议 [J]. 纺织学报，2009，30（3）：90.

畲族服饰的创造和发明是畲民造物活动的有机组成部分。在这个过程中，依据畲族的民族习俗、思想情感以及民族欣赏习惯，畲族服饰不断地变更着式样、色彩、材质、结构等要素，满足畲族人民探寻美、创造美的欲望，促进了他们情感的抒发和新的审美形式的出现和发展。人的求新、求异、求变、求美的本性，决定了情感与形式之间的稳定性只是相对的、短暂的，人的情感和形式语言总是在相互交融之中，寻觅着一种文化的结合与平衡，畲族人民也同样，正因如此才产生了独具畲族特色的服饰艺术视觉语言及服饰语义传达符号。

2. 畲民求吉意识的反映

求福趋吉是人们一种极为普遍的心理趋向，在生产力不发达、科学技术发展极缓慢的社会条件下更是如此。人们祈福于自然，寻求与天地万物的和谐统一，把对生活的热爱，对子孙后代的祝福，对未来的美好向往，寄托在日常事务中，形成了丰富的服饰吉祥文化。畲族审美心理中的求吉意识也在服饰文化中得到淋漓尽致的表达。

福安畲族男子上衣中的对襟衫，下方左右各有一个大口袋，左胸位置上方还有一个小口袋，身前一共有 3 个口袋，畲民称之为“三袋”，“袋”与“代”为同音字，寓意为香火连续传三代。该种样式的对襟衫是汉族男子的服装样式，但汉族也未见对该样式有“传三代”的寓意解释。畲族女子的凤凰装受到汉族丰富的传统吉祥文化影响，鲜明地体现出祈福纳吉的文化特征。景宁畲族女子上装为饰有五条彩色饰边的大襟衣，寓意为五谷丰登，是畲民在贫瘠的山地耕作中对来年丰收的美好期盼。多子多福的观念是中国传统文化中最牢固的观念，古人的生殖意象往往通过刺绣图案的形式表现出来。[1] 畲族作为一个“游徙”民族，长期迁徙散居，对于后代的繁衍昌盛有着更为强烈的渴盼。生殖繁殖的美好期盼在服饰中也大量呈现，如拦腰上常常出现大量以鱼和莲花为内容的刺绣图案，寓意“连年有余，连生贵子”，以求子孙满堂、家族繁盛。畲族的吉祥纹饰常以谐音、比拟、象征、隐喻等手法进行演绎。[2]如“连年有余，连生贵子”为谐音手法；牡丹象征雍容富贵；暗八仙的图案为希望八仙护佑的隐喻。有些追求美好寓意的直接在刺绣时就用汉字来表达，如“五世其昌”等；还有的畲民用八宝纹、八吉纹等吉祥图案为纹饰来表达美好的向往与追求。

[1] 戴平. 中国民族服饰文化研究 [M]. 上海：上海人民出版社，2000：100.
[2] 陈栩，陈东生. 福建宁德霞浦地区畲族女性服饰图案探议 [J]. 纺织学报，2009，30（3）：90.

（三）族群认同的重要表征

畲民讲究人与人关系平等，在盛装的穿着中不体现地位的差别，故凤凰装的样式在同一区域内的妇女均可穿着。畲族的审美在色彩上的表现，最典型的例子就是男子学师后衣服颜色的不同。第一代学师穿红色，名为赤衫；学师者已传下一代的穿青色，名为乌蓝。赤衫和乌蓝都镶有月白色布边，赤衫、乌蓝只在举行传师学师、做功德等仪式时担任祭师者，以及学过师人过世后做功德才穿着。这种颜色上的特殊审美反映了畲族美学在族群认同中的重要作用。此外，畲族对五彩缤纷颜色的喜爱与凤凰意象有着直接的关系。凤凰的羽毛颜色艳丽，尤其是头部的丹顶，成为罗源畲族女子发式上选用红色毛线的依据。

（四）体现了顺应自然环境的美学思想

审美思维是一个民族重要的思维方式，对一个民族的社会生活和文化心理的形成产生深刻的影响。服饰文化能深入地反映一个民族的美学思想。服饰的生态美学意义是人与自然的和谐，畲族服饰在各个方面都深刻地顺应了自然的美学特征。地形与气候等自然环境是人类赖以生存和发展的物质基础，在人类社会早期对文化的形成与发展起着极其重要的影响作用，使得不同区域的文化发展具有鲜明的地域特性，对一个民族的文化发展起着根本和导向作用。畲族作为一直在山中居住的民族，服饰材质的获取根据各地物产的不同而顺应变化。住在山里的畲民因为容易获取苎麻，所以服装面料“皆衣麻”，而住在古田等地的畲民，因为当地棉花的产量丰富，材质就为棉布。畲族的工艺品中，竹斗笠的编织也极具特色，该种手工艺的发达与山里的竹子产量丰富有着直接的关系，这也反映了畲族对周围常见植物资源的利用。刺绣图案的题材也与他们所接触最多的植物与动物有关，也是顺应自然环境的表现。此外，畲族盘瓠崇拜的起因是纪念祖先，盘瓠在部分畲民的传说中其形为犬，畲族头饰中的狗头冠外形就模仿狗的形式，反映了他们顺应自然的美学思想。

二、畲族服饰美学特质的成因

民族传统服饰是民族文化的最直观体现。它比文字、音乐、舞蹈、宗教都更加容易被人理解和接受，它那特殊的款式、面料、色彩的纹样给人的视觉感受最为强烈。民族传统服饰能够呈现地道的民族传统文化，民族音乐、舞蹈也只有表演者穿戴上民族传统服饰才显得更加纯粹、生动、优美、真实，其美感也才可以得到最淋漓尽致的表现。民族服饰的意义在本质上即属于衣服本身，但其在实践中是通过被穿用而体现出来的。穿衣的经验（由观赏者做出评价）是不能给予或固定的，但在每种背景下会重新被创造。因此，作为象征符号的物的意义要在具体的仪式情境中、过程中动态地来理解。[1]服饰作为一种文化符号，它既有共性，更有个性，离开了具体的民族文化，服饰文化就成了一句空话。因此，畲族服饰的独特性正是畲族文化个性的表达。畲族服饰是与该民族的地理环境、社会规范、经济状况、宗教信仰、审美方式和思维方式等因素密切相关，其形制、色彩、图案、材质等是在那一方水土中自然而然地形成和发展来的，尽管外来因素对它有影响，但极少是某种外来因素“强行移植”的。因此，畲族服饰作为该民族特有的文化符号，与畲族的哲学、艺术、神话、宗教、建筑、饮食等一起构成完整的民族文化系统。从这个意义上讲，畲族服饰的重要性不仅体现在形制层面，更体现在它作为一种民族文化载体的精神层面。对畲族服饰文化内涵的探讨主要看它如何通过服饰来表达和处理人与服饰（包括身体与服饰、自然与服饰、社会与服饰等）的关系，及其在此过程中服饰所表现出来的价值。因而，要追问畲族如何看待自己、看待世界，这种看待又是如何与服饰内在地联系在一起。换言之，就是要追问是一种什么样的观念或精神在支撑着畲族服饰的产生与发展。

（一）环境因素

畲族的审美特点受到环境因素的影响，表现在材质的选用上，畲民喜欢穿纻布，就是因为环境的因素。山区方便自种苎麻，通过纺线织成纻布，做成衣服，这种材质的衣服适合南方的天气，深受畲民喜爱。畲族的审美特点还表现在图案上。畲民世代生活在山区，大自然赋予他们生活来源，是他们不可或缺的生存条件，许多刺绣采用畲民日常所熟悉的动植物，将植物花纹与动物花纹巧妙地组合成主体图案，或花中藏花，或花与鸟、昆虫等组合成纹样，图 7-4 中的纹样就巧妙应用了蝴蝶与花卉的纹样组合。将日常所见的花鸟鱼虫、飞禽走兽运用于

图 7-4　畲族刺绣图案

[1] 周莹．民族服饰的人类学研究文献综述 [J]. 南京艺术学院学报（美术与设计版），2012，(2)：125-131.

装饰中，体现了畲族的以自然、朴实为美的独特审美观念，这种审美特质地反映了畲族审美受环境因素的影响。

（二）文化因素

文化因素对畲族审美意识的影响表现在很多方面，对颜色的特殊要求就是典型例子。畲族重视祭祖，祭祖前后的服饰颜色不同。畲民经过传师学师后所穿的服饰，其颜色是有严格规定的。第一代学师穿红色，名为赤衫，学师者已传下一代的穿青色，名为乌蓝。赤衫和乌蓝都是表达颜色。有些地区的女子（如丽水地区）平时不穿裙，传师学师时做过王母娘的死后才穿红裙。[1] 景宁畲族“时而祭祖，则号为醮明，其属相贺，能举祭者得戴巾为荣，一举衫则蓝，二举衣且青，三举衣则红，贵贱于是乎别矣”[2]。这种对着装色彩上的要求反映出畲族的美学特质受到畲族独特文化的影响，这种颜色的影响不仅仅包括审美方面，还包括了荣誉方面，是受到严格限制的。畲族对蓝色的喜好也是典型例子。以前对蓝色的偏好可以说是受材质选择有限的影响，但在现代社会，各种五彩缤纷的面料充斥市场时，畲族服装面料的主色调还是以蓝色系为基调，保持了传统的色彩基调。这种对蓝色的偏好就是受文化因素影响。这种信仰机制确定了畲民文化传统中独特的精神内核，使其审美意识体现了独特的精神内核与审美偏好。

（三）科技因素

畲族服饰的基本色调是蓝色，畲族谚语云“吃咸腌，穿蓝青”。对蓝色的偏好与畲族历史上的“种菁”有关，畲寮又被称之为“菁寮”。明代的“福建菁”闻名天下，记载为“福州西南，蓝甲天下”，正是由于在那个年代畲族的染色技术闻名天下，畲族的服饰材料选择了蓝色就是典型受到技术因素影响的结果。早期畲族“好五彩衣”，审美喜好都是“衣斑斓”，到后来由于科技因素的影响，转变为“青衫五色红艳艳”，审美喜好偏向为蓝色，可见其审美喜好受到科技因素的影响。

（四）经济因素

经济因素是畲民考虑问题时很重要的一个参考因素。实用和经济是畲族服

[1] 叶兆雄．丽水市志 [M]. 杭州：浙江人民出版社，1994：642.

[2] （清）周杰．景宁县志·卷十二：风土·附畲民 [M]. 清同治十二年刊本．

饰的特点，畲族服饰素有便装和盛装之分。便装与盛装的服装款式相同，区别就在于盛装多了许多的装饰刺绣，因为价格昂贵，非日常穿着，只在特定时节穿着，是为了节约的需要。也正因为不同地区的经济发展不同，畲民的经济条件也有相应差异，故不同地区凤凰装的装饰也有所差别，这就导致不同地区畲民的审美有所差异。在经济条件相对较好的地区，如罗源地区的畲族女装其装饰就较为华丽，色彩鲜艳。而在相对较贫困地区的畲族，如浙江省丽水地区的畲民，其女装装饰就较为简单，整体的色调较为朴素。因此，不同地区畲民的审美喜好也就因此有所差别。

经济因素对畲族审美的影响还表现在凤凰装中的拦腰上。畲族因为妇女从事劳动，劳作的需要使得畲族妇女的拦腰成为日常生活必需品，拦腰也成为畲族妇女盛装时所穿凤凰装的重要组成部分，其样式与装饰手法也影响了畲族的审美喜好。此外，出于经济、实用的目的，畲族妇女在门襟、领子、袖口等容易磨损的位置都以刺绣的方法加以装饰，既美丽大方，又能加强这些易磨损部位的牢固程度，使衣服可以更加耐穿。这是典型的因为经济因素对畲族美学特质产生影响的例子。

（五）心理因素

畲族对于本民族服饰的审美是由其独特的民族心理及境况所决定的。由于长期受到外族的挤压，畲族是一个具有强烈危机意识的民族，他们非常重视本民族的繁衍和发展，为了保证本民族不被其他民族同化，在长久的历史过程中畲族不愿意与其他民族通婚。所以，民族身份的认同很重要，而服饰则是他们表达自己民族身份的外在标识。

畲族的传说表明其祖先是盘瓠和三公主。畲民从心理上为了表明出身的高贵，一方面强调了其始祖的公主血统，也就是凤凰装的由来，这也是后期凤凰崇拜在其始祖崇拜中地位上升的原因。另一方面在对盘瓠形象演绎时，很多时候都用龙麒的造型。这种审美行为的转变是典型的受到民族心理影响的结果。

畲族的审美意识变化还与审美心理变化速度有关。畲族的服饰样式不是凝固不变的，而是能动的。外界的影响、审美心理的变化等，都可能促使其改变。由于畲族长期以来多居住在山区，对其他民族怀有一定的戒备心理，文化上又因自我中心观念影响而较为保守，因而民族审美心理变化缓慢。但是，随着民族文化的变迁，畲族服饰同样处于一种渐变过程，由于各地条件不同，其变化速度也不尽相同。前文提到的罗源式发式变化是近几十年来变化较为明显的例子。

总之，由于畲族的迁徙和与其他民族文化的交融，畲族服饰与其他民族的服饰相互影响、共同发展。畲族服饰与整个民族文化一样，具有显著的民族性、区域性、传承性和融合性，正是在上述种种因素的影响下，才形成了今天多姿多彩的畲族服饰文化。

第二节　畲族服饰的现实困境及成因

一、畲族服饰面临的现实困境

1. 传统服饰基本退出畲民日常生活

经济全球化对不同民族文化的价值体系、思维方式以及审美情趣等都产生了深远的影响，部分民族传统文化在现代化、全球化的背景下呈现衰退态势是无法避免的，部分原因在于它们中的一部分已经不适应当代社会的需要和发展节奏。而这些传统文化的底蕴正是民族文化之根，应进行相应的保护而非让其自生自灭。笔者在多次的田野调查中发现，当前日常生活中已经基本看不到穿着畲族传统服饰的畲民，畲族的传统发式也只在古稀或耄耋之年的老人头上偶然可见，在“三月三”等畲族重大的庆典活动中才能见到穿着畲族传统服饰的畲民。可以说，畲族服饰正日渐退出畲民的日常生活。

2. 畲族服饰文化处于被破坏的现状

畲族服饰文化处于被破坏的现状。笔者在田野调查的过程中搜集了大量的畲族服饰照片，其中大多是现在摆拍的照片。因此，就出现了为了拍照而拼凑各地畲族服饰的现象，如浙江景宁畲族女上衣却围着福安式拦腰，这其实是对畲族服饰文化的误导。再如，为参加少数民族的舞蹈表演而专门设计的畲族服饰已并非典型的传统畲族服饰，甚至可以说与传统畲族服饰相去甚远，但用作宣传时并未加以说明，导致以讹传讹，对畲族服饰文化产生很大的破坏作用。此外，还有的畲族服饰收藏家为了经济利益，将来源不明的服饰当作畲族服饰加以展示与推广，这也是对畲族服饰文化的破坏和摧残。出于保护、研究、宣传畲族服饰文化的责任感，许多畲族服饰研究者做了大量烦琐细致的工作，但关于畲族服饰的装饰性特色、背景、民俗的形成，以及如何抢救、保护、发展畲族传统服饰等问题的研究还需要深入开展。

总之，文化的破坏对畲族服饰的影响很大，因此，以保护文化来维系民族之根是必要的。“虽然在目前和今后的社会发展过程中，代表传统的非物质文化遗产永远不可能成为社会的主流意识形态和主流文化，但它却已经深沉成一种民族精神和民族基因，这对于保持民族国家的文化独立性无疑是最为关键的因素。”[1] 研究和传承畲族传统文化与传统服饰文化，是对畲族服饰文化的综合研究的需要。只有理解了畲族传统文化，才能真正理解畲族的服饰文化。对畲族服饰文化的传承与保护，对于保持畲族的文化独立性具有举足轻重的作用。但对于畲族文化独立性的保持并不等于要回到过去，而是要思考如何跟上时代步伐，构建适应民族文化生存和可持续发展的新型文化，这是每个民族必须要尝试解决的问题。任何民族文化的发生、发展和演变必然要受到当时的社会环境、自然环境以及生活方式、生活习惯等的影响。此外，对外来文化的吸纳也必不可少。所有优秀文化都是在继承与创新的过程中发展壮大的，如何妥当地引导、吸取和利用优秀外来文化，处理好传统与现代的关系，处理好民族文化基因与外来文化的关系，都是促进民族文化的繁荣发展所必须考虑的。

3. 畲族传统服饰制作的传承处于后继无人的现状

畲族传统服饰的传承存在着很多现实问题，会缝制畲族服装的手艺人很多已是花甲之年，虽可制作但不会系统表述其工艺，愿意学的人又寥寥无几，因而，畲族传统服饰面临着人亡艺绝的现状。就成文的出版物而言，很多作者本人并不完全懂操作，因此文字资料可能存在谬误。仅有的传统畲族服装裁缝，因受市场经济利益影响，有许多已陆续退出。霞浦县在做畲族文化普查时就对当地的畲族裁缝的现状做了相应调查：据调查全县 21 个畲族行政村至今有 60% 的村都曾有服装师傅 1 ～ 3 人，如溪南镇半月里村的雷向佺、钟理发、雷马福，盐田乡瓦窑头村的雷灼俤，水门乡茶岗村的蓝颜支，崇儒乡上水村的雷招生、蓝线民，下水村的雷加回等服装师傅。这些师傅年龄都在 40 ～ 80 岁，且都是男性。他们 20 世纪 80 年代已基本停业，转而务农或经商。霞浦县畲族裁缝的境遇是畲族裁缝的一个缩影。即使能够继续坚持的裁缝也面临无后人传承其手艺的困境。例如，福建省畲族服饰制作非物质文化遗产传承人蓝曲钗师傅的儿子蓝银才本来愿意传承其手艺，但因一家 6 口人的生计大事压力巨大，最终他

[1] 翟风俭. 从“草根”到“国家文化符号”：中国非物质文化遗产命运之转变 [J]. 艺术评论，2007，(6)：19-20.

还是选择了另觅出路。目前虽然福建的畲族服饰制作非物质文化遗产传承人有罗源的蓝曲钗、福安的钟桂梅、霞浦的雷英等人，但随着老裁缝的相继过世，畲族服饰的制作呈现后继无人的状态。世代相传的畲族服饰正呈现逐渐消亡的趋势，现阶段如果再无相应的保护措施，未来人们也许只能在博物馆中一观畲族传统服饰的风采。

4. 畲族服饰处于与时俱进，但未能成功转型的阶段

部分具有远见卓识的畲族精英，一直想跟上时代的脚步，对畲族服饰做现代化演绎，并为此刻苦探索。他们所做的努力也取得了一定成果，但仍未能找到可以彻底改变现状的办法。例如，福建省畲族服饰制作非物质文化遗产传承人蓝曲钗致力于畲族服饰的制作，他介绍说普通的一套衣服 1000 ～ 2000 元；手工刺绣的成本颇高，一件手工刺绣的霞浦拦腰仅成本就需 3000 元。所以，大部分畲民并不愿意花高价购买。位于浙江省景宁畲族自治县的雷献英 2007 年筹措了 500 万资金，建立起集畲族服饰、表演服、凤凰冠、彩带等产品于一身的龙凤民族服饰有限公司，该公司生产的高档畲族日常生活装价位在 400 ～ 500 元，普通的家居服价格仅 200 元左右[1]。具有时代特色的现代畲族服饰受到人们喜欢，畲族人和游客都愿意尝试穿着这种改良的畲族服饰，极具竞争力的价格也更容易吸引人们尝试，所以公司取得了一定的经济效益。类似这样为畲族服饰传承而努力的人还很多，他们的努力对畲族服饰与时俱进的发展起到积极的作用，也取得了一定成果。虽然畲族服饰在与时俱进，但是各地的畲族群众对新出现的各种改良畲族服饰认可度不高，并不认为新样式的畲族服饰能准确传达畲族服饰的文化内涵，能成为畲族服饰的代表，更无法如传统凤凰装一样得到大家的认可，畲族服饰的改良还处于未能成功转型的阶段。在以往的农业文明时期，交通远远不及现在发达，信息的获取极为困难，为了逃避统治阶级的政治迫害和社会的不稳定等状况，畲族长期居住于与世隔绝的偏远山区，其服饰保持相对稳定的状况，变迁速度很慢。但是现在的情况与以往已很不同，交通的便利、信息的交流大大开阔了畲民的眼界，促进了他们对其他文化的了解、吸收与交流，其服饰变迁的速度也在加快。在全球化的冲击和影响下，作为地方性文化的畲族文化如何既继承自己传统，又吸收其他文化的合理因素，并使之得到本民族的认同，从而使得自己以独特的方式屹立于世界民族之林，这方面的努力尝试还需要更多的畲族有识之士继续进行推进。

[1] 王真慧 . 市场经济背景下畲族文化现代性建构研究——以浙江景宁畲族为例 [D]. 中南民族大学，2012：55.

5. 畲族服饰并无形成现代化产业的现状

工业化生产带来了现代化服装产业，大规模的工业化成衣生产，极大地冲击了传统作坊式的畲族服饰的制作模式。畲族服饰没有形成自己的服饰产业，极少数几家畲族服饰企业很难在现代化的激烈竞争中处于有利地位。可以说，没有形成有竞争力的畲族服饰产业。

缺乏市场生存能力，难以勾起畲民的购买力是畲族服饰传统作坊式生产模式的硬伤。据蓝曲钗师傅介绍：一套普通的畲服，一天即可完成；如需手绣定做，则很花时间，仅刺绣就需要八九天的时间。刺绣是最花工夫的环节，会做畲服的人已经很少，能做刺绣的人就更少了。据蓝师傅回忆，在 20 世纪七八十年代，他父亲一人就有十几个徒弟，那时大家无论下地种田还是吃饭串门都穿着畲服，后来村里的年轻人大多去城里打工，加上畲汉通婚，平时穿畲服的人越来越少。直至 90 年代，除年近古稀的老人，几乎无人愿意平日穿畲服。对于传统服饰需求的减少导致当地裁缝店生意日渐冷清，很多畲服裁缝也纷纷转行，蓝师傅本人也曾经去泉州石狮的服装厂打工。即使像蓝师傅这样仍在坚持的畲族裁缝，也因为畲民定制畲族服饰数量的减少而难以维持生计。2013 年蓝师傅做了 180 多套畲服，2014 年数量减少到 160 多套，2015 年更少。一套普通畲服的订制价格在 1000 ～ 2000 元，生意好的时候一年能赚 9 万元，不好时只能赚 5 万～ 6 万元，难以维持一家的生计。一套衣服畲民可以穿好多年，而且在定制畲族服饰的顾客之中，有许多是政府部门因为举办畲族相应的活动而购买，当年买了近几年就不再需要。此外，畲族服饰的特色——刺绣，因手工艺人的流失及价格因素影响，现代制作时多用花边来替代，但具有畲族文化特色的花边需要定做，图案的设计与批量的多少直接影响其单价，若定做的花边不符合畲族的文化特色还得作废后重新找厂家定做，这种经营上的成本都得由蓝师傅承担。这些因素都极大地影响了畲族裁缝的生存。虽近几年，政府慢慢开始重视畲族文化的保护，每年定期举办“三月三”庆典活动，博物馆也开始举办畲服展，对畲服的需求和关注也慢慢增加，但这种活动带来的销量是有限的，无法从根本上解决畲族服饰产业上的缺陷。要真正具备市场能力，生产畲民在日常生活中愿意穿着的畲族服饰，形成相应的产业链，畲族服饰才能发扬光大。

二、畲族服饰产业面临的困境

第一，缺乏高质量的、极其畲族文化特色的流行面料与花边等辅料。中国已经是纺织服装大国，纺织行业在国际上具有很强的竞争力。但是现有面料、辅料很少有符合畲族审美及制作需要的。面料、辅料设计师对于畲族文化不了解，市面上现成的具有民族服饰特色的面料与辅料极为缺乏，市场的小众又使得很难做到以畲族文化为创作题材开发流行面料与辅料。小作坊式的生产模式因为需求量小，又缺乏供应链的渠道，从而使裁缝难以获得需要的面料与辅料。霞浦裁缝师傅钟玉石就反映了此种情况：偶尔有客户要制凤凰装，但制衣的面料和刺绣图案的五色丝线却无处可买，只好作罢了。蓝曲钗师傅也提到了类似情况：在过去，每个畲族村都有畲服的裁缝，罗源县城遍地都是卖畲服花边的花边店；而现在，花边店早已从大街小巷里消失，蓝师傅需要找厂家定做。这提高了生产成本，而且还因为定制量过小而令花边厂不会为他们专门开发，从而难以创新。缺乏创新且具有畲族特色的面料辅料，畲服在制作时就限制了其表现力，难以勾起畲民的购买力，使得从业者销售额无法提高，利润不足就缺乏资金的投入，畲族服饰产业就形成恶性循环，更难发展。

第二，缺乏使传统文化现代化转型的设计能力。现代的服装品牌都强调要有故事，来提升品牌附加值。然而，目前畲族服饰的制作者几乎没有服装设计学科班出身的，他们大多无法将自己熟悉的畲族文化意涵转化成面料开发与服饰制作的标准流程，只会单纯地制作传统服装，或是仅根据客户的要求做适当改变，这样的成品缺乏内涵，迟早会因为缺乏吸引力而走向没落。因此，如何全面提升畲族服饰从业者的设计与创意能力值得深思。

第三，缺乏对现代化工具的有效运用。科技发展日新月异，服装设计与制作均需应用新的技术与手段，如服装CAD制图、数码印花等等。作坊式的生产模式无论是资金还是个人素质都无法达到要求，进而影响了产品的品质。

第四，从业者缺乏专业知识与再学习的动力。终身学习及职业能力再教育是从业者能力提升的重要手段，如何建立培训机制并吸引从业者参加，是畲族服饰发展必须要考虑的。

第五，营销能力的匮乏。目前虽有个别畲族服饰生产者具备一定的产品开发能力，但仍缺乏好的营销方式。产品虽好，亦需好的营销方式，才能相得益彰。因此，营销能力的提升，对建立品牌特色、提升品牌价值显得尤为重要。

第六，缺乏经过系统培训的人才。在畲族服饰从业者中，多为师傅带徒弟或因自己有兴趣，其专业技能不能满足现代生产的需要，而院校又未开办相应的专业技能班。因此，在现有体制下，即使有人有兴趣去学习制作畲族服饰，也没有机构提供专业的培训。

第七，缺乏资源整合、长远发展的基础。目前畲族服饰并未形成完善产业链，从业者缺乏。家庭作坊式的生产模式难以获得政府的有效补助。因此，如何有效整合各种资源，构建长远发展机制，是畲族服饰行业发展的重要议题。这需要相关部门牵头，由具有一定基础的企业来发展壮大，开拓一条适合畲族服饰发展的现代化之路。

三、形成畲族服饰现实困境的原因

在20世纪60年代以前，畲民不管是居家或是外出，多为民族服饰打扮，彰显畲民的人文精神和审美观念。80年代后，传统畲族服饰逐渐淡出人们视野，即使是节庆场合，其服饰样式也呈现多样化。造成此种现状的影响因素主要有以下几点。

1. 生活方式的改变

伴随着改革开放的推进，畲民的生活方式也发生了巨大变化，年轻一代不断走出大山到城镇谋生，他们受到城镇化、现代化生活影响，逐渐改变了自己的生活方式。随着经济发展、生活水平的提高，市场上面料品种的增加和服装新款式的不断出现，可供人们选择的潮流服装式样也越来越多，价格也比传统民族服饰低，因此日常生活中喜爱改变的年轻人对于传统民族服饰的接受度开始下降，使得传统畲族服饰逐渐退出了畲民的日常生活。

现代化生活方式也改变了畲民的日常生活。畲族传统发式极具特色，特殊的发式可起到判别女性年龄阶段与婚否等个人信息的作用。但是，传统畲族发式的梳理很烦琐，每日需要耗费大量的时间，所以无法适应现代化快节奏的生活，打理烦琐的传统发式自然也不受畲族妇女青睐。此外，现代化的电脑刺绣又快又好，畲民的传统刺绣没有了生存的土壤，也使得传统畲族服饰多刺绣的特色式微。畲族彩带工艺传承人蓝延兰说道："编织一条彩带最少都要三四天时间，而现在一个人在外打工，一天工钱就能买上三四条机器编织的彩带。编织彩带太耗时又不经济，所以人们都不愿意再编织。"[1] 所以，现代畲族服饰虽还很重视装饰，但多用机制花边，基本不用刺绣，会刺绣的畲族裁缝已是凤毛麟角。

---

[1] 何孝辉. 浙江畲族80年文化变迁——《浙江景宁县敕木山畲民调查记》回访调查 [J]. 丽水学院学报，2012，34（6）：48-53.

2. 文化环境的破坏与消亡

随着生存环境的改变、思想观念的更新及生活方式的变化，特别是青壮年的离乡外出，畲族传统文化的传承出现断层，难以为继。畲村青壮年外出打工，经过都市生活的熏陶，他们的生活方式与畲族传统生活方式差距越来越大，不少人已不愿再回归畲村过传统生活，甚至对畲村传统生活方式感到某种不适应。而深受传统教化浸染的老年人，经济能力有限，威望、影响力大大下降，已难以影响年轻人，畲族传统文化的传承面临断裂的危机。此外，畲族有些文化在迁徙的过程中有所流失。有语言没文字导致畲族文化多依靠口头传承，这种方式造成了传承的障碍。畲族文化本身架构的不完整也影响了年轻一代对传统文化的认知。散居的普通畲民受其他文化的影响，传统意识不强，也加速了文化环境的消亡。

文化环境的消亡直接影响了畲族服饰存在的土壤。畲族服饰与民间岁时节令和人生礼仪有着极为密切的关系，其服饰是借各式各样的节令民俗与礼仪活动来展示，民俗活动是民族服饰的载体，是汇集、应用、展示民族服饰的文化场所。可以说，没有民间节令习俗和人生礼仪就没有畲族传统盛装的存在。现代的生活方式影响了畲族民俗活动的开展，外出打工年轻人的缺席使得民俗活动开展的影响力亦有所减弱，也影响了畲族服饰的生存土壤。民族服装只在节日穿着，是畲族文化的一个缺憾。很多地方畲民的日常穿着与汉族已没有区别，甚至婚礼亦然，许多畲民结婚时也视拍摄现代婚纱照片为结婚过程的重要一环，这些因素致使畲族传统服饰的文化意涵受到了冲击进而被削弱。

3. 科技进步与传统畲族服饰制作工艺的式微

科技改变了畲族服饰的某些制作技术与外在表现，但畲族服饰并未及时跟上时代的步伐，没有形成自己的现代化产业。畲族传统服饰的制作未能与时俱进，没有在原有技艺与新型技术相结合上找到适当的切入点，这是造成畲族服饰现实困境的原因之一。原有的传统技艺先进性丧失，其应对方法没有跟上，必定会带来原有行业的消亡。在原有特色消亡的阶段，没有推出替代性的解决方法，没有进行转型与提升，必然会导致原有顾客流失，造成畲族传统服饰的消亡。

4. 畲族传统思维的束缚

畲族历史上的不断迁徙和目前大分散、小聚居的居住特点，使其深受其他

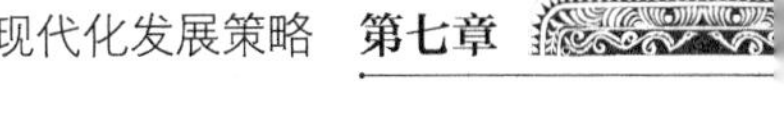

文化特别是汉文化的影响。他们一方面不断吸取外来文化，一方面又竭力保护民族特色和传统，形成了开放与封闭的矛盾民族心理。这种封闭性的民族心理在婚姻观上表现得特别明显。畲族原有传统是不与汉族通婚，虽然目前已没有这种禁忌，但是农村畲汉通婚的比例还是比城市中的比例低。笔者在景宁畲族自治县包凤村调研时曾经与畲民聊过这个话题，虽然该村的汉族媳妇很多，但是老一辈的畲民还是愿意后代与本民族女子结婚。通婚关系只是畲族自我封闭的一个案例。再例如，畲族传统上重农轻商，“互通有无或物物交换”的习惯性思维在清代与民国时期有许多的学者都做过描述，直到现在其经济意识依然相对淡薄。据王真慧 2009—2011 年的调查，“在景宁农村生产的农副产品大多以自用为主，剩余的也不会主动销售，市场经济意识薄弱”[1]。总之，在现代化的经济社会中，如果不能与时俱进、开拓创新，思维跟不上时代的发展，将导致畲族服饰现代化进程的迟滞。

5. 人才的缺乏

人才的缺乏包括两个层面意思：一是人的缺乏。传统的服饰制作因为经济效益低，畲民并不愿选择该职业，造成行业所需基本职业人群的不足，遑论人才。二是人才的缺乏。现代的畲族服饰传承极其缺乏人才，非物质文化遗产的传承人都存在后继无人的状态，传统的作坊式生产更是难以为继。畲族服饰若要继续生存，现代化的产业道路是必经之路，现代化服饰产业对人才的要求更高。人才问题不解决，畲族传统服饰的现代化便不可能实现，其面临的现实困境只会越来越严重。

第三节　畲族服饰传承的发展趋势与策略

畲族传统服饰在现代商品经济冲击下，已呈现逐渐消亡的状态，在旅游、文化节等经济因素的需要下，外在的服装形式发生改变。这种现代化改良之后的畲族服装，外在形制上并不符合现代社会注重实用与便利的要求，内在意涵上又对传统畲族凤凰装文化内涵有承其形不重其意的演绎。显然，这种现代化的畲族服饰不能得到畲民的广泛认可，虽然是种很好的尝试，但实际的效果并

[1] 王真慧. 市场经济背景下畲族文化现代性建构研究——以浙江景宁畲族为例 [D]. 中南民族大学，2012：149.

不理想，究其原因在于人们没有真正认识到何为畲族文化，也不了解传统畲族服饰上所具有的深层情愫。在缺乏这一认知基础下，又如何将其传承下去？现代畲民对于服饰的需求已然发生了变化，不能满足现代的审美倾向，不能解决现代性的性价比问题，就不可能准确地引导畲族服饰的现代化发展。

为解决这些问题，下面的几点深入思考就显得尤为重要。

（1）传承问题。传承本身包含两方面意义：传递和继承。传递的方式不仅是生硬地封存，陈列于博物馆的服饰仅仅是一种文化标本，作为富有生命力的民族文化载体，服饰也应该随着社会的进步和民族的发展而进化。继承的方式多种多样，可以在传统的基础上进行继承创新。畲族服饰现代化的一个重要问题就是对于自身文化的传承与发展。传承应该是一种本质上的延续，而非表面上的复制。今天对于畲族服饰的现代化所呈现的多是一种外在的、缺乏深度的拷贝，是一种拿来主义的运用。蕴涵于服饰之中的礼仪、情感、历史等深沉的内涵被忽视，甚至是遗弃，这种对“形”的注重、对“意”的忽视不能够被称为是对畲族传统服饰的真正传承。

（2）经济问题。市场上所见到的大量所谓新派畲族服饰，多是对畲族服饰的改良与再设计。这些服饰形式的存在不排除有部分是真正为民族文化的传承而进行的尝试，但更多的还是为了利益回报。无论是设计师还是经营者，多是以现实获得利益为考虑的出发点，都想着如何才能利益最大化。但畲族服饰文化庞大繁杂，长远的文化传承难以在短期内就见到收益，反而导致文化的传承在不知不觉中就消失殆尽。

（3）结合问题。从传统畲族服饰的角度来看，要找到与现代服装设计之间的结合点，才能将畲族服饰发扬光大，这种有效的结合，是建立在符合当代审美倾向与生活需求的基础上，还得能创造一定的商业价值，而这是需要有创新思维与深谙畲族文化的服装设计师来努力实现的。这种结合是一种符合时代发展的创新，是对传统的畲族服饰文化的创新性继承，通过转化设计使得古老的服饰文化焕发出新的生命力。

（4）兼顾问题。对于当代社会来说，商业利益是保证畲族服饰传承的最重要条件，没有这个前提是无法支撑下去的，但为了利益而忽视了畲族文化的内涵又是舍本逐末。如何将传承与创新、经济利益与文化保护兼顾考虑，探寻合适的平衡，需要大家一起努力。所以下面笔者结合以上几个方面来论述畲族服饰传承的发展趋势与保护策略。

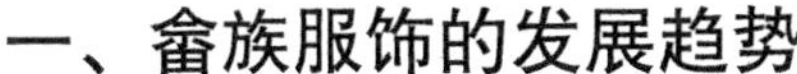

一、畲族服饰的发展趋势

畲族服饰要在现代化浪潮的冲击下生存、发展、壮大，必须同时把握创新与畲族文化符号两个方面。无创新就无法满足现代畲民的需要，不把握畲族文化符号，即便创新也是无源之水、无本之木，因此，畲族服饰要想发展壮大，解决现代化转型的现实困境，必须把握好创新与传承二者的辩证关系。现代化是不可阻挡的历史潮流，但现代化的实现不能也不会以牺牲民族传统文化为代价。民族传统文化需要现代化，现代化也需要民族传统文化，这是一个双向选择、同时进行的过程，二者是互动的。[1]文化的交往是一个要经过相互接触、摩擦、冲突、吸收而后融合或和平共处的动态过程。畲族服饰正面临选择的阶段，既是挑战也是机遇。对传统要有选择地保留和淘汰，吸收外来文化当中先进的因素并规避破坏因素，才能实现发展。

1. 必须进行适合于时代要求的创新

如何将畲族传统文化做与时俱进的改进是其无法回避的课题，也是畲族传统服饰得以重新焕发生命力的重要前提。畲族传统服饰有着自己的历史价值和文化审美价值，因时代更替，不能满足当今畲民的需要，其存在的现实价值就大大减弱。所以，必须与时俱进地进行现代化改变，在保留畲族传统服饰文化内涵的同时又进行创新。这种创新的实质是对传统进行适合于时代要求的创造性转换，只有这样才能让畲族服饰传承下去。有学者对畲族服饰传承的困境提出了现代化创新的解决思路，认为“及时树立正确的保护和传承观念不仅可以使颇具特色的畲族服饰继续传承发展下去，且还可能起到保持我国民族文化多元化的作用。一方面保护性地发掘和整理、梳理畲族服饰发展的脉络，另一方面应当对畲族服饰元素进行现代化的设计转化应用研究，以便形成经济开发和服饰文化保护之间良性互动”[2]。

所谓创新并不是对传统服饰的颠覆，而是借鉴传统，对传统加以演绎和升华，形成新的文化。正如梁漱溟在民国时期提出的“旧文化转变出一个新文化”。畲族的传统服饰文化将以何种形式在当代社会得以重构与再生？这是传统与创新的结合问题，从传统与创新的结合中去看待未来，创造一个新的文化的发展，以发展的观点结合过去及现在的条件和要求，为未来的文化展开新的起点。传

[1] 蒋睦鲔．从文化生态角度浅析苗族服饰的突变现象 [J]. 中国服装，2010，（17）：146-147.

[2] 陈敬玉．景宁畲族服饰的现状与保护 [J]. 浙江理工大学学报（社会科学版），2011，（1）：58.

统的原貌保护和还原刻不容缓，不懂原貌便无法认知传统，没有传统的支撑创新就会只作为口号而浮于表面。只有先将传统进行传承性发展，将传统元素进行现代化演绎，从而为时尚提供参考与背书，才有可能走出新路，形成新的文化。

2. 保存畲族的独特文化符号

畲族文化是中华文化的一个重要组成部分，有着丰富的蕴涵及发展的沿袭性，不会也不可能被完全替代。费孝通指出，“为了要加强团结，一个民族总是要设法巩固其共同心理，它总是要强调一些有别于其他民族的风俗习惯、生活方式的特点，赋予强烈的感情，把它升华为这个民族的标志”[1]。就整个民族而言，强调自身的特殊性，强调自身文化的基因，表现与其他民族的不同，是畲族之所以为畲族的重要前提，也是畲族与有着“同源说”的苗族、瑶族相区别的重要特征。畲族文化要有自己的基因，也就是它的种子。就像生物学研究种子的遗传因子，畲族文化也要研究怎样才能让这个种子一直留存下去，并且要保留里面的健康基因。文化既要在新的条件下发展，又要适应新的需要，这样，生命才会有意义。[2] 种子是生命的基础，没有了这种能延续下去的种子，生命也就不存在。文化也是如此，如果脱离了基础，脱离了历史和传统，也就发展不起来了。[3] 历史和传统是畲族文化延续下去的根和种子，对畲族独特文化符号留存的保护是畲族发展的重要前提。

畲族服饰文化是畲族文化的重要组成部分，对畲族服饰文化的保护也就是对畲族传统文化的保护。以凤凰装为代表的畲族服饰文化，有别于其他少数民族的服饰文化，于多姿多彩的中国少数民族服饰文化中具有代表性。随着时代的变化，畲族服饰也应该与时俱进。但畲族服饰的创新需要把握畲族文化这一核心，保存畲族独特文化符号。畲族服饰现代化的创新，款式可以时尚化，在色彩方面可以与流行色相结合，在面料方面可以采用更符合大众审美的流行面料，图案可以进行创新，设计元素可以多样化，设计风格亦可多元发展。但是无论如何创新，凤凰装本身所凝聚的文化内核需加以策略性保护，使其作为畲族服饰有别于其他少数民族服饰的标志性符号不改变。凤凰意涵的现代解读需要畲民大胆创新，能够将现代化的时尚服装用凤凰含义加以解释，就可以与时

[1] 费孝通．民族与社会 [M]. 天津：天津人民出版社，1981：17.

[2] 方李莉．费孝通晚年思想录 [M]. 长沙：岳麓书社出版社，2005：48-49.

[3] 方李莉．论“文化生态演替”与非物质文化遗憾传承的关系 [J]. 美术观察，2016，(7)：8-10.

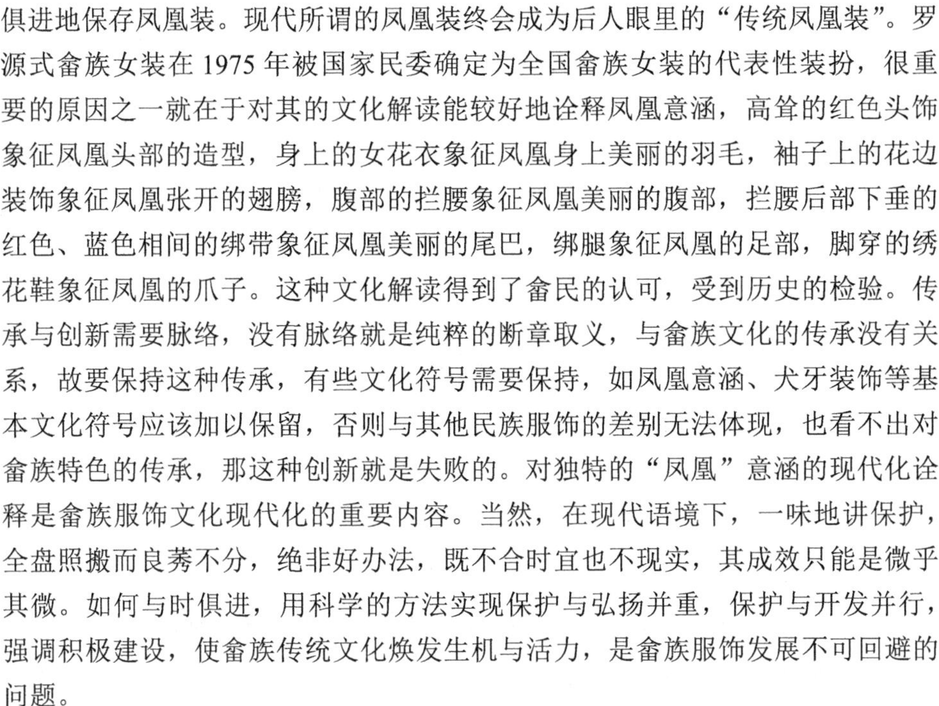

俱进地保存凤凰装。现代所谓的凤凰装终会成为后人眼里的“传统凤凰装”。罗源式畲族女装在 1975 年被国家民委确定为全国畲族女装的代表性装扮，很重要的原因之一就在于对其的文化解读能较好地诠释凤凰意涵，高耸的红色头饰象征凤凰头部的造型，身上的女花衣象征凤凰身上美丽的羽毛，袖子上的花边装饰象征凤凰张开的翅膀，腹部的拦腰象征凤凰美丽的腹部，拦腰后部下垂的红色、蓝色相间的绑带象征凤凰美丽的尾巴，绑腿象征凤凰的足部，脚穿的绣花鞋象征凤凰的爪子。这种文化解读得到了畲民的认可，受到历史的检验。传承与创新需要脉络，没有脉络就是纯粹的断章取义，与畲族文化的传承没有关系，故要保持这种传承，有些文化符号需要保持，如凤凰意涵、犬牙装饰等基本文化符号应该加以保留，否则与其他民族服饰的差别无法体现，也看不出对畲族特色的传承，那这种创新就是失败的。对独特的“凤凰”意涵的现代化诠释是畲族服饰文化现代化的重要内容。当然，在现代语境下，一味地讲保护，全盘照搬而良莠不分，绝非好办法，既不合时宜也不现实，其成效只能是微乎其微。如何与时俱进，用科学的方法实现保护与弘扬并重，保护与开发并行，强调积极建设，使畲族传统文化焕发生机与活力，是畲族服饰发展不可回避的问题。

二、畲族服饰传承的保护策略

（一）加强畲族文化环境的培养与保护

一个民族需要依靠自身文化意识的觉醒和文化身份认同的强化，维护自己文化的生存、传承与发展。费孝通提出的“文化自觉”是真正符合传统文化健康发展的规律。文化自觉就是要民族成员要对本民族文化有“自知之明”，明白它的来历、形成的过程，所具有的特色和它的发展趋向，也就是要把畲族文化的精神和背景说清楚。在正确认识本民族的文化的基础上，尽力做好文化环境的培养与保护。因此，对畲族服饰进行良好的传承性保护，畲族文化环境的保护是首当其冲。能歌善舞、民族语言、独特服饰和传统歌会是畲族传统文化的四大特色，其中民族语言是基础，民族服饰是道具，传统歌会是载体，独特歌舞是表现，它们都与畲族生存环境和生产生活方式紧密关联，浑然一体，共同形成畲族区别于其他民族的重要表征。畲族文化环境的保护要从语言、歌舞、服饰、节庆活动四方面入手，多举办相关的活动，建立本民族的文化自信。例如，通过各式各样的节令民俗与人生礼仪活动来展示畲族服饰，通过民俗活动这种服饰文化的载体来展示新时代的新派畲族服饰。有些地方政府为宣传民族文化，发展了很多以畲族风俗为宣传点的项目，比如婚嫁表演、“三月三”节日、祭祖仪式、畲歌比赛、民族服饰设计大赛等，这些举措很好地宣传了畲族的文化，取得了一定的社会、经济效益，也让更多的人了解了畲族文化。景宁畲族自治县政府从2007年起每年举办“中国畲乡三月三”特色民族节庆，不仅起到了推广介绍民族文化的目的，带来了良好的经济效益，对于畲族服饰的传承也是一项很好举措。

（二）对畲族服饰进行创新性探索

按照文化人类学的观点，各民族都处在一种文化互动的角色里，在长期的社会发展中形成“你中有我、我中有你”的格局。[1] 因此必须以一种发展的眼光对待畲族服饰的传承与保护，不能一味地无条件地传承原有的东西，也不能毫无根据地胡编乱造。在对畲族服饰进行创新性探索时可以两个方面着手。

1. 加大畲族服饰的创新力度，加强畲族服饰的现代化应用研究

畲族服饰产业存在诸多问题，其中一个便是设计理念、工具、方法的相对落后，不能设计出符合畲民审美的现代化服装。所以加大创新力度，开展畲族服饰的创新对于畲族服饰的现代化具有极其重要的意义。畲族服饰的改革探索需在民族性、时尚性、大众化等方面下工夫。现代畲族服饰要基于传统特色，同时在质地、款式、颜色上不断创新，使做出的产品既有畲族的人文气息，又具有当代意味，同时还能满足畲民日常穿着的需要。

畲族服饰中银饰的现代化创新就是很好的例子。福安市珍华工艺品有限公司精心打造的“珍华堂”品牌，走现代化经营路线，在设计上不断推陈出新，既传承古典又开拓创新，其产品颇受顾客喜欢。在营销模式上，“珍华堂”也适应现代化的销售形式，采用连锁经营，将专卖店从福安拓展到福州等地，销售场所的装修、促销人员的素质都紧跟时代步伐，给人耳目一新的视觉效果。从“珍华堂”的创新之路中可以发现，创新不仅仅是艺术、技术的创新，它也包括人才培养模式、经营模式、管理模式等全方位的创新。创新只有符合现代化的市场需要，才具有生命力，畲族传统服饰才能生存、生长、发展、壮大。

《霞浦县畲族志》记载了20世纪80年代凤凰装的创新。畲族女青年成衣匠

---

[1] 木基元．略论民族服饰的传承与发展——以纳西族服饰的流变和推广为例[J]. 思想战线，2002，28（3）：68-70.

雷英设计的大襟刺绣连衣裙，选用乌黑丝线，上部吸收霞浦式样式，衣领、服斗保留刺绣花领和三“池”刺绣图案，腋下仍以蓝色琵琶带系结，两袖改短，袖口加绣花边，并改平肩为泡泡肩；下部结合大裙款式，但稍短，裙脚滚绣白色花边，腰间配以拦腰并挑绣图案，边缘加绣花边，再系以红缨带。这件作品把传统上衣、大裙、拦腰融为一体，显得端庄典雅，在 1989 年宁德首届“金裳银饰”时装大奖赛中备受赞赏，获“畲族服装设计特别奖”。闽东畲族革命纪念馆、地区畲族歌舞团先后定制 100 余套，国家民委也特地购买、收藏。许多县、市的民委和文化部门也纷纷订购。[1]

随着时代的变迁，传统服饰的形态、款式在设计上也逐渐趋向现代化，甚至创新化发展，这是不可抵挡的时代趋势。新派畲族服饰在很大程度上可以作为一个很好的创意和方向，民族服饰的相互融合和借鉴也未尝不可，但是若弱化畲族服饰的特色，便与保护畲族服饰的初衷背道而驰。所以，如何把握传承与创新的尺度，是畲族服饰文化传承与发展应多多思考的问题。时代在进步，现代畲族服饰设计研究应该将畲族的精神风貌融入现代审美观念，从而达到传承和发展畲族服饰文化的目的。

对于畲族服饰的现代化创新，笔者建议可从下列三方面着手。

第一，传统改良服饰。传统改良服饰是就整体服饰风格而言，其形态、式样、裁剪、风格和传统服饰的款式相接近。

第二，复古民族风服饰。复古民族风服饰可以结合不同的民族服饰素材来表现服饰的风格。

第三，创新时尚服饰。以畲族的传统服饰文化为基点，以科学的现代服装设计理论、现代的服装素材，以及符合人体功能的打版技巧与裁剪方式进行服装设计。其创作灵感可以来自于畲族传统的图腾及神话故事，除将传统纹饰转变为简单的现代纹饰外，亦可把神话传说呈现在现代时装上，使畲族服饰愈加现代与时尚。艺术创作以传统文化为源泉，这样的艺术才有生命力，艺术如此，传统服饰的创新之路亦是如此。现代畲族服饰的主要消费者为：畲族人；喜欢民族服饰风格的旅游者；喜欢畲族服饰风格的当地居民；团体性的民族文化活动组织者。针对畲民的市场，设计风格可偏向传统服饰；针对其他消费者的市场，设计风格可偏多元化的民族风，畲族服饰的元素只要少量运用。通过现代化创新，畲族服饰一定能改变目前所处困境。

[1] 霞浦民族事务委员会霞浦县畲族志编写组 . 霞浦县畲族志 [M]. 福州：福建人民出版社，1993：112.

2. 进行畲族服饰产业的创新

作坊式生产的产量无法提升、价格无法下降，这一矛盾只有依靠走现代服饰产业道路才能解决。

第一，要提升经营理念。为了使畲族服饰产业具有竞争力，经营理念的提升势在必行。比如，要先了解时下年轻消费者的需求，才能开发出更适销对路的畲族服饰产品。这样，不但将畲族文化借着服饰产业植入到下一代年轻人心里，且从业者也可借此获取利润，求得生存与发展。

第二，要改变经营形态及扩大经营。畲族服饰的经营业态基本是作坊式的小规模经营，未来的生存空间可能非常微弱。若能结为业者相互联盟，从而使其企业化，或可获得更大量级的经营规模。当然，这也需要相关单位的政策推动，而且从业者对新技术、新设备、新材料的运用能力需加强，尤其是对现代电子商务相关的运用能力是必不可少的。

从整个社会文化的演化过程来看，传统是文化发展延续的基础，是文化因素的精髓所在。创新和传统是一个不断演化的过程，今日的创新将成为明日的传统。传统是过去经验、成就和创造的结果，可以适用于不同时期、不同社会、不同民族乃至不同文化。传统不必固守原有的形式、用途、功能和意义，虽然刺绣文化已经落伍，手工织染的上游产业已然凋零，但是为了延续传统服饰文化，可在不失其脉络和精神的前提下将传统服饰加以改良和创新。譬如运用新的服装材料，使传统服饰文化更广泛地触及现代人的生活，并能从现代改良服饰中找回原始的服饰文化精神源头，这就是畲族服饰改良与创新的最大意义。

（三）加强与相关单位的联合

畲族服饰的发展仅仅依靠个人的努力远远不够，需多方面的资源整合，因此，需要加强与相关单位的联合与互动。

首先，政府部门的支持。文化环境的保护需要政府倡导，传承人的保护需要政府扶持。畲族传统服饰文化的充分发挥，除了需要畲族人的自省和努力外，也需要政府对保留与发扬传统民族文化的重视。例如，在畲族文化活动的组织上，政府应起到至关重要的作用；在民族教育政策和经费的补助上，政府相关部门也应给予倾斜支持和鼓励。

其次，倡导传统技艺进社区。鼓励畲民聚居的社区进行服饰或家饰的创作，

发展社区优势，一方面带动经济发展，改善生活环境，另一方面也可以延续畲族传统文化。

最后，加强与行业协会、院校等相关单位的联合互动。与相关单位互通有无，取长补短，借助各方面力量，通过资源整合，开拓新的局面。例如，可以通过与相关人才培养单位合作，培养后续人才。“珍华堂”与福安职业技术学院开展合作办学，采取政府资助的方式创办“银雕艺术”专业班，这种方式使畲族银器后续人才的文化素养和制作技艺得到提升，解决了人才和技艺传承的问题，也对保护畲族银饰文化和完善畲族银饰技艺也起到了极为重要的作用。[1]在开拓市场方面，可与相关行业协会联合，通过各地服装协会多渠道开拓市场，把畲族服饰产业进一步发展壮大，吸引更多顾客。

（四）重视畲族服饰制作的人才培养

畲族服饰文化是中华民族服饰文化遗产中的重要组成部分，它包括有形文化遗产和无形文化遗产两个部分。就畲族服饰本身而言，它是物质文化，是有形文化遗产；而其濒临消失的服饰工艺、织造技术所包含的文化习俗属于无形文化遗产。从另一层意义上讲，无形文化遗产更具有保存和保护价值，因服饰作为物质存在可以收藏于博物馆中，而服饰工艺却可能而失传，传统的服饰习俗也可能随之改变和消失。所以，人才培养是行业传承的重要保障，要培养人才需要从以下几方面着手。

首先，首先要加强对老艺人的保护。对于掌握传统服饰工艺的艺人的保护措施要更为有效，现有的保护措施不能精准满足艺人们的需求，保护措施效果不佳。据福建省畲族服饰制作非物质文化遗产传承人蓝曲钗师傅反映，畲族服饰的坚守需要更多人的努力，政府部门的支持无疑是其中重要的环节，虽有官员表态要对其进行支持，但一己之力往往难以形成有效机制。所以，类似畲族服饰制作传承人、彩带编织工艺传承人等畲族非物质遗产传承人的保护和支持工作，应适时多多益善，且需落到实处，才有助于人才的培养和传承。

其次，鼓励年轻人学习与从事传统工艺。通过与相关学校合作培养的模式，为传统工艺的传承输送宝贵的青年人才。尤其是高校，更要承担起文化传承功能，与传承人合作，分工培养高层次人才，并积极主动与当地的服装设计师协会合作，开发融合畲族文化元素的新产品，发扬畲族服饰文化。现阶段随着中

[1] 林伟星，姚越．珍华堂：传统畲族银器放异彩 [J]. 福建质量技术监督，2011，（11）：49-51.

国高等教育的普及，畲族也有一些年轻人进入高等院校接受教育，学习服装设计的畲族年轻人也有一定数量。笔者就有一些畲族学生，其中不乏优秀人才。但令人遗憾的是这些畲族同学毕业后虽然从事服装设计工作，但并没有投入到对本民族服饰的研究与创作中。如何吸引畲族的相关专业人才来从事畲族服饰的创新是需要相关部门与畲民去思考与解决的。本民族的相关专业人才都不愿从事本民族服饰的创新与传承，又如何吸引其他民族的人才加入到畲族服饰的研究与创新中呢？

再次，人才培养要分层次，打造团队合作效应。现代社会需要的是综合素质高的人才，而且需要的不是一个人，而是一批人。在团队打造中，要努力提高技术队伍的整体实力，尤其要重视高级技能人才的培养。虽然国家在非物质文化遗产人才的培养上投入不菲，但目前效果不尽如人意。原因有许多，传统的作坊式生产意识制约了传承人的培养，团队合作意识不足，单靠个人的努力在现在这个共享经济的时代很难有竞争优势。团队合作需要人尽其才，人才就得根据相应层次进行培养，才能发挥团队的最大效力。

最后，积极开展对外交流与培训，提升传承人的前瞻视野。畲族服饰制作的传承人无疑具有重要的带头作用，其能力的提升、视野的开阔对行业的发展方向起着重要的指引作用。通过交流与培训，提高其个人文化艺术素养，提升其审美能力、创新能力、市场能力、新技术的运用能力等，其设计、制作及新产品的开发水平才有可能提高，对于行业的发展才能起到积极的带动作用。

鉴于此，台湾排湾人服饰的现代化发展可供借鉴和参考。台湾文建会在2000年开始开办创意文化产业服饰研习班，训练原住民妇女学习第二专长，发展服装设计制作及打版技术。经过短短十几年的努力，排湾人女性新的服饰便取得不小的成就，服饰业也成为排湾人的文化产业特色之一。他们将服饰分为传统改良服饰、复古民族风服饰、现代创新服饰三大类。改良服饰款式多变，时尚、轻便，多用途，价位较低又具有民族特色，在传统服饰文化的熏陶下，在维护传统文化的心态下，本族人民自然会选择具有民族特色的改良服饰。目前，传统改良服饰已成为排湾人发展旅游业及服饰产业的重要命脉，同时传统服饰作为排湾人的必备礼服也得到了很好的继承。族人自行创作的新服装款式，不仅具有传统服饰的特色，又能与时装相结合，既保留了排湾人特有的服饰风格，具有商机，也是传统服饰文化的延续与再造。这一典型案例对于畲族服饰的现代化转型具有重要的借鉴意义。

参考文献

边晓芳 . 2015. 江西畲族服饰文化产业发展之我见 [J]. 现代装饰,（3）.

陈国华 . 2011. 江西畲族百年实录 . 南昌 ：江西人民出版社 .

陈国强 . 1993. 崇儒乡畲族志 [M]. 福州 ：福建人民出版社 .

陈国强 . 1997. 畲族民俗风情 [M]. 福州 ：海峡文艺出版社 .

陈国强，周立方，林加煌 . 1989. 福建畲族图腾崇拜 [J]. 中央民族学院学报（哲学社会科学版），（2）.

陈敬玉 . 2013. 艺术人类学视野下的畲族服饰调查研究 [J]. 丝绸，50（2）.

陈敬玉 . 2015. 畲族服饰地区分异及其在当代社会的嬗变研究 [J]. 艺术与设计，（3）.

陈敬玉 . 2016. 浙闽地区畲族服饰比较研究 [M]. 北京 ：中国社会科学出版社 .

陈良雨，闫晶 . 2010. 浙江畲族近代装饰社会文化研究 [J]. 艺术百家，（8）.

陈栩 . 2014. 台湾排湾族与福建畲族盛装服饰比较探析 [J]. 浙江理工大学学报（社会科学版），32（12）.

陈栩 . 2017. 福建畲族服饰变迁与传承研究 [J]. 闽江学院学报,（3）.

陈栩，陈东生 . 2009. 福建宁德霞浦地区畲族女性服饰图案探议 [J]. 纺织学报，（3）.

陈怡，裘海索 . 2010. 美丽的传承 ：畲族传统文化的开发运用 [M]. 杭州 ：中国美术学院出版社 .

崔佳伟，边晓芳 . 2013. 从设计角度谈畲族服饰的创新性 [J]. 戏剧之家，（11）.

戴平 . 2004. 中国少数民族发式 [M]. 北京 ：中国画报出版社 .

邓启耀 . 1994. 民族服饰：一种文化符号——中国西南少数民族服饰文化研究 [M]. 昆明：云南人民出版社 .

邓启耀 . 2005. 衣装秘语：中国民族服饰文化象征 [M]. 成都：四川人民出版社 .

丁笑君，邹楚杭，陈敬玉等 . 2015. 畲族服装特征提取及其分布 [J]. 纺织学报，(7) .

董作宾 . 1926. 说畲 [J]. 北京大学研究所国学门月刊，2 (14) .

董作宾 . 1927. 福建畲民考略 [J]. 中山大学语言历史研究所集刊，1 (2) .

方李莉 . 2017. 费孝通“文化自觉”思想的再解读 [J]. 贵州大学学报（社会科学版），(3) .

方清云 . 2015. 少数民族图腾文化重构与启示——对畲族图腾文化重构的人类学考察 [J]. 云南民族大学学报（哲学社会科学版），(3) .

费孝通 . 1980. 关于民族识别问题 [J]. 中国社会科学，(1) .

福鼎县畲族志编纂委员会 . 2000. 福鼎县畲族志 [M]. 福鼎市民族事务委员会编印 .

福建少数民族社会历史调查组编 . 1963. 福建省福安县畲族调查报告 [M]. 北京：中国科学院民族研究所 .

福建少数民族社会历史调查组罗源小组 . 1959. 福建省罗源县城关人民公社八井营畲族调查报告 [M]. 北京：中国科学院民族研究所 .

福州市地方志编纂委员会 . 2004. 福州市畲族志 [M]. 福州：海潮摄影艺术出版社 .

傅衣凌 . 1944. 福建畲姓考 [J]. 福建文化，2 (1) .

龚任界 . 2006. 霞浦畲族服饰研究 [D]. 福建师范大学 .

管长墉 . 1941. 福建之畲民——社会学的研究与史料的整理 [J]. 福建文化，1 (4) .

郭志超 . 2006. 闽台民族史辨 [M]. 合肥：黄山书社 .

郭志超 . 2009. 畲族文化述论 [M]. 北京：中国社会科学出版社 .

何倍贝，於晟 . 2011. 汉族与畲族服饰色彩文化比较研究 [J]. 商业文化，(10) .

何治国 . 2014. 浅谈铅山太源畲族乡的畲族服饰保护研究 [J]. 轻纺工业与技术，(6) .

何子星 . 1933. 畲民问题 [J]. 东方杂志，30 (57) .

洪梦晗，何佑 . 2011. 波普艺术与江西上饶畲族服饰文化 [J]. 艺海，(5) .

华梅 . 2003. 服装美学 [M]. 北京：中国纺织出版社 .

华梅 . 2005. 中国服饰 [M]. 北京：五洲传播出版社 .

黄靖然 . 2011. 再探畲族古代服饰的演变历程与发展 [J]. 戏剧之家，(10) .

黄能馥，陈娟娟 . 2004. 中国服装史 [M]. 上海：上海人民出版社 .

黄向春 . 1996. 赣南畲族研究 [D]. 厦门大学 .

季陈翔 . 2015. 景宁畲族民族服饰文化演变 [J]. 文化学刊，(6) .

蒋炳钊 . 1960. 畲族文物介绍 [J]. 文物，(6) .

雷敏霞，雷冰帆 . 2012. 畲族民族服饰的传承与发展探析 [J]. 丽水学院学报，(6) .

雷弯山 . 2002. 畲族风情 [M]. 福州：福建人民出版社 .

雷志华，钟昌尧 . 2009. 闽东畲族文化全书 [M]. 北京：民族出版社 .
李凌霄，曹大明 . 2013. 畲族的凤凰崇拜及其演化轨迹 [J]. 三峡论坛，（3）.
李思洁 . 2015. 畲族服饰图案元素在现代服装设计中的应用研究 [D]. 浙江理工大学 .
凌纯生 . 1939. 浙南畲民图腾文化的研究 [J]. 人类学集刊，1（2）.
刘运娟 . 2008. 福建传统女性服饰文化对比研究 [J]. 闽江学院学报，（3）.
罗胜京 . 2009. 岭南畲族传统服饰图案之形意特色探微 [J]. 艺术百家，（7）.
吕耀钤，高焕然 . 松阳县志（卷六）：风土志 • 畲客风俗 [M]. 民国十四年活字本.
毛媛媛 . 2015. 利益主体视角下濒危畲族服饰“非遗”保护性旅游利用研究——以闽东畲族服饰为例 [D]. 福建师范大学 .
缪鸳鸯 . 2010. 可持续化发展的少数民族服装开发与实践——以湖州安吉郎村畲族为例 [J]. 现代交际，（4）.
宁德市民族事务委员会 . 1994. 宁德市畲族志 [M]. 宁德：宁德市民族事务委员会 .
潘宏立 . 1985. 福建畲族服饰研究 [D]. 厦门大学 .
潘鲁生 . 2007. 民艺研究 [M]. 济南：山东美术出版社 .
裴家莉 . 2014. 浙西南畲族装饰图案的视觉符号探究 [D]. 杭州：浙江农林大学 .
邱国珍 . 2010. 浙江畲族史 [M]. 杭州：杭州出版社 .
邱国珍，姚周辉，赖施虬 . 2006. 畲族民间文化 [M]. 北京：商务印书馆 .
邱慧灵 . 2011. 浙江景宁畲族彩带中的符号纹饰研究 [J]. 前沿，（11）.
邱慧灵 . 2014. 畲族服饰文化符号的应用设计 [D]. 浙江理工大学 .
仇华美 . 2007. 畲族凤凰装及其文化探析 [J]. 浙江纺织服装职业技术学院学报，（2）.
单震宇 . 2008. 图腾崇拜对畲族服饰艺术的影响 [J]. 作家，（2）.
上官紫淇 . 2008. 论福建畲族传统服饰艺术及文化内涵 [D]. 太原：山西大学 .
《畲族简史》编写组 . 1980. 畲族简史 [M]. 福州：福建人民出版社 .
《畲族简史》编写组，《畲族简史》修订本编写组 . 2009. 畲族简史 [M]. 北京：民族出版社 .
沈从文 . 2002. 中国古代服饰研究 [M]. 上海：上海书店出版社 .
沈骥 . 1933. 福建省内几种特殊民族的研究 [J]. 福建文化，（11）.
沈作乾 . 1925. 括苍畲民调查记 [J]. 北京大学研究所国学门月刊，（4）.
施联朱 . 1987. 畲族研究论文集 [M]. 北京：民族出版社 .
施联朱，雷文先 . 1995. 畲族历史与文化 [M]. 北京：中央民族学院出版社 .
石奕龙，张实 . 2005. 畲族：福建罗源县八井村调查 [M]. 昆明：云南大学出版社 .
首届中国民族服装服饰博览会执委会 . 2001. 中国民族服饰博览 [M]. 昆明：云南人民出版社 .
舒梦月 . 2017. 灵物幻化的族衣——贵州麻江畲族服饰艺术研究 [D]. 贵州师范大学 .
宋文炳 . 1935. 中国民族史 [M]. 北京：中华书局 .
孙美绿 . 2009. 畲族服饰特点及产业发展的思考 [J]. 文化月刊，（9）.

孙运飞，殷广胜 . 2013. 少数民族服饰 [M]. 北京：化学工业出版社 .

唐磊 . 2013. 江西畲族服饰文化及其对地区经济发展影响的研究 [J]. 现代商业，（31）.

陶雨恬 . 2014. 景宁畲族传统服饰艺术在现代的发展研究 [J]. 浙江理工大学学报（社会科学版），（12）.

汪华光 . 1999. 铅山畲族志 [M]. 北京：方志出版社 .

王娴 . 2014. 贵州畲族服饰文化内涵探析 [J]. 理论与当代，（9）.

王雪娇 . 2015. 闽东畲族围裙花纹饰及其艺术特色 [J]. 艺术生活——福州大学厦门工艺美术学院学报，（4）.

王艳晖 . 2011. 湖南靖州花苗服饰研究 [D]. 苏州大学 .

王炀 . 2009. 牵手人类学与畲族研究 [J]. 法制与社会，（5）.

王真慧 . 2009. 市场经济背景下畲族文化现代性建构研究——以浙江景宁畲族为例 [D]. 中南民族大学 .

温春香 . 2008. "他者" 的消失：文化表述中的畲汉融合 [J]. 贵州民族研究，（6）.

翁国梁 . 1929. 福建几种特异的民族 [J]. 民俗，（88）.

翁绍耳 . 1939. 福州北岭黄土岗特种部族人民生活 [J]. 福建文化，（27）.

吴聪 . 2014. 闽地沿海畲族与惠安妇女纹饰比较 [J]. 宜宾学院学报，（4）.

吴金燕 . 2014. 浅析畲族服饰的传承与发展 [J]. 戏剧之家，（8）.

吴素萍 . 2014. 生态美学视野下的畲族审美文化研究 [M]. 杭州：浙江工商大学出版社 .

吴微微，陈良雨 . 2007. 浙江畲族与贵州苗族近代女子盛装比较探析 [J]. 浙江理工大学学报（社会科学版），（2）.

吴微微，骆晟华 . 2008. 浙江畲族凤冠凤纹及其凤凰文化探讨 [J]. 浙江理工大学学报（社会科学版），（1）.

吴微微，谢必震 . 2014. 近代来华西人对东南畲族文化的田野调查与研究初探 [J]. 文化与传播，（6）.

霞浦县民族事务委员会 . 1993. 霞浦县畲族志 [M]. 福州：福建人民出版社 .

肖芒，郑小军 . 2010. 畲族 "凤凰装" 的非物质文化遗产保护价值 [J]. 中南民族大学学报（人文社会科学版），（1）.

谢重光 . 1996. 客家文化与畲族文化的关系 [J]. 理论学习月刊，（6）.

谢重光 . 2002. 畲族与客家福佬关系史略 [M]. 福州：福建人民出版社 .

徐佳晨 . 2013. 散杂居少数民族族群认同的变迁——以江西抚州金竹畲族乡为例 [D]. 武汉：中南民族大学 .

徐健超 . 2005. 畲族服饰艺术 [J]. 上海工艺美术，（3）.

许陈颖 . 2014. 闽东畲族银饰制造技艺传承与创新策略——以闽东银饰企业 "盈盛号" 为例 [J]. 丽水学院学报，（4）.

薛寒 . 2013. 闽东畲族银饰装饰艺术研究 [D]. 福建师范大学 .

闫晶 . 2004. 近现代景宁畲族宗教服饰文化研究 [D]. 浙江理工大学 .

闫晶 . 2005. 景宁畲族宗教服装的形制及特征 [J]. 浙江理工大学学报（社会科学版），（2）.
闫晶，范雪荣，陈良雨 . 2012. 文化变迁视野写的畲族古代服饰演变动因 [J]. 纺织学报，（1）.
杨东升 . 2011. 苗族服饰形成演化的文化发生学解释 [J]. 原生态民族文化学刊，（2）.
杨鹓 . 1997. 背景与方法——中国少数民族服饰文化研究导论 [J]. 贵州民族学院学报（哲学社会科学版），（4）.
杨鹓 . 2000. 身份、地位、等级——少数民族服饰与社会规则秩序的文化人类学阐释 [J]. 民族艺术研究，（6）.
杨源 . 1999. 中国民族服饰文化图典 [M]. 北京：大众文艺出版社 .
杨正文 . 2003. 鸟纹羽衣：苗族服饰及制作技艺考察 [M]. 成都：四川人民出版社 .
于爱玲 . 2015. 基于畲族传统服饰元素在现代服装设计中的创新应用 [D]. 浙江理工大学 .
俞敏 . 2011. 近现代福建地区汉、畲族传统妇女服饰比较研究 [D]. 江南大学 .
俞敏，李秀琴 . 2014. 岭南畲族服饰纹样的艺术特征及文化意蕴探究 [J]. 山东纺织经济，（19）.
云和县政协文史资料研究委员会 . 1987. 云和文史资料（第 3 辑）[M]. 内部发行 .
曾祥慧 . 2012. 贵州畲族“凤凰衣”的文化考察 [J]. 原生态民族文化学刊，（4）.
张恒 . 2014. 以文观文——畲族史诗《高皇歌》的文化内涵研究 [M]. 杭州：浙江工商大学出版社 .
张嘉楠 . 2015. 基于眼动实验的畲族服饰特征提取与识别研究 [D]. 浙江理工大学 .
张洁 . 2011. 浙西南畲族传统帽饰研究 [D]. 南京艺术学院 .
张洁 . 2013. 浙西南畲族妇女“雌冠式”头冠探析 [J]. 装饰，（7）.
张洁 . 2014. 畲族“石莲花”纹装饰特征研究 [J]. 民族论坛，（3）.
张娟 . 2015. 霞浦畲族东路式凤凰装服斗纹饰的空间布局 [J]. 武汉纺织大学学报，（4）.
张娟 . 2015. 霞浦畲族东西路式服饰比较 [J]. 武汉纺织大学学报，（8）.
张君 . 2015. 濒临消失的奢华——谈畲族的服饰艺术 [J]. 才智，（4）.
章建春，刘娜 . 2013. 江西畲族服饰纹样特色及其艺术魅力探析 [J]. 美术大观，10.
浙江丽水地区畲族志编纂委员会 . 1992. 丽水地区畲族志 [M]. 北京：电子工业出版社 .
浙江省少数民族志编纂委员会 . 1999. 浙江省少数民族志 [M]. 北京：方志出版社 .
浙江省文管会 . 1960. 浙江省畲族文物调查记 [J]. 文物，（6）.
中国民族博物馆 . 2004. 中国苗族服饰研究 [M]. 北京：民族出版社 .
中国人民政治协商会议浙江省苍南县委员会文史资料委员会 . 2002. 苍南县畲族、回族专辑 [M]. 苍南：苍南县文史委 .
《中国少数民族社会历史调查资料丛刊》福建省编辑组 . 1986. 畲族社会历史调查 [M]. 福州：福建人民出版社 .
《中国少数民族社会历史调查资料丛刊》修订编辑委员会 . 2009. 畲族社会历史调查 [M]. 北京：民族出版社 .
中国社科院民族研究所 . 1999. 中国少数民族现状与发展调查研究丛书・福安畲族卷 [M]. 北京：

民族出版社 .
《中华古文明大图集》编委会 . 1991. 中华古文明大图集 [M]. 北京 ：人民日报出版社 .
钟炳文 . 2012. 畲族文化泰顺探秘 [M]. 宁波 ：宁波出版社 .
钟炳文 . 2014. 浙江畲族调查 [M]. 宁波 ：宁波出版社 .
钟茂兰，范朴 . 2006. 中国少数民族服饰 [M]. 北京 ：中国纺织出版社 .
钟志金 . 2009. 民族文化与时尚服装设计 [M]. 石家庄 ：河北美术出版社 .
周汛，高春明 . 中国衣冠服饰大辞典 [M]. 上海 ：上海辞书出版社，1996.
朱丹 . 2010. 畲族妇女口述史 [M]. 杭州 ：浙江工商大学出版社 .
朱洪，姜永兴 . 1991. 广东畲族研究 [M]. 广州 ：广东人民出版社 .
朱洪，李筱文 . 2001. 广东畲族古籍资料汇编——图腾文化及其他 [M]. 广州：中山大学出版社 .

畲族服饰田野考察记录表

类别：

采集地：　　　　时间：　　　　记录人：　　　　校核：

★名称/畲语音译：

称谓来源：

★基本功能或用途：

★尺寸：

★使用方法：

★主要装饰（部位、纹样及手法）：

★制作时间：

★保存人（或机构）：

电话/电邮：

★最初置办人：

使用及流程情况：

产 地：

★款式特征；

★制作工艺及流程：

★形态描述（结构、外观特征）；

★考察人重要印象（与畲族文化的联系、特色）：

现场调研访谈录：

录音人：　　　　文件名：

★图片拍摄：

拍摄者：

角 度：主图（ ），前（ ），后（ ），左（ ），右（ ），上（ ），下（ ），内（ ），关键局部（ ）

畲族传统发式表

地区分类		统称	年龄	发式	描述	图片来源
闽	罗源式（几乎福州市全境、宁德市飞鸾镇）	凤头髻	未婚		梳一条辫子，辫子用红色绒线包缠，从左往右将发旋扎成股状斜盘于头顶，辫尾扎于后脑勺	《中国少数民族文化图典》
			已婚		梳时先将头发分成两部分，头后配假发，将头发与发饰相连，然后从头后斜折至头顶与多留的头发合并，固定树立于头顶，再用毛线束绾于额顶成一前突状或圆盘状	拍摄于罗源县松山镇竹里村非遗传承人兰曲钗家
	福安式（福安市、宁德市大部分）	凤身髻	未婚		少女发髻由右向左盘绕过头顶，发缘呈直墙状，后脑的头发扎成坠壶状，额上缠绕粗束红毛线，耳朵上方斜插银质少女簪	拍摄于宁德市蕉城区金涵畲族乡中华畲族宫
			已婚		将头发分成前、后两部分，将后面头发用红毛线扎成坠壶状向头顶方向梳拢，与前面的头发合并后，沿前额从中央往右再经过后背，梳成扁平状盘旋，绕头盖一圈，头发不够长者则需续上假发，高度为脸部的二分之一，中间用红毛线缠绕固定，上部略外张，发顶中央靠后横插一支银簪	《中国少数民族服饰》
			老年		畲族妇女发间，以黑色、蓝色、红色的绒线环束，标志出老、中、青不同的年龄	拍摄于宁德市蕉城区金涵畲族乡上金贝村

续表

地区分类		统称	年龄	发式	描述	图片来源
闽	霞浦式（霞浦西路，福安与霞浦接壤的松罗乡）	凤凰髻	未婚		用红色毛线把头发盘梳成扁圆形，用红色绒线两束，一束自上而下压于发角，一束自前往后围一圈，压于发顶，额前留刘海齐眉。或将红绒线夹杂发中，编成辫子，挽盘头上成圆帽状	拍摄于霞浦县溪南镇半月里村举人府
			已婚		将头发分成前、后两部，后部占三分之一，其间放一支裹着黑布的竹笋卷筒，用红绒线扎紧其中段，往上折，呈斜角，使后端头发蓬松在后脑勺突出。前端与假发用红绒线扎紧，让假发至前顶呈侧扁形垂下，前部头发分成左右两股，旋成小股，从左往右绕过头顶，至前顶与垂下的发束汇合缠扎，接着陆续添加假发，把整股头发从左向右盘旋于头顶，呈螺旋状，用发夹固定，最后用大银笄横贯发顶中央，形成高髻	《闽东畲族文化全书》
			老年			拍摄于霞浦县溪南镇半月里村举人府
	福鼎式（福鼎全境和霞浦东路）	凤尾髻	未婚		梳一条辫子，将发辫从左往右盘于头顶，再扎上红或红绿色毛线束，斜扎脑顶与辫子平行	《中国少数民族服饰》
			已婚		梳扎时将头发分为前、后两部分，前部分扎上一束红绒绳，从右绕到左额，用发夹固定，别于一边耳侧，红色毛线束穿系其间。后部分分为三束，编成辫子，用红绒绳扎紧，盘在头顶，后端的盘髻套上发网，头发成束，最后插上银发夹、银花等	《闽畲族文化全书》
	顺昌式（顺昌县）	扇形髻	未婚		16岁以下未婚女孩梳成独辫，扎以红色绒线，与罗源式少女发式样式类似	《畲族风俗志》

续表

地区分类		统称	年龄	发式	描述	图片来源
闽	顺昌式（顺昌县）	扇形髻	已婚		将头发挽于脑后用红头绳打结，罩上“头旁”。然后在发髻稍后处插上扇形铜花饰，它是由许多椭圆头、细长柄的铜簪紧叠成扇形的，一副扇形铜饰至少需用八九十根铜簪，多的达120根。每根铜簪柄长17厘米，椭圆头长径有2.8厘米。此外，还需在扇形铜头饰上加戴称为“髻”的花巾及琉璃串饰。花巾黑色、多褶，末端缀红黄绿璎珞，绣抽象盆花，前头缝一个红布结，两端伸出，似耳朵，前方上下还有布褶及璎珞。琉璃珠串饰为10串长13.5厘米的蓝色琉璃珠，其两头接着一根银簪及红色纻布2～4块	《畲族风俗志》
	漳平式（漳浦、华安、长泰、漳浦等县）	龙船髻	未婚		背垂长辫，在辫的首尾处各扎一段红绳	《畲族风俗志》
			已婚		将头顶中央的头发集拢用红头绳打结，随后将四周余下的头发梳拢于脑后，并绾成坠壶状，接着再把后束头发向上翻，与头顶的发束联合扎上红头绳，插上银簪，最后把头发绾成螺髻，罩上发网。冬天有的还包着四角有红绒球的方头巾。头巾包好后，头顶并立两朵红绒球，两肩各垂一朵	
	光泽式（主要在光泽县）	龙船髻	未婚		先将头发梳直，额前留刘海，将头发分三股梳拢成一条长辫，在辫的首尾处各扎一段红绳	《畲族风俗志》
			已婚		先梳直头发，将头顶中间的头发扎起，随后将其余头发梳拢于脑后并束好，再与中束头发合扎，绾成螺髻，插上长约10厘米的银簪，蒙上黑色包头巾（也有不戴包头巾的），用黑白花纹的红色带子缠绕四五圈	

续表

<table>
<tr><th colspan="2">地区分类</th><th>统称</th><th>年龄</th><th>发式</th><th>描述</th><th>图片来源</th></tr>
<tr><td rowspan="4">浙</td><td rowspan="3">雄冠式
（景宁县）</td><td rowspan="3">笄</td><td>未婚</td><td></td><td rowspan="3">先将头发梳单辫盘于脑后，梳成发髻，顺头部在发脚四周绕上黑色绉纱，在头顶安放直径约3.3厘米、长10厘米的银箔包竹筒，或银制筒状物，筒外包红布，接着在绉纱上穿4串长瓷珠及1串黑红相间瓷珠，1支银簪插于左边，最后在左右各系四串尾端结有小银牌瓷珠，垂于耳旁，飘逸而清秀。老年妇女与年轻妇女的发式基本一致</td><td>《中国少数民族服饰》</td></tr>
<tr><td>已婚</td><td></td><td>《凤冠与畲族头饰》</td></tr>
<tr><td>老年</td><td></td><td>《凤冠与畲族头饰》</td></tr>
<tr><td>雌冠式
（丽水市）</td><td></td><td>已婚</td><td>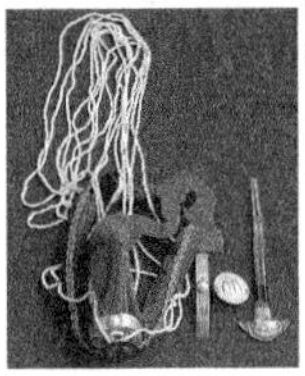
</td><td>支架20世纪70年代制造，银饰部分民国时期制造。支架用毛竹筒和竹片制成，竹筒前头保留长1厘米原竹的圆形状，并饰长1厘米宽的花纹薄银片。其余的11厘米削成梯形状，前宽后窄，尾头上宽2.5厘米，下宽3.5厘米，高2.5厘米。梯形支架中点处插一条16厘米长的弧形毛竹条作支撑，毛竹条顶部用红布条斜拉值下梯形支架两头，形成三角形，高11厘米。底架青色土布粘贴，上架用红底黄条自织土棉布裹成；其底架两侧面饰白铁皮，长12厘米、宽2厘米。头饰正面，也就是原竹的部分断面，椭圆形，直径4厘米，饰一块中为凤凰眼、周边为花草图案的圆形薄银片。支架前头原竹保留处两边各钉一条宽3厘米的布带至后脑勺连接成26厘米大的帽圈，后端还系一条长32厘米、宽4厘米的红布飘带。支架底边中点系4条78厘米长的白色玻璃珠，左右两侧面中点相连接，佩戴时作固定用</td><td>支架征集于浙江省丽水市莲都老竹村，造型照片来自《凤冠与畲族头饰》</td></tr>
</table>

续表

地区分类		统称	年龄	发式	描述	图片来源
浙	雌冠式（丽水市）		已婚	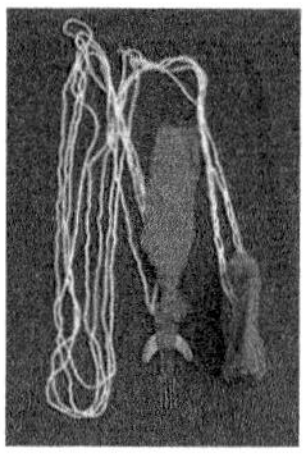 	头饰民国时期制造，重量165克。支架下部用毛竹根头制成，前头保留一厘米原竹的圆形状，其余11厘米削成梯形形状（上宽（底）2厘米，下宽（底）3厘米，高1.8厘米），支架上底的二分之一处插一条15厘米弧形毛竹条作支撑，毛竹条顶上用红布条斜拉至梯形支架前后两头，形成一个高12厘米的三角形。也就是说支架下部是梯形，上部侧面是三角形。梯形部分用青色自织土棉布粘贴，三角形部分用红色棉粗布包裹着；头饰的前面和两侧面镶薄银片，银片两头用红布包边，长10厘米、宽2厘米，浮雕或阴刻工艺饰着花草纹样图案和两个拱手的人的简单画像。前头原竹部分环圆饰1厘米宽的薄银片，正中央浮雕1朵玫瑰花，其余饰不规则的阴刻工艺花草纹样。头饰的正面，也就是原竹部分的断面为椭圆形，直径5厘米，用青色棉布粘贴后再用四块莲花瓣形状并阴刻梅花，长2.5厘米、宽1厘米的薄银片粘贴组成凤凰眼状。梯形支架左右两侧二分之一处还各系两条白色玻璃珠链子，长17厘米，末端系一个由4根0.3厘米粗、7厘米长的银钉平排组成的弧形小银梳（头簪），畲语称“梳仔”，银梳的弧形中心处还系一条长27厘米、宽3厘米的红色飘带，畲族妇女佩戴时插在头右边的发髻上随风飘扬	支架征集于浙江省云和县平阳岗村，造型照片来自《凤冠与畲族头饰》